우리 몸 오류 보고서

우리 몸 오류 보고서

쓸데없는 뼈에서 망가진 유전자에 이르기까지
우리의 온갖 결함들

네이선 렌츠

노승영 옮김

HUMAN ERRORS :
A Panorama of Our Glitches, from Pointless Bones to Broken Genes
by Nathan H. Lents

역자 노승영(盧承英)
서울대학교 영어영문학과를 졸업하고, 서울대학교 대학원 인지과학 협동과
정을 수료했다. 컴퓨터 회사에서 번역 프로그램을 만들었으며 환경단체에
서 일했다. '내가 깨끗해질수록 세상이 더러워진다'라고 생각한다. 옮긴 책
으로 『천재의 발상지를 찾아서』, 『바나나 제국의 몰락』, 『트랜스휴머니즘』,
『나무의 노래』, 『노르웨이의 나무』, 『정치의 도덕적 기초』, 『그림자 노동』,
『테러리스트의 아들』, 『새의 감각』 등이 있다. 홈페이지(http://socoop.net)
에서 그동안 작업한 책들에 대한 정보와 정오표를 볼 수 있다.

편집, 교정_이예은(李叡銀)

우리 몸 오류 보고서 :
쓸데없는 뼈에서 망가진 유전자에 이르기까지 우리의 온갖 결함들

저자 / 네이선 렌츠
역자 / 노승영
발행처 / 까치글방
발행인 / 박후영
주소 / 서울시 용산구 서빙고로 67, 파크타워 103동 1003호
전화 / 02 · 735 · 8998, 736 · 7768
팩시밀리 / 02 · 723 · 4591
홈페이지 / www.kachibooks.co.kr
전자우편 / kachibooks@gmail.com
등록번호 / 1-528
등록일 / 1977. 8. 5
초판 1쇄 발행일 / 2018. 10. 10
    4쇄 발행일 / 2021. 5. 17

값 / 뒤표지에 쓰여 있음
ISBN 978-89-7291-674-1   03470

이 도서의 국립중앙도서관 출판예정도서목록(CIP)은 서지정보유통지원시스템 홈페이지(http://seoji.
nl.go.kr)와 국가자료종합목록시스템(http://www.nl.go.kr/kolisnet)에서 이용하실 수 있습니다. (CIP
제어번호 : CIP2018030204)

"드디어 네가 잘 아는 주제를 찾았구나!"

인간의 결함에 관한 책을 쓴다고 하니까 우리 어머니께서 하신 말씀

차례

머리말 : 자연의 실수들을 보라　　　　　　　　　9

1. 쓸데없는 뼈를 비롯한 해부학적 오류　　　　15
2. 부실한 식사　　　　　　　　　　　　　　57
3. 유전체의 정크 DNA　　　　　　　　　　95
4. 호모 스테릴리스(*Homo sterilis*, 불임의 인간)　131
5. 신이 의사를 만든 이유　　　　　　　　　171
6. 뇌의 오류　　　　　　　　　　　　　　211

후기 : 인류의 미래　　　　　　　　　　　　265
감사의 글　　　　　　　　　　　　　　　291
주　　　　　　　　　　　　　　　　　　293
역자 후기　　　　　　　　　　　　　　　299
찾아보기　　　　　　　　　　　　　　　301

머리말 : 자연의 실수들을 보라

여기 여러분이 수도 없이 들었을 이야기가 있다. 인체와 온갖 계통(系統, system), 장기(organ), 조직(tissue)의 경이로운 아름다움과 복잡성과 위대함을 보라! 우리 몸은 깊이 들여다보면 볼수록 더욱 더 아름답다. 인체를 이루는 세포와 분자는 마치 양파 껍질처럼 복잡하기가 이를 데 없다. 인간은 풍요로운 정신세계를 향유하고, 엄청나게 복잡한 동작을 해내고, 음식물을 소화하여 물질과 에너지를 뽑아내고, 유전자를 대수롭지 않게 켰다 껐다 하고, "가장 아름답고 경이로운 무수한" 개체(자식)를 완전히 새로 만들어낸다.

이 모든 과정이 어우러져 인간의 삶에서 놀라운 복잡성을 창조하는데, 그 밑에 어떤 메커니즘이 깔려 있는지는 전혀 고민할 필요가 없다. 지극히 범상한 사람이 피아노 앞에 앉아서 "피아노 맨(Piano Man)"을 연주하는데, 그는 자기 손의 세포며 팔의 신경이며 음악 연주에 필요한 정보가 저장된 뇌 부위 등에 대해서는 전혀 생각할 필요가 없다. 또 한 사람이 곁에 앉아서 이 노래를 듣는데, 그는 고막의 진동이며 청각 중추(聽覺中樞)에 전해지는 신경 자극의 전도도(傳導度)며 후렴을 떠올리게 하는—제대로 떠올리지 못할 수도 있지만—기억 등에 대해서는 전혀 개의치 않는다. 노래 자체는 다른 사람이 작곡한 작품인데(물론 범상한 사람은 아니지만), 감히 말하건대 그 사람은 자신이 작곡하는 동안 분주히 일한 유전자며 단백질이며 신경세포 등에 대해서 시큰둥해했을 것이다.

우리는 인체의 능력을 당연하게 여기지만 이것은 놀라운, 아니 기적 같은 일이다. 그런데 왜 이것에 관한 책을 쓰지 않느냐고?

여러분이 수도 없이 들었을 이야기이니까. 그런 책은 이미 많이 나와 있다. 인체의 오묘함을 다룬 책을 읽고 싶다면, 아무 의학 도서관에나 들어가보라. 그런 책이 수만 권 꽂혀 있다. 인체에 대해서 새로 발견된 사실들이 실리는 의학 학술지를 들여다보라. 인체의 위대함을 찬미하는 논문 수천만 건이 실려 있을 것이다. 우리의 몸이 얼마나 훌륭히 작동하는지 설명하는 글은 얼마든지 있다.

이 책은 그런 이야기를 하지 않는다. 이 책은 머리부터 발끝까지 우리에게 있는 수많은 결함에 대한 이야기이다.

알고 보면 우리의 결함은 무척 흥미롭고 유익하다. 인간의 결함을 탐구하면 우리의 과거를 엿볼 수 있다. 이 책에서 설명하는 모든 결함에는 인류의 진화 이야기가 담겨 있다. 모든 세포, 모든 단백질, DNA 암호의 모든 문자는 장구한 진화적 시간에 걸쳐서 작용한 냉혹한 자연선택의 결과물이다. 그 모든 시간과 그 모든 선택에 의해서 환상적일 만큼 만능이고 튼튼하고 끈질기고 똑똑하며 생명의 거대한 무한 경쟁에서 가장 성공한 신체가 탄생했다. 그러나 완벽하지는 않다.

우리에게는 거꾸로 달린 망막이 있고, 몽당꼬리가 있고, 손목에는 너무 많은 뼈가 있다. 다른 동물은 잘만 만드는 비타민과 영양소를 우리는 음식을 통해서 얻어야 한다. 우리 몸은 우리가 지금 살아가는 기후에서 생존하기에 알맞지 않다. 신경은 괴상한 경로로 뻗어 있고, 아무 데에도 붙어 있지 않은 근육이 있는가 하면, 림프 절은 없느니만 못하다. 우리의 유전체는 작동하지 않는 유전자, 망가진 염색체, 과거 감염으로 인한 바이러스 사체로 가득하다. 뇌는 우리를 속이며 우리에게는 편향과 선입견, 대량학살 성향이 있다. 현대 과학의 도움 없이는 자식을 낳지 못하는 사람도 어마어마하게 많다.

우리의 결함은 우리의 진화적인 과거뿐만 아니라 현재와 미래를 이해하는 실마리도 된다. 누구나 알겠지만, 어떤 나라에서 현재 벌어지는 사건들을 이해하려면, 그 나라의 역사와 지금의 현대 국가에 이르기까지의 과정을 알아야 한다. 우리의 몸, 우리의 유전자, 우리의 마음도 마찬가지이다. 인간 경험의 어떤 측면이든 온전히 파악하려면 어쩌다가 그런 모습이 되었는지 알아야 한다. 우리가 지금 왜 이런지 알려면 우선 예전에 어땠는지 알아야 한다. 옛 격언에 빗대어서 표현하자면, 우리가 어디에서 왔는지 모르면 지금 어디에 있는지 알 수 없다.

이 책에서 설명하는 인간 설계의 결함은 크게 세 가지 범주로 나

넌다. 첫째, 우리의 설계는 우리가 지금 살아가는 곳과는 다른 세상에서 진화했다. 진화는 뒤죽박죽이며 시간이 오래 걸린다. 살이 쉽게 찌고 어렵게 빠지는 성향은 홍적세(洪績世)에 중앙 아프리카의 사바나에서는 매우 유리했지만 21세기 선진국에서는 별로 달갑지 않다.

두 번째 범주는 불완전한 적응이다. 이를테면 사람의 무릎은 우리의 조상이 네발걸음과 나무 위 생활에서 두발걸음과 땅 위 생활로 점차 이동함에 따라서 새로 설계된 결과물이다. 무릎은 무척 중요한 관절이며 무릎의 부품 대부분은 새로운 현실에 훌륭히 적응했다. 그러나 모든 문제가 해결되지는 않았다. 우리는 직립보행에 거의 완전히 적응했으나 아직 미흡한 점이 남아 있다.

세 번째 범주는 다름 아닌 진화의 한계에서 비롯하는 결함이다. 모든 종은 지금의 몸에 붙박여 있으며, 드물게 무작위로 일어나는 작디작은 변화를 통해서만 발전할 수 있다. 우리는 지독히 비효율적이면서도 변화가 불가능한 구조를 물려받았다. 우리가 목의 좁은 구멍으로 음식물과 공기를 둘 다 통과시키는 까닭, 쓸데없는 뼈 일곱 개가 발목에서 너덜거리는 까닭이 이것이다. 이런 부실한 설계를 바로잡으려면 찔끔찔끔 일어나는 돌연변이로는 되지 않는다.

대혁신이 벌어지던 시기에도 진화는 엄청난 제약을 받았다. 이를 잘 보여주는 예로 척추동물의 날개가 있다. 날개는 저마다 다른 계통(lineage)에서 생겨났다. 박쥐, 새, 익룡의 날개는 모두 독자적으로 진화했기 때문에 구조적으로 큰 차이가 있다. 하지만 모든 날개는 앞다리에서 진화했다. 이 동물들은 날개를 얻기 위해서 앞다리의 여러 쓰임새를 잃었다. 새와 박쥐는 물건을 잘 움켜쥐지 못한다. 물건을 다루려면 서툰 발과 부리를 동원해야 한다. 앞다리를 그대로 둔 채 날개를 아예 새로 진화시켰다면 훨씬 더 좋았겠지만, 진화는 그런 식으로 작동하지 않는다. 복잡한 체제(體制, body plan)를 갖춘 동물이 팔다리를 새로 얻는 것은 언감생심이다. 기존의 팔다리를 조금씩 개조하는 것이 고작이다. 진화는 끊임없는 주고받기 게임이다. 대부분의 혁신에는 비용이 따른다.

진화적 혁신은 값이 비쌀 뿐만 아니라 다양하다. 세포 하나하나의 청사진에 복제 오류가 생기기도 하고 뼈와 조직, 장기의 조합에서 뚜렷한 설계 결함이 드러나기도 한다. 이 책에서는 각 범주의 오류를 차례로 살펴볼 것이다. 각각의 결함들을 테마별로 들여다보고 이를 뭉뚱그려서 진화가 어떻게 작동하는지, 진화에 차질이 생기면 어떤 일이 일어나는지, 그리고 인류가 수천 년에 걸쳐서 지금의 모습으로 진화하기 위하여 어떤 대가를 치렀는지에 대한 놀라운 이야기를 여러분에게 들려줄 것이다.

인간의 해부 구조는 적응과 부적응이 어설프게 섞인 잡동사니이다. 우리에게는 쓸데없는 뼈와 근육, 무딘 감각, 몸을 제대로 떠받치지 못하는 관절이 있다. 먹는 것도 골칫거리이다. 대다수 동물은 매일 똑같은 먹이를 먹고도 잘만 살지만 인간은 필요한 영양소를 모두 섭취하려면 말도 안 되게 다양한 음식을 먹어야 한다. 우리 유전체의 내용물은 대부분 아무짝에도 쓸모가 없으며, 실제로 해로울 때도 있다(심지어 세포 하나하나의 DNA에는 죽은 바이러스 수천 마리가 처박혀 있으며 우리는 일생 동안 이 사체를 성실하게 복제한다). 이뿐만이 아니다. 훨씬 더 경악스러운 결함들도 있다. 우리는 자신의 숫자를 불린다는 궁극적인 목표를 이루는 데에 놀랍도록 비효율적이며, 면역체계는 자신의 몸을 공격한다. 설계와 관련된 질병은 이밖에도 얼마든지 있다. 심지어 (논란의 여지가 있지만) 우리의 진화적 성취 중에서 으뜸이라고 할 만한 강력한 뇌마저도 결함으로 가득하다. 사람들은 일상생활에서 형편없는 선택을 하며, 그 대가로 목숨을 잃기도 한다.

그러나 이상하게 들릴지도 모르겠지만 우리의 불완전함 속에 우리의 아름다움이 있다. 모든 사람이 순수하게 합리적이고 완벽한 표본이라면 삶이 얼마나 지루하겠는가? 결함은 우리의 어엿한 일부이다. 한 사람 한 사람이 특별한 것은 유전 암호와 후성유전 암호의 작은 변이 덕분이며, 이 다양성의 상당 부분은 마구잡이식 돌연변이에서 비롯한다. 돌연변이는 벼락처럼 종잡을 수 없고 종종 치명적이지만, 모든 인간적 위대함의 근원이기도 하다. 이 책에서 설명하는 결함들은 위대한 생존 투쟁에서 얻은 상처이다. 우리는 끝없는 진화적 투쟁에서 살아남은 뜻밖의 생존자이자, 40억 년간 역경에 맞서 끈질기게 버텨서 얻은 전리품이다. 우리 결함의 역사는 그 자체로 전쟁 이야기이다. 이리들 와서 귀를 기울이시기를.

1

쓸데없는 뼈를 비롯한 해부학적 오류

> 사람의 망막은 왜 거꾸로 달렸을까, 우리의 점액 배출관은 왜 부
> 비동 꼭대기에 있을까, 우리의 무릎은 왜 이 모양일까, 척추 사
> 이에 있는 연골 추간판은 왜 "삐져나올까" 등등

우리는 탁월한 신체 능력에 아낌없는 찬사를 보낸다. 우람한 보디
빌더, 우아한 발레리나, 올림픽 단거리 달리기 선수, 몸매 좋은 수
영복 모델, 강인한 10종 경기 선수는 아무리 보아도 싫증이 나지
않는다. 인체는 아름다움을 타고났을 뿐만 아니라 역동적이며 회복
력이 뛰어나다. 심장, 폐, 분비샘(gland), 위장관의 기능이 절묘하
게 조율되는 모습은 정말이지 대단하다. 환경 변화의 맹공격에도
우리 몸이 정교한 솜씨를 부려서 건강을 유지하는 사례가 속속 밝
혀지고 있다. 우리의 신체 형태가 가진 결점을 논의하려면, 우선 인
체의 아름다움과 능력이 몸 여기저기의 기묘한 하자를 덮고도 남는
다는 점을 인정해야 한다.

그러나 기묘한 하자가 존재하는 것은 엄연한 사실이다. 우리의

해부 구조에는 괴상한 배치, 비효율적인 설계, 심지어 명백한 결함이 있다. 물론 대부분은 좋지도 나쁘지도 않아서 우리가 생존하고 번성하는 데에 지장을 주지 않는다. 그러지 않았다면 지금쯤 진화가 손을 봐주었을 테니까. 하지만 중립적이지 않은 것도 있는데, 그런 별난 구석 하나하나에는 흥미로운 이야기가 담겨 있다.

인체는 수백만 세대를 거치면서 엄청난 변화를 겪었다. 인체의 다양한 해부 구조는 대부분 그 변화 과정에서 형태가 달라졌으나 몇 가지는 뒤처져서 시대착오적인 흔적으로만 남아 있다. 오래 전 지나간 시절의 속삭임처럼 말이다. 이를테면 사람의 팔과 새의 날개는 전혀 다른 역할을 하지만 뼈의 구성 면에서는 놀랍도록 비슷하다. 이것은 결코 우연이 아니다. 모든 네발 척추동물은 똑같은 기본 뼈대를 나름의 생활방식과 서식처에 맞게 최대한 변형해서 쓰기 때문이다.

돌연변이의 무작위적인 작용과 자연선택의 선별을 통해서 인체는 지금의 형태를 갖추었으나, 이 과정은 완벽하지 않다. 아무리 아름답고 대단한 몸이라도 깐깐하게 들여다보면 진화의 사각지대(死角地帶)에 걸린 실수들이 눈에 띈다. 게다가 사각지대는 단순한 비유가 아니다.

나 이제 똑똑히 "못" 보네

사람의 눈에서 알 수 있듯이, 진화가 만들어낸 해부학적 산물은 어설픈 설계에도 불구하고 썩 잘 작동한다. 물론 사람의 눈은 경이로운 물건이지만, 백지 상태에서 설계했다면 지금과는 전혀 다른 모습일 것이다. 사람의 눈 안에는 빛 감지 기능이 동물 계통에서 천천히 누적적으로 발전했음을 보여주는 오랜 유산이 남아 있다.

눈의 **물리적** 설계를 뜯어보기 전에 하나만 짚고 넘어가자. 사람의 눈에 있는 **기능적** 문제도 한두 개가 아니다. 이를테면 이 책을 읽고 있는 사람들 중에서 상당수는 현대 기술의 도움을 받고 있을 것이다. 미국과 유럽에서는 인구의 30-40퍼센트가 근시(近視)이며 안경이나 콘택트 렌즈를 껴야 한다.[1] 그러지 않으면 초점을 정확하게 맞출 수 없어서 1-2미터 이상 떨어진 물체를 분간하지 못한다. 아시아에서는 근시 인구가 70퍼센트를 넘기도 한다. 근시는 다쳐서 생기는 것이 아니라 설계 결함이다. 눈알이 너무 긴 것이 문제이다. 그래서 상(像)이 눈 뒤쪽에 닿기도 전에 초점이 맞았다가 최종적으로 망막에 도달할 때에는 다시 초점이 흐려진다.

사람들 중에는 원시(遠視)도 있다. 원시의 원인은 두 가지인데, 각각 서로 다른 설계 결함에서 비롯한다. 하나는 축성원시(軸性遠視, hyperopia)로, 눈알이 너무 짧아서 상이 망막에 닿을 때까지도 초점을 맞추지 못해서 생긴다. 이것은 해부학적으로 근시와 정반대이다. 두 번째 원인은 노안(老眼, presbyopia)으로, 나이를 먹으면서 눈 속 렌즈의 유연성이 점차 낮아지거나 근육이 렌즈를 제대로 잡아당기지 못해서 초점이 맞지 않거나 또는 둘 다의 이유로 원시가 된다. 노안은 마흔 즈음에 시작된다. 예순쯤 되면 사실상 모든 사람이 가까운 물체를 잘 보지 못한다. 나는 서른아홉 살인데, 해가 갈수록 책과 신문이 얼굴에서 멀어지고 있다. 다초점 안경을 낄 날이 머지않았다.

이런 정상적인 문제에다가 녹내장, 백내장, 망막박리(網膜剝離)— 이것 말고도 많지만—등의 질병을 감안하면 어떤 패턴이 드러난다. 인류는 지구상에서 가장 고도로 진화한 종으로 통하지만, 우리의 눈은 꽤 부실하다. 절대다수의 사람들은 살아가는 동안 중대한 시력 손실을 겪으며, 심지어 그중 상당수는 사춘기 이전에 시작된다.

나는 2학년 때에 첫 시력 검사를 받고 나서 안경을 맞췄다. 물론 그전에도 안경이 필요했을지도 모른다. 나의 시력은 조금 뿌옇게 보이는 정도가 아니다. 0.05 언저리로, 몹쓸 수준이다. 내가 과거에—1600년대쯤에—태어났다면, 눈앞에서 팔 길이 이상 떨어진 것은 아무것도 보지 못한 채 평생을 살아야 했을 것이다. 선사시대였다면 사냥꾼으로서 자격 미달이었을 것이다. 채집도 못하기는 마찬가지였겠지만. 약한 시력이 우리 조상의 번식 성공에 어떤 영향을 미쳤는지는 불분명하지만, 현대인의 시력이 이토록 나쁜 것을 보면 (적어도 가까운 과거에는) 시력이 뛰어나야만 성공할 수 있었던 것은 아닌가보다. 초기 인류도 약한 시력을 가지고 살아갈 수 있는 방법이 있었을 것이다.

사람의 시력은 새의 시력에 비하면, 그중에서도 대머리수리와 콘도르 같은 맹금의 날카로운 시력과 비교하면 더더욱 보잘것없다. 아주 먼 곳의 사물을 예리하게 볼 수 있는 맹금의 시력 앞에서는 아무리 눈이 좋은 사람이라도 명함을 못 내민다. 또한 많은 새들은 자외선을 비롯하여 우리보다 더 넓은 파장의 빛을 볼 수 있다. 실제로 철새는 북극과 남극을 눈으로 감지한다.[2] 지구 자기장을 말 그대로 보는 새도 있다. 게다가 많은 새들은 일반 눈꺼풀 말고도 반투명한 눈꺼풀을 추가로 가지고 있어서 해를 오랫동안 직접 쳐다보더라도 망막이 상하지 않는다. 사람이 그런 시도를 했다가는 영영 실명할 것이다.

사람의 시력은 낮에만 부실한 것이 아니다. 우리의 야간 시력은 기껏해야 그럭저럭한 수준이며 어떤 사람들은 애처로운 지경이다. 전설적인 야간 시력을 자랑하는 고양이와 비교해보라. 고양이의 눈은 어찌나 민감한지 빛 하나 없는 방에서 광자(光子) 하나를 감지할 수 있을 정도이다(참고로 말하자면, 조명을 밝게 켜둔 방에는 100억 개가량의 광자가 늘 돌아다닌다). 사람의 망막세포에 있는 광수용체(光受容體) 중에는 광자 하나에 반응할 수 있는 것도 있지만, 이것은 눈의 배경 신호에 묻혀버린다. 그래서 광자 하나를 감지하는 것이 고양이에게는 식은 죽 먹기이지만 사람에게는 현실적으로 불가능하다. 사람이 빛을 의식적으로 지각할 수 있으려면 광자 5-10개가 잇따라서 망막에 닿아야 한다. 따라서 어두운 곳에서는 고양이의 시력이 사람보다 훨씬 낫다.[3] 그뿐만 아니라 어두운 곳에서 사람의 시각 정밀도와 해상도는 고양이, 개, 새, 그밖의 여러 동물들에도 훨씬 미치지 못한다. 여러분이 볼 수 있는 색깔의 종류가 개보다 많을지는 모르지만, 밤에는 개들이 더 똑똑히 본다.

색각(色覺, color vision) 이야기가 나왔으니 말인데, 모든 사람이 색을 구별할 수 있는 것은 아니다. 남성의 약 6퍼센트가 이런저런 형태의 색맹이다(여성은 색맹이 많지 않은데, 그 이유는 색맹을 일으키는 유전자 결함이 대부분 열성이며, X 염색체에 들어 있기 때문이다. 여성은 X 염색체가 두 개여서, 오류가 난 사본을 물려받았어도 나머지 하나가 멀쩡하면 색맹이 되지 않는다). 지구상에는 약 70억 명이 살고 있으므로 적어도 2억5,000만 명, 그러니까 미국 인구와 맞먹는 사람들이 색을 제대로 구별하지 못하는 셈이다.

이것은 사람의 눈이 가진 **기능적** 문제에 불과하다. 물리적 설계에도 온갖 결함으로 가득하다. 그중에는 기능적 문제를 일으키는 것도 있고, 황당하기는 하지만 괜찮은 것도 있다.

자연에 설계 하자가 있음을 보여주는 가장 유명한 예는 어류에서 포유류에 이르는 모든 척추동물의 망막이다. 척추동물 망막의 광수용체 세포는 거꾸로 설치되어 있다. 배선(配線)이 빛을 향해 있고 광수용체가 안쪽을 향해 있는 것이다. 광수용체 세포는 마이크처럼 생겼다. 마이크의 수음부(受音部)에는 음성 수신기가 있고 반대쪽에는 신호를 앰프에 전달하는 선이 달려 있다. 그런데 안구 뒤쪽에 위치한 사람의 망막은 작은 **마이크**들이 죄다 엉뚱한 방향을 향하도록 설계되어 있다. 선이 달린 쪽이 앞쪽을 바라보고, 수음부는 망막 조직의 텅 빈 벽을 바라본다.

이것이 최적의 설계가 아닌 이유는 분명하다. 수신기가 뒤쪽에 처박혀 있어서 광자가 광수용체 세포 뒤쪽으로 에둘러가야 하기 때문이다. 마이크를 거꾸로 들고 말하더라도, 마이크 민감도를 높이고 크게 말하면 소리가 약하게나마 전달되는데, 같은 원리가 시각에도 적용된다.

게다가 빛이 광수용체에 도달하려면 망막 조직과 혈관의 얇은 막을 통과해야 하는데, 그렇지 않아도 불필요하게 복잡한 계통에 불필요하게 복잡한 단계가 하나 덧붙은 셈이다. 척추동물 망막이 왜 거꾸로 달려 있는지를 타당하게 설명하는 가설은 아직 등장하지 않았다. 아마도 마구잡이로 발달하다가 그렇게 된 것이 아닌가 싶다. 진화가 가진 유일한 연장인 간헐적 돌연변이로 이 문제를 바로잡기란 여간 힘든 일이 아니기 때문이다.

망막을 생각하면 우리 집 벽에 중인방(中引枋)이라는 몰딩을 설치할 때가 떠오른다. 그때는 목공 일이 처음이어서 마음먹은 대로 잘 되지 않았다. 중인방에 쓰는 긴 나무는 대칭이 아니어서 위아래를 정해야 하는데, 상인방(上引枋)이나 하인방(下引枋)과 달리 위아래가 한눈에 구분되지 않는다. 그래서 그냥 내 눈에 가장 좋아 보이는 형태를 선택하여 설치하기 시작했다. 치수를 재고 나무를 자르고 오일스킨 스테인(oilskin stain)을 칠하고 벽에 대고 못을 박고 이음매와 못 구멍에 목재 퍼티(putty)를 바르고 다시 오일스킨 스테인을 칠했다. 마침내 작업이 끝났다. 그런데 내 작품을 보러 온 첫 손님이 대뜸 중인방의 위아래가 바뀌었다고 말하는 것이 아닌가. 올바른 위아래 방향이 정말로 있었는데 내가 잘못 본 것이다.

이것은 거꾸로 설치된 망막에 대한 좋은 비유이다. 처음에는 (나

중에 망막으로 진화한) 감광(感光) 부위가 어느 방향을 보든 기능적으로는 별 차이가 없었을 것이다. 하지만 눈이 계속 진화하면서 빛 센서들이 구멍 안으로 이동했고 그 구멍은 안구가 되었으며, 그제야 광수용체 세포가 거꾸로 설치되었음이 명백해졌다. 그러나 너무 늦었다. 이제 와서 무엇을 할 수 있었겠는가? 돌연변이 한두 번으로 전체 구조를 뒤집을 수는 없다. 내가 중인방을 간단히 뒤집을 수 없었던 것과 마찬가지이다. 그러려면 모든 절단부와 이음매도 뒤집어야 하니까. 내 실수를 바로잡으려면 아예 처음부터 시작하는 수밖에 없었다. 마찬가지로, 거꾸로 설치된 척추동물의 망막을 바로잡으려면 아예 처음부터 다시 시작하는 수밖에 없다. 그래서 나는 위아래가 바뀐 중인방을 그대로 내버려두었고, 우리의 조상들은 앞뒤가 바뀐 망막을 그대로 내버려두었다.

흥미롭게도 문어와 오징어 같은 두족류(頭足類)의 망막은 뒤집혀 있지 않다. 두족류의 눈과 척추동물의 눈은 놀랍도록 닮았지만 서로 독자적으로 진화했다. 자연은 카메라처럼 생긴 눈을 적어도 두 번—한 번은 척추동물에게서, 한 번은 두족류에게서—"발명했다"(곤충, 주형류, 갑각류의 눈은 형태가 전혀 다르다). 두족류 눈의 진화 과정에서 망막은 광수용체가 빛을 향하도록 하는 더 합리적인 형태를 갖추었다. 척추동물은 두족류만큼 운이 좋지 못했으며 우리는 이 진화적인 불운의 결과로 지금껏 고생하고 있다. 망막박리가 두족류보다 척추동물에게서 더 흔한 것은 망막이 거꾸로 배치되었기 때문이라는 주장에 대다수 안과의사가 동의한다.

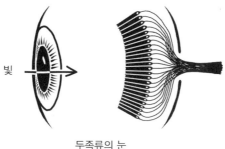

두족류의 눈

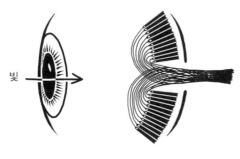

척추동물의 눈

두족류 망막의 광수용체(위)는 빛이 들어오는 방향을 향하고 있지만, 척추동물
망막의 광수용체(아래)는 그렇지 않다. 이 부적절한 설계가 척추동물에게 불리
하게 작용하게 되었을 즈음에는 진화로 바로잡기에 이미 늦어버렸다.

　사람의 눈에 있는 설계 하자 중에서 언급할 만한 것이 하나 더
있다. 망막 한가운데에는 시신경 원반(視神經原盤, optic disk)이
라는 구조가 있다. 광수용체 수백만 개의 축삭(軸索)이 여기에서
하나로 묶여서 시신경을 형성한다. 작은 마이크 수백만 개의 가느
다란 선이 전부 한 다발로 묶여서 모든 신호를 뇌로 전달한다고 상
상해보라(공교롭게도 뇌의 시각 중추는 눈에서 최대한 멀리 떨어

진 머리 맨 뒤에 있다!). 시신경 원반은 망막 표면의 작은 원에 위치해 있는데 여기에는 광수용체 세포가 하나도 없다. 이 때문에 양 눈에 맹점(盲點)이 생긴다. 우리가 맹점을 알아차리지 못하는 것은 두 눈이 서로의 맹점을 보완하기 때문이다. 뇌가 우리를 대신하여 그림을 채우지만, 맹점이 있는 것은 엄연한 사실이다. 인터넷에서 **시신경 원반 맹점**(optic disk blind spot)을 검색하면 관련 동영상을 볼 수 있다.

망막의 축삭은 어디에서인가 전부 합쳐져야 하므로 시신경 원반은 꼭 필요한 구조이다. 망막 한가운데가 아니라 뒤쪽 깊숙이 처박혀 있었다면 훨씬 더 나았겠지만, 망막이 거꾸로 배치되어 있는 한 맹점은 피할 수 없다. 척추동물은 모두 맹점이 있다. 두족류는 맹점이 없는데, 망막이 올바르게 배치된 덕분에 망막을 손상하지 않은 상태로 뒤쪽에 시신경 원반을 둘 수 있기 때문이다.

매의 눈을 바라는 것은 지나친 욕심이겠지만, 문어의 눈을 바라는 것도 무리일까?

배수구가 "위에" 달린 부비동

눈 바로 밑에는 또다른 진화적 오류가 있다. 그것은 부비동(副鼻洞, nasal sinus)으로, 공기와 액체로 차 있는 구불구불한 구멍들인데 일부는 머리 안쪽 깊은 곳에 있다.

많은 사람들은 두개골의 빈 공간이 얼마나 큰지 모른다. 좁은 콧

구멍으로 숨을 들이마시면 공기가 안면골의 커다란 방 네 곳으로 들어가서 점막과 접촉한다. 점막은 축축하고 끈끈한 조직이 겹겹이 접힌 부분으로, 먼지와 그밖의 입자(세균과 바이러스 등)가 폐에 들어가지 못하도록 잡아두는 역할을 한다. 부비동은 미립자(微粒子)를 붙잡을 뿐만 아니라 우리가 숨 쉬는 공기를 데우고 축축하게 하는 데에도 쓸모가 있다.

부비동의 점막에서는 끈끈한 점액이 꾸준히 흘러나온다. 그러면 작은 털처럼 생긴 섬모(纖毛)가 꼬물거리면서 점액을 밀어낸다(여러분의 팔에 난 털이 끊임없이 꿈틀거리면서 끈끈한 물을 피부에서 밀어낸다고 생각해보라. 그것의 축소판을 떠올리면 된다). 점액은 머리 안에서 여러 지점으로 흘러들어가, 마침내 목구멍으로 삼켜져서 가장 안전한 장소인 위장으로 내려간다. 위장이 안전한 이유는 점액에 들어 있는 세균과 바이러스를 산(酸)으로 분해하고 소화할 수 있기 때문이다. 부비동 길은 만일 제대로 작동한다면 점액을 계속 흘려보내는데, 그러면 세균과 바이러스가 감염을 일으키기 전에 그것들을 청소할 수 있고 점액이 부비동에 꽉 차지 않게 할 수 있다.

물론 부비동이 꽉 찰 때도 있는데, 그렇게 되면 부비동염에 걸릴 수 있다. 세균을 빠르게 씻어내지 못하면 녀석들이 자리를 잡고 감염성 군집을 형성하여 부비동 전체와 바깥으로 퍼질 수도 있다. 점액은 평상시에는 묽고 대체로 맑지만 감염이 일어나면 걸쭉하고 끈적끈적하고 짙은 녹색으로 바뀐다. 대부분의 감염은 심각하지 않으나 그렇다고 유쾌하지도 않다.

개나 고양이 같은 동물은 사람만큼 자주 코감기에 걸리지 않는다는 사실을 여러분은 아시는지? 대다수 사람은 (상기도[上氣道] 감염이라고도 부르는) 코감기에 해마다 2-5차례 걸리는데, 그중에는 본격적인 부비동염을 동반하는 경우도 있다. 그러나 우리 개는 나와 지낸 6년 동안 콧물이 흐르거나 코딱지가 생기거나 눈에 이슬이 맺히거나 기침을 하거나 재채기를 연달아 한 적이 한번도 없다. 열이 오른 적도 없다. 물론 개도 부비동염에 걸릴 수 있으며 가장 흔한 증상은 콧물을 흘리는 것이다. 하지만 이것은 드문 일이다. 대부분의 개는 평생 동안 심한 부비동염을 한번도 앓지 않는다.*

마찬가지로 야생동물도 콧병에 걸리지 않는다. 부비동염이 생길 수는 있지만 인간이 아닌 동물에게서는 드물다. 다만 영장류는 다른 포유류보다 조금 더 흔하다. 왜 사람만 이토록 심하게 앓는 것일까?

우리가 부비동염에 취약한 데에는 여러 이유가 있지만, 그중 하나는 점액 배출체계가 부실하게 설계되었다는 것이다. 구체적으로 말하자면 중요한 취수(取水) 파이프 중의 하나가 (윗뺨 뒤에 위치한 가장 큰 구멍인) 상악동(上顎洞, maxillary sinus) 꼭대기 근처에 설치되었기 때문이다. 취수 지점을 상악동 높은 곳에 두는 것은 좋은 생각이 아니다. 그것은 중력이라는 성가신 놈 때문이다. 이마

---

* 페키니즈와 퍼그처럼 주둥이가 짧은 품종은 예외이다. 이 개들은 자연선택이 아니라 육종가에 의해서 집중적으로 행해지는 인위적인 선택의 산물이다. 개들이 일반적으로 겪는 건강 문제는 대부분 선택적 교배의 결과로, 개의 조상인 늑대에게는 흔하지 않았다.

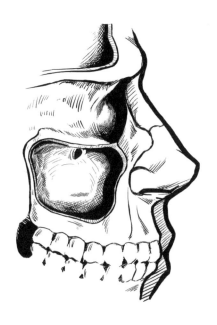

사람의 상악동. 점액 배수관이 상악동 꼭대기에 나 있어서 중력을 배수에 활용할 수 없다. 다른 동물은 거의 걸리지 않는 감기와 부비동염이 사람에게 그토록 흔한 것은 이 때문이다.

뒤와 눈 둘레에 있는 부비동에서는 점액이 밑으로 빠질 수 있지만, 가장 크고 가장 아래에 있는 두 부비동에서는 점액을 위로 빨아올려야 한다. 물론 섬모가 점액을 밀어올리기는 하지만, 배출구를 부비동 위가 아니라 아래에 달았다면 훨씬 더 간편하지 않았을까? 배수관을 바닥 말고 다른 곳에 설치하는 배관공이 있을까?

이 부실한 배관 공사에 말썽이 없을 리가 없다. 점액은 걸쭉해질수록 끈끈해지고 다루기 힘들어진다. 점액이 걸쭉해진다는 것은 먼지나 꽃가루, 미립자, 항원이 잔뜩 들어 있거나, 공기가 차거나 건조하거나, 세균이 주도권을 잡으려고 싸우고 있다는 뜻이다. 이렇게 되면 섬모는 질척질척한 점액을 취수구로 올려 보내느라고 용을 써야 한다. 다른 동물처럼 중력으로 배수하게 했으면 좋았으련만! 우리의 섬모는 중력을 거스르느라고 고생할 뿐만 아니라 걸쭉한 점액의 점도(粘度) 증가에도 맞서야 한다. 섬모가 점액을 밀어 올리는 일에 실패하면 코감기 증상으로 이어진다. 감기와 알레르기에 걸렸을 때, 종종 세균성 2차 부비동염이 생기는 것은 이 때문이다. 점액이 고이면 세균이 모인다.

감기와 부비동염에 걸렸을 때에 누우면 몸이 잠시 편해지는 것 또한 상악동의 배수관이 잘못 달린 것과 관계가 있다. 누우면 상악동의 섬모가 중력을 거스를 필요가 없어져서, 걸쭉한 점액의 일부를 배수관으로 보낼 수 있게 되어 압력이 줄어든다. 하지만 이것은 치료가 아니다. 효과는 일시적일 뿐이다. 세균 감염이 심해지면 배수만으로는 맞설 수 없으며 면역체계가 나서야 한다. 어떤 사람이 점액 배수체계가 하도 부실해서 부비동염을 늘 달고 살았더라도, 코수술만 받으면 부비동염에서 해방될 수 있다.

그러나 배수구가 상악동 아래쪽이 아닌 꼭대기에 달린 것은 왜일까? 사람 얼굴의 진화사에 답이 있다. 초기 포유류가 영장류로 진화하면서 코 부위는 구조적으로나 기능적으로나 급격한 변화를 겪었다. 많은 포유류에게 후각은 가장 중요한 감각이기 때문에 주둥이 전체의 구조가 후각을 최적화하도록 설계되었다. 대다수 포유류가 길쭉한 주둥이를 가진 것은 이 때문이다. 그래야 공기로 가득한 커다란 구멍에 후각 수용체를 잔뜩 넣을 수 있으니까. 하지만 우리의 영장류 조상은 진화하면서 후각보다는 시각, 촉각, 인지능력에 더 의존하게 되었다. 이에 따라서 주둥이가 짧아지고 비강은 더 오밀조밀해진 얼굴 속으로 파고들었다.

얼굴의 진화적 재배치는 원숭이가 유인원으로 진화할 때에도 계속되었다. 긴팔원숭이와 오랑우탄 같은 아시아 유인원은 위쪽 부비동을 아예 버렸다. 아래쪽 부비동은 크기가 작아졌으며 중력 방향으로 배수한다. 이에 반해서 침팬지, 고릴라, 인간 같은 아프리카 유인원은 부비동의 형태가 모두 같다. 하지만 다른 유인원은 부비동이 크고 넓으며, 널찍한 구멍으로 서로 연결되어 있어서 공기와 점액을 쉽게 흘려보낼 수 있다. 사람만 빼고 말이다.

안면골과 두개골은 인간과 인간이 아닌 영장류의 차이가 가장 뚜렷하게 나타나는 부위이다. 인간은 이마가 훨씬 작고 치아능선이 낮으며 얼굴이 평평하고 오밀조밀하다. 게다가 우리의 부비동은 작고 서로 분리되어 있으며 배수관이 훨씬 더 가늘다. 진화적으로 말하자면 인간이 배수관을 좁혀서 얻은 것은 아무것도 없다. 이것은 큰 뇌가 들어갈 자리를 마련한 데에 따른 부작용이었을 것이다.

이런 재배치로 인해서 설계가 부실해지고 이 때문에 우리는 다른 동물에 비해서 감기와 부비동염에 더 취약해졌다. 하지만 부실한 설계로 말할 것 같으면, 부비동의 진화적 하자는 몸 아래쪽에 도사리고 있는 문제들에 비하면 아무것도 아니다. 뇌에서 목까지 곧장 이어져야 할 신경이 위험천만하게 우회하고 있으니 말이다.

길을 벗어난 신경

사람의 신경계통은 놀랍도록 정교하고 중요하다. 우리의 뇌는 고도로 발달했으며 신경은 그 뇌가 제대로 돌아가도록 돕는다.

신경은 축삭(軸索, axon)이라는 가느다란 피복선이 모인 다발로, 뇌의 자극을 몸에 전달한다(감각 신경은 이와 반대로 몸의 자극을 뇌에 전달한다). 이를테면 운동 신경세포는 뇌 꼭대기에 있으면서 기다란 축삭을 뇌 밖으로 보내서 척수(脊髓)를 따라 아래로 내려가다가, 허리에서 척수 밖으로 나와서 다리 아래로 내려가 엄지발가락까지 뻗는다. 물론 기나긴 여정이기는 하지만 한번도 에두르지 않는다. 뇌신경과 척수신경은 거미줄처럼 이어져서 뇌에서 몸의 모든 근육, 분비샘, 장기에까지 축삭을 연결한다.

진화는 이 계통에 매우 기이한 결함을 남겼다. 반회후두신경(反回喉頭神經, recurrent laryngeal nerve)이라는 꼴사나운 이름을 가진 기관을 살펴보자(반회후두신경은 인체의 여느 신경처럼 한 쌍으로 이루어져 있지만—하나는 왼쪽에 다른 하나는 오른쪽에 있다—편의상 왼쪽에만 있다고 치자).

반회후두신경의 축삭은 뇌의 정수리 근처에서 출발하여 후두 근육에 연결된다. 이 근육은 반회후두신경의 명령을 따르는데, 우리가 말하고, 콧노래를 흥얼거리고, 노래를 부를 때에 가청음(可聽音)을 내고 제어할 수 있는 것은 이 덕분이다.

뇌에서 윗목까지는 짧은 거리이다. 척수를 따라서 목으로 들어가

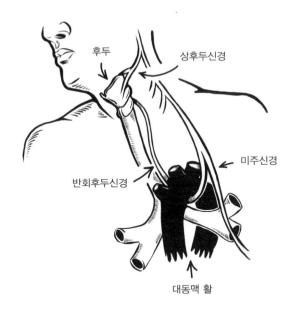

후두

상후두신경

미주신경

반회후두신경

대동맥 활

왼쪽 미주신경과, 반회후두신경을 비롯하여 미주신경에서 분기(分岐)하는 신경들. 가슴과 목을 에두르는 경로는 진화적으로 초기 척추동물의 조상으로까지 거슬러올라간다. 그때는 뇌에서 아가미까지의 직선 경로가 심장에 매우 가까이 있었다.

후두에 도달하면 되니까 다 해도 몇 센티미터면 충분하다.

어림없는 소리. 반회후두신경의 축삭은 더 유명한 신경인 미주신경(迷走神經) 안에 감싸여 있다. 미주신경은 척수를 따라서 윗가슴까지 쭉 내려가는데, 거기에서 반회후두신경이라는 축삭 소(小)다발이 어깨뼈 약간 아래에서 척수 밖으로 빠져나온다. 그런 다음 왼쪽 반회후두신경은 대동맥 밑으로 내려갔다가 다시 목으로 올라가 후두에 연결된다.

이 때문에 반회후두신경은 길이가 세 배로 늘어야 했다. 쓸데없이 근육과 조직을 에둘러야 하니 말이다. 반회후두신경은 심장의 큰 혈관들과 맞물려 있어서 심장 수술을 할 때에는 무척 조심해야 한다.

이 특이한 해부 구조는 고대 그리스의 의사 갈레노스 때부터 알려져 있었다. 이런 우회로에 기능적인 이유가 있을까? 그럴 리는 만무하다. 실은 후두에 연결된 신경이 또 하나 있는데, 이 상후두신경(上喉頭神經)의 경로는 우리가 예상한 그대로이다. 이 소다발 또한 미주신경 다발에서 갈라져 나오는데, 반회후두신경과 달리 뇌간(腦幹) 바로 밑에서 척수 밖으로 빠져나와 곧장 후두로 이어진다. 쉽고 간편하다.

그렇다면 반회후두신경이 이 멀고 고독한 길을 돌아가는 이유는 무엇일까? 다시 말하지만 답은 오래 전 진화의 역사에 숨어 있다. 이 신경은 옛 어류에서 처음 생겼으며 모든 현생 척추동물에 들어 있다. 반회후두신경은 어류에서는 뇌와 아가미를 연결하는데, 아가미는 후두의 조상 격이다. 하지만 어류는 목이 없고, 뇌가 작고, 폐가 없고, 심장이 우리처럼 펌프 같이 생긴 것이 아니라 근육질 호스 같이 생겼다. 그래서 (대체로 아가미 뒤쪽 공간에 위치한) 어류의 중앙 순환계통은 사람의 중앙 순환계통과 사뭇 다르다.

어류의 반회후두신경은 예측 가능하고 효율적인 경로를 따라서 척수에서 아가미까지 직진한다. 하지만 그 과정에서 심장에 연결된 큰 혈관들 사이를 통과하는데, 이 혈관들은 포유류의 갈라진 대동맥에 해당한다. 어류의 해부 구조에서는 반회후두신경이 이렇게 꼬여 있는 것이 말이 된다. 신경과 혈관을 빡빡한 공간에 단순하고 촘촘

8-10 미터(!)

브라키오사우루스

왼쪽 반회후두신경은 모든 척추동물에서 대동맥 아래를 지나간다. 따라서 용각류 공룡의 반회후두신경은 어마어마하게 길었을 것이다.

하게 배치할 수 있으니 말이다. 하지만 어류가 네발짐승으로, 마침내 인간으로 진화함에 따라서 해부학적으로 불합리한 결과가 따를 수밖에 없었다.

　척추동물이 진화하는 과정에서 가슴과 목이 나뉜 탓에 심장은 더 멀리 뒤로 물러나기 시작했다. 어류에서 양서류, 파충류, 포유류에 이르는 동안 심장은 뇌에서 점점 더 멀어졌다. 하지만 아가미는 꼼짝하지 않았다. 사람의 후두와 뇌의 상대적 위치는 어류의 아가미와 뇌의 상대적 위치와 다르지 않다. 반회후두신경은 심장의 위치 변화에 영향을 받을 이유가 없었다. 문제는 심장 혈관과 얽혀 있다는 것이었다. 진퇴양난에 빠진 반회후두신경은 뇌와 목을 연결하기 위해서 긴 고리 모양으로 늘어나야 했다. 이 신경이 대동맥과 얽히지 않도록 진화 과정에서 배아(胚芽) 발달을 재구성했으면 좋으련만 그것은 결코 쉬운 일이 아니다.

이 때문에 반회후두신경은 사람의 목과 윗가슴에서 길고 불필요한 고리 모양을 이룬다. 별것 아닌 것처럼 보일 수도 있겠지만, 모든 네발 척추동물이 경골어류(硬骨魚類)라는 공통 조상에게서 물려받은 똑같은 해부학적 배치에 얽매여 있음을 생각해보라. 타조의 반회후두신경은 원래 2-3센티미터면 충분하지만 척수를 따라서 꼬박 1미터를 내려갔다가 목까지 다시 꼬박 1미터를 올라와야 한다. 기린의 반회후두신경은 5미터에 이른다! 물론 아파토사우루스와 브라키오사우루스 같은 용각류(龍脚類)에는 상대도 되지 않지만.[4] 그러니 우리 자신의 반회후두신경을 원망하지는 말기를 바란다. 그나마 짧은 셈이니까.

목의 통증

사람의 목에는 길을 벗어난 신경 말고도 다른 문제가 많다. 사실 목 전체가 일종의 재앙이다. 무엇보다 목은 다른 중요 부위에 비해서 제대로 보호를 받지 못한다. 목 바로 위에 있는 뇌는 두껍고 단단한 덮개 안에 들어 있어서 상당한 정도의 충격에도 버틸 수 있다. 목 아래에 있는 심장과 폐는 강하면서도 유연한 흉곽(胸廓)과 그에 못지않게 튼튼한 가슴판으로 보호받는다. 진화는 뇌와 심폐계통을 보호하려고 무척 공을 들였지만 둘을 연결하는 부위인 목은 위험한 채로 방치했다(내장을 보호하는 데에도 실패했는데, 이 이야기는 나중에 다시 하겠다).

누군가가 맨손으로 여러분의 뇌나 심장에 큰 손상을 입히기는 매우 어렵지만, 목의 경우에는 홱 돌리기만 하면 부러뜨릴 수 있다. 사람만 그런 것은 아니지만, 사람에게는 특별한 문제가 있다. 이를테면 척추는 목을 돌리고 구부리는 것과 같은 부드러운 움직임에 능하지만 탈구(脫臼)도 쉽게 된다. 신선한 공기를 폐에 전달하는 튜브인 기관(氣管)은 목 앞쪽의 얇은 피부 바로 밑에 있어서 뭉툭한 것으로 살짝 눌러도 꿰뚫을 수 있다. 사람의 목은 취약함 면에서 타의 추종을 불허한다.

목의 하자 중에서 더더욱 기본적인 것은 입에서부터 목을 따라서 반쯤 내려가는 튜브가 소화계통과 호흡계통을 겸한다는 사실이다. 음식물과 공기 둘 다 목구멍을 통과한다. 이것이 뭐가 문제냐고? 이는 사람만의 문제는 아니지만—목구멍은 조류, 포유류, 파충류에서 대부분 보편적으로 찾아볼 수 있는 구조이다—그렇다고 해서 문제의 심각성이 낮아지는 것은 아니다. 이 부실한 설계가 보편적이라는 사실은 진화가 어떤 신체적 제약에 처해 있는지를 잘 보여준다. 돌연변이는 조금씩 조정하는 데에는 유리하지만 전면적인 재설계에는 쓸 수 없다. 대다수 고등동물은 먹이와 공기를 같은 튜브로 보낸다. 소화를 위한 구조와 호흡을 위한 구조가 따로 있으면 위생, 면역, 전반적인 관리 측면에서 훨씬 더 낫겠지만, 사람을 비롯한 많은 동물들에게 진화가 제시한 해결책은 여기에 미치지 못했다.

특히 우리의 몸은 호흡에 대해서는 부실하기 짝이 없다. 공기는 목구멍의 튜브 하나를 따라서 내려간 뒤에 폐에서 수십 개의 가지로 갈라져 들어가는데, 이 가지들의 끝에는 작은 공기 주머니가 달려 있어서 얇은 막을 통해서 기체를 교환한다. 날숨이 나가는 길은 정반대이다. 공기는 바닷물이 들고 나듯이 이 모든 가지에 들어왔다가 빠져나가는데, 이것은 지독하게 비효율적이다. 묵은 공기가 폐에 많이 남아 있는 채로 신선한 공기가 밀려들기 때문이다. 두 공기가 섞이면 실제로 폐에 도달하는 공기의 산소 함량이 낮아진다. 폐에 묵은 공기가 남아 있는 탓에 산소 공급이 제한되며, 이 때문에 우리는 숨을 더 깊이 들이마셔야 한다(특히 운동할 때처럼 산소 요구량이 많을 때에는 더욱 그렇다).

호흡방식 때문에 우리가 얼마나 고생하는지 생생하게 체험하고 싶다면, 튜브나 호스를 물고 호흡해보라. 그러나 너무 오래 하지는 마시기를. 튜브가 30센티미터 이상이면, 숨을 아무리 깊이 들이마시더라도 천천히 질식할 테니까. 스노클링을 해본 적이 있다면 우리의 호흡방식이 얼마나 무리인지 알 것이다. 물에 고요히 떠서 팔다리를 살살 놀리고만 있어도 숨을 깊이 들이마시지 않으면 숨이 막힌다. 모든 호흡은 묵은 공기와 신선한 공기의 혼합물이다. 공기 길이 길수록 매번의 호흡 끝에 남는 묵은 공기의 양이 많아진다.

그러나 이보다 훨씬 나은 호흡 방법이 있다. 상당수 새들은 공기

길이 두 갈래로 갈라져서 공기 주머니에 연결된다. 들숨은 묵은 공기와 섞이지 않은 채 폐로 직행한다. 묵은 공기는 배출용 공기 주머니에 모였다가 위로 올라가는데, 목구멍 위쪽에 가서야 기관과 만난다. 공기가 폐에 일방통행으로 흘러들면 숨을 쉴 때마다 신선한 공기를 받아들일 수 있다. 이렇듯이 훨씬 더 효율적인 설계 덕분에 새들은 우리보다 더 얕게 호흡하면서도 같은 양의 신선한 공기를 혈류(血流)에 보낼 수 있다. 이 개선은 새들에게 필수적이었다. 하늘을 날기 위해서는 산소가 대량으로 필요하기 때문이다.

물론 사람의 목구멍 설계에서 가장 큰 위험은 질식이 아니라 막히는 것이다. 미국에서는 2014년에만 5,000명 가까이 되는 사람들이 목이 막혀서 죽었는데, 대부분 음식물 때문이었다. 공기와 음식물이 들어가는 입구가 달랐다면 이런 일은 결코 일어나지 않았을 것이다. 고래와 돌고래에게는 분수공(噴水孔)이 있는데, 이것은 공기만 운반하는 혁신적인 기관이다. 많은 조류와 파충류의 호흡계통도 목구멍을 거치지 않고 공기를 콧구멍에서 곧장 폐로 보낸다는 점에서 사람보다 낫다. 뱀과 일부 조류가 커다란 먹이를 천천히 삼키면서도 계속 호흡할 수 있는 것은 이 때문이다. 인간과 포유류는 그런 장치가 없어서, 음식물을 삼킬 때에 일시적으로 숨을 멈추어야 한다.

우리는 깜짝 놀랐을 때에 본능적으로 숨을 급히 들이마시는데, 이것도 문제이다. 그 자체로 부실한 설계의 예이기 때문이다. 겁에 질렸거나 놀라운 소식을 들었을 때, 대량의 공기를 갑자기 강제로 들이마셔봐야 좋을 것이 뭐가 있겠는가? 장점은 하나도 없는 데다가, 그 순간에 음식물이나 액체가 입안에 있으면 큰 문제가 생길 수 있다.

모든 포유류는 기관에 이물질이 걸릴 수 있지만, 사람은 목 해부 구조에 생긴 최근의 진화적인 변화 때문에 더더욱 취약하다. 다른 유인원은 후두가 우리보다 훨씬 더 아래쪽에 있는데, 이런 설계 덕분에 목구멍이 길어져서 먹이를 삼킬 때에 근육이 움직일 수 있는 공간이 넓다. 모든 포유류는 먹이를 삼킬 때에 후두 덮개라는 연골판(軟骨板)이 기관 입구를 닫아서 먹이가 폐로 가지 않고 위장으로 향하도록 해야 한다. 물론 이 방법은 대개 잘 통하지만 늘 그런 것은 아니다. 사람은 최근에 후두가 위로 올라오면서 목구멍이 짧아진 탓에, 음식물 삼키기의 묘기를 부릴 공간이 빡빡해졌다.

대다수 과학자는 현생 인류의 목에서 후두가 위로 이동한 이유를 발성을 향상시키기 위해서라고 생각한다. 목구멍이 짧으면 연구개(軟口蓋)를 구부려서 훨씬 더 풍부한 소리를 낼 수 있는데, 다른 유인원은 그러지 못한다. 실제로 오늘날 전 세계 언어의 모음 중에서 상당수는 사람의 독특한 목구멍으로만 발성할 수 있다. 심지어 목구멍 뒤쪽을 꽉 조여서 발음하는 흡착음(吸着音)은 사람만이 낼 수 있으며, 사하라 이남의 많은 아프리카 언어에서 쓰인다. 우리의 목이 오로지 또는 대체로 이 흡착음을 내기 위해서 진화했다고 말하는 것은 과언이겠지만, 흡착음을 비롯한 여러 발성이 후두의 점진적인 진화로 인해서 가능해졌음은 분명한 사실이다.

그러나 이 독특한 발성 능력에는 대가가 따랐다. 후두가 올라오면서 목구멍이 짜부라지는 바람에 음식물을 삼키다가 문제가 생길 가능성이 훨씬 더 커진 것이다. 아기에게는 음식물을 삼키는 일이 정말로 위험할 수 있는데, 목구멍이 작아서 삼키기라는 기본적인 행위의 복잡한 근육 수축 행위를 조율할 공간이 크지 않기 때문이다. 젖먹이나 어린아이를 키워본 사람이라면 누구나 알겠지만, 아이들은 음식물이나 음료를 먹다가 목에 걸리는 일이 비일비재하다. 하지만 새끼 동물들은 그런 경우가 별로 없다.

삼키기는 다원주의적 진화의 한계를 보여주는 좋은 예이다. 무작위 돌연변이라는 진화의 기본 메커니즘으로 목구멍의 근본적인 결함을 바로잡지 못하는 것은 사람의 목구멍이 너무 복잡하기 때문이다. 우리는 공기와 음식물을 같은 파이프로 빨아들이는 말도 안 되는 상황을 달게 받아들이는 수밖에 없다.

다음의 설계 결함은 또다른 진화적 역학으로 설명할 수 있는데, 이 또한 사람의 가장 기본적인 활동 중의 하나와 관계가 있다. 두 발로 돌아다니는 것 말이다. 여기서 중요한 사실은 진화가 문제를 해결하지 **못한다**는 것이 아니라 단지 해결하지 않았다는 것이다. 적어도 아직까지는 말이다. 문제의 원인은 불완전한 적응이다. 사람의 무릎보다 이것을 더 똑똑히 보여주는 것은 없다.

너클 보행을 하는 동물

여느 영장류는 네 팔다리를 모두 이용하여 돌아다니지만 사람은 두

다리로 걷는데 이를 두발걸음(bipedalism)이라고 한다. 고릴라, 침팬지, 오랑우탄은 나무 타기를 할 때를 제외하고는 발과 너클(knuckle)을 이용하여 돌아다닌다. 물론 짧은 거리는 두 다리로 서서 엉거주춤 걸을 수 있지만, 편안하지 않고 잘하지도 못한다. 그러나 사람의 해부 구조는 똑바로 선 몸을 떠받치도록 진화했는데, 이는 대부분 다리, 골반, 척주(脊柱)의 변화를 통해서 이루어졌다. 우리는 이런 식으로 다녀야 훨씬 더 빠르게 이동할 수 있으며, 네 팔다리로 돌아다니는 것은 비효율적이다. 따라서 지금쯤이면 우리의 두발걸음 자세가 완벽해지고도 남았을 것이다. 그렇지 않은가?

딱히 그렇지는 않다. 직립보행에 대한 인류의 해부학적 적응이 완성되려면 아직 멀었다. 이 과정을 끝내지 못한 탓에 우리에게는 몇 가지 결함이 있다. 이를테면 장간막(腸間膜, mesentery)이라는 얇은 결합 조직(結合組織)은 창자를 비롯한 내장 기관들을 둘러싸고 있는데, 신축성이 있어서 소화관을 느슨하게 지탱한다. 우리는 두발걸음을 하므로 장간막이 복강(腹腔) 위쪽에 매달려 있을 법도 한데, 현실은 그렇지 않다. 우리의 장간막은 여느 유인원처럼 복강 뒤쪽에 붙어 있다. 우리의 네발걸음 사촌들한테야 말이 되지만, 우리에게는 걸맞지 않은 설계여서 종종 말썽이 생긴다.

오랫동안 똑바로 앉은 채 거의 움직이지 않으면 장간막이 팽팽하게 당겨지는데, 그렇게 하다가 찢어지면 수술을 받아야 할 수도 있다. 이 결함이 진화로 해결되지 않은 것은 문제를 고쳐야 할 선택압(選擇壓)이 매우 낮기 때문이다. 트럭 운전과 사무직이 일상화되기

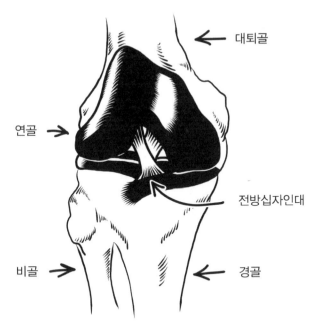

대퇴골

연골

전방십자인대

비골

경골

사람의 무릎을 이루는 뼈와 연골. 전방십자인대가 보이도록 슬개골을 제거했다. 우리가 두발걸음에 불완전하게 적응한 탓에 비교적 가는 전방십자인대가 원래 설계보다 훨씬 더 큰 힘을 견뎌야 한다. 사람들의, 특히 운동선수의 전방십자인대가 곧잘 파열되는 것은 이 때문이다.

전에는 장간막 파열이 아주 드물었을 테니 말이다. 어쨌든 이것은 부실한 설계이며, 이 때문에 복강의 결합 조직이 괜히 복잡해졌다.

더 심각한 사례도 있다. 전방십자인대(anterior cruciate ligament)라고 들어본 적이 있는가? 스포츠 팬이라면 들어보았을 것이다. 전방십자인대 파열은 가장 흔한 운동 상해 중의 하나이다. 아마도 미식축구에서 가장 흔할 테지만, 야구, 축구, 농구, 육상, 체조, 테니스에서도 일어난다. 빠르고 격렬한 운동이라면 전부 해당한다고 보

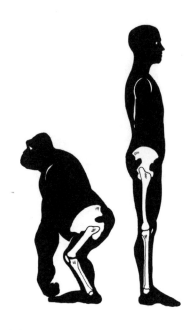

유인원과 사람의 자연스럽게 서 있는 자세. 사람은 두발걸음 자세 때문에 서 있거나 걸을 때에 몸무게의 대부분이 다리뼈에 실린다. 이에 반해서 유인원은 대체로 다리를 구부리기 때문에 근육이 부담을 나누어가진다.

면 된다. 전방십자인대는 무릎 가운데에 있으면서 대퇴골(넙다리뼈)을 경골(정강뼈)에 연결하며 슬개골(무릎뼈) 뒤 관절의 안쪽 깊은 곳에 자리하고 있다. 전방십자인대는 윗다리와 아랫다리를 붙여두는 일을 전담하다시피 한다.

 사람의 전방십자인대가 쉽게 파열되는 이유는 두 발로 직립한 자세 탓에 설계 하중보다 훨씬 큰 하중을 견뎌야 하기 때문이다. 네발걸음 동물은 달리거나 도약할 때의 부하(負荷)가 네 팔다리에 분산되며 사지 **근육**이 대부분의 부하를 흡수한다. 그러나 우리의 조상은 두발걸음으로 옮겨가면서 사지가 아니라 두 다리에 부하가 집중되었다. 근육만으로는 버틸 수 없었기 때문에 우리 몸은 다리뼈를 동원하여 부하를 분담하도록 했다. 이 때문에 근육이 아니라 뼈가 대부분의 충격을 감당할 수 있도록 다리가 곧게 펴졌다. 서 있는 사람을 서 있는 유인원과 비교해보라. 사람의 다리는 아주 곧지만 유인원의 다리는 오다리에다가 대체로 구부러져 있다.

곧게 뻗은 다리는 정상적으로 걷거나 달릴 때에는 별 문제가 없다. 그러나 방향이나 운동량을 급하게 바꾸면—이를테면 달리다가 갑자기 멈추거나 빠른 속도로 방향을 틀면—갑작스럽고 심한 충격을 무릎이 견뎌내야 한다. 윗다리와 아랫다리가 비틀리거나 벌어질 때에 전방십자인대가 두 뼈를 붙잡아둘 만큼 튼튼하지 못하면 파열이 일어난다.

설상가상으로 인류의 덩치가 점점 커지고 있어서 갑작스러운 움직임으로 인한 부하를 전방십자인대가 감당하기가 더욱 힘들어졌다. 특히 운동선수들은 어느 때보다 몸무게가 많이 나가고, 빠르고 갑작스러운 체중 이동을 많이 하기 때문에 더더욱 위험하다. 선수들이 점점 우람해지면서 프로 스포츠계에서 전방십자인대 부상이 점차 흔해진 것을 다들 알고 있을 것이다.

이 문제를 해결하려면 몸무게를 줄이는 것 말고는 방법이 없다. 전방십자인대만 따로 운동하여 강화할 수는 없다. 원래 그렇게 생겨먹었으니까. 인대는 반복적으로 힘을 받으면 튼튼해지는 것이 아니라 오히려 약해진다. 이것만 해도 문제인데, 만에 하나 전방십자인대가 찢어지면 수술로 복원해야 한다. 무릎 수술은 회복 및 재활 기간이 오래 걸리는데, 그 이유는 인대에 혈관이 별로 없기 때문이다. 그래서 혈액이 거의 공급되지 않으며 조직을 치유하고 재건할 세포도 거의 없다. 전방십자인대 파열이 프로 스포츠계에서 가장 두려운 부상으로 손꼽히는 것은 이 때문이다. 전방십자인대가 파열되면 한 시즌이 통째로 날아가는 수가 있다.

아킬레스 건에는 불완전한 진화의 또다른 사연이 담겨 있다. 뼈대를 제외한 신체 부위 중에서 인류가 직립보행으로 돌아설 때에 아킬레스 건보다 더 극적인 변화를 겪은 곳은 어디에도 없다. 우리의 조상들이 앞꿈치에서 뒤꿈치로 점차 무게를 옮김에 따라서, 종아리 근육을 뒤꿈치에 연결하는 아킬레스 건의 할 일이 훨씬 늘었다. 아킬레스 건은 동적인 힘줄로, 변화에 훌륭히 대처했으며 이제는 사람의 발목에서 가장 뚜렷이 드러나는 부위가 되었다. 힘겨운 새 역할을 맡으려고 크기가 부쩍 커졌고, 지구력 운동과 근력 훈련에 둘 다 반응해서 훈련할수록 점점 더 강해진다. 아킬레스 건은 짐을 실어 나르는 말이다.

그러나 아킬레스 **건**은 발목 관절의 부하를 대부분 짊어지면서 관절 전체의 **아킬레스 건**이 되었다. 아킬레스 건 부상은 가장 흔한 운동 상해 중의 하나이며 그 역할을 대신할 관절도 없다. 설상가상으로 다리 뒤쪽에 불쑥 튀어나온 데다가 아무런 보호도 받지 못한다.

아킬레스 건이 다치면 걷는 것조차 불가능하다. 아킬레스 건 설계의 부실함을 한마디로 표현하자면, 그것은 관절 전체의 기능을 가장 취약한 부위의 동작에 의존한다는 것이다. 현대의 기계공학자라면 약점이 이렇게 노골적으로 드러나도록 관절을 설계하지는 않을 것이다.

우리의 조상들이 똑바로 서서 걷기 시작하면서 설계 변경을 겪은 구조는 무릎과 발목만이 아니다. 등도 변화에 적응해야 했다. 아이러니하게도 자세가 곧아지면서 등은 **구부러져야** 했다. 특히 허리는 윗몸의 무게를 골반과 다리에 골고루 분산할 수 있도록 움푹 들어갔다. 심지어 진화는 허리를 더 많이 휘어지게 하려고 **뼈들을** 추가하기까지 했다. 하지만 이 곡선 때문에 허리는 여러분이 오랫동안 똑바로 서 있을 때에는 수축해 있어야 하며 그래서 피로해진다. 허리 통증은 여러 시간 동안 한자리에 서 있어야 하는 직업군에서 흔히 발생한다.

허리 통증은 여느 등 질환에 비하면 약과인데, 그중 어떤 질환들은 설계 결함의 직접적인 결과이다. 모든 척추동물은 척주에 척추뼈 사이의 관절을 윤활하는 연골 추간판(椎間板)이 있다. 추간판은 단단하지만 압축성이 있어서 충격과 부하를 흡수한다. 굳은 고무와 같은 경도(硬度)를 가지고 있기 때문에, 등뼈가 유연하면서도 튼튼할 수 있다. 하지만 사람은 이 추간판이 곧잘 "삐져나오는데", 그 이유는 똑바로 선 자세에 걸맞도록 삽입되어 있지 않기 때문이다.

우리를 제외한 모든 척추동물은 추간판이 정상적인 자세에 알맞은 위치에 들어가 있다. 이를테면 어류의 척주는 포유류의 척주와 전혀 다른 부하를 견뎌야 한다. 어류는 등뼈를 이용하여 몸을 뻣뻣

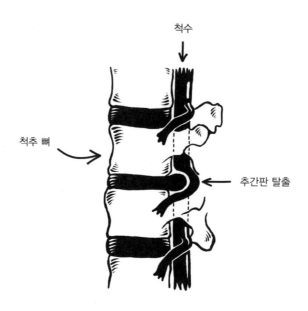

척수

척추 뼈

추간판 탈출

인체 척주에서 연골 추간판이 탈출한 모습. 우리의 조상들이 똑바로 선 자세에 적응하면서 척주의 허리뼈 부위가 심하게 구부러졌다. 각 척추 뼈 사이의 연골 추간판의 위치는 이러한 직립 굴곡 자세에 최적화되어 있지 않다. 이 때문에 이따금 삐져나와서 통증을 일으킨다.

하게 한 채 좌우로 틀어서 헤엄친다. 그러나 물에 떠 있기 때문에 중력과 충격 흡수는 별로 걱정할 필요가 없다. 이에 반해서 포유류는 다리로 몸무게를 지탱해야 하는데, 이 다리는 척주에 붙어 있어야 한다. 포유류마다 자세가 다르므로 몸무게를 등뼈에 분산하는 전략도 제각각이다. 자연에는 어마어마하게 다양한 척주가 있는데, 거의 모두가 해당 동물의 자세와 걸음걸이에 맞게 적응했다. 우리만 빼고 말이다.

사람의 추간판은 똑바로 서서 걷기가 아니라 너클 보행에 알맞다. 그럼에도 등뼈를 윤활하고 떠받치는 역할을 그럭저럭 해내기는 하지만, 여느 동물의 추간판에 비해서 제자리에서 삐져나오기가 훨씬 더 쉽다. 사람의 추간판은 척추 관절을 가슴 쪽으로 끌어당기는 중력에 저항하도록 되어 있는데, 이것은 네 팔다리로 걸을 때에 알맞은 형태이다. 하지만 똑바로 선 자세에서는 중력이 척추 관절을 가슴 쪽이 아니라 뒤나 아래로 당긴다. 시간이 지나면서 이처럼 불균등한 압력 때문에 연골에 융기(隆起)가 생긴다. 이것을 추간판 탈출증이라고 한다. 추간판 탈출증은 인간 이외의 영장류에서는 거의 찾아볼 수 없다.

우리의 조상들은 약 600만 년 전에 똑바로 서서 걷기 시작했다. 이것은 우리가 다른 유인원으로부터 갈라지면서 나타난 최초의 신체 변화 중의 하나이다. 인간의 해부 구조가 이 적응을 따라잡고, 그것을 완성할 시간이 없었다는 것은 (전혀 뜻밖은 아니더라도) 실망스러운 일이다. 그러나 등에 있는 뼈는 그나마 전부 쓰기라도 하지. 앞에서 말했듯이 인간이 똑바로 서도록 진화하면서 뼈 두어 개가 허리에 추가되었다. 진화는 뼈가 필요할 때 복제해낼 수는 있지만, 더는 필요가 없어졌을 때 없애는 일에는 젬병인 듯하다.

쓸데없는 뼈

사람에게는 뼈가 너무 많다. 우리만 그런 것은 아니다. 필요 없는 뼈, 구부러지지 않는 관절, 아무 데에도 붙어 있지 않은 구조, 득보다 실이 많은 부속기관이 달린 동물이 얼마든지 있다. 그 이유는 배아 발달 과정이 지독히 복잡하기 때문이다. 몸이 형태를 갖추려면 수천 개의 유전자가 시간과 공간에 완벽하게 조율되어 정확한 순서로 활성화되고 비활성화되어야 한다. 이를테면 필요 없어진 뼈를 없애는 것은 스위치 하나를 누르는 것처럼 간단한 일이 아니다. 눌러야 할 스위치가 수백, 아니 수천 개에 이를 **뿐만 아니라** 그 유전자를 바탕으로 만들어지는 수천 가지 구조가 망가지지 않도록 해야 한다. 또한 자연선택이 타자기 앞에 앉은 침팬지처럼 스위치를 무작위로 누른다는 사실을 명심해야 한다. 오래 기다리면 침팬지가 소네트(sonnet)를 쓸 수도 있겠지만, 정말 오래 기다려야 할 것이다. 해부학적으로 보면 그 때문에 몸은 온갖 잡동사니로 빼곡하다.

인간의 해부학적 군더더기 중에서 가장 황당한 것들은 뼈대에서 찾아볼 수 있다. 손목을 예로 들어보자. 손목이 유능한 관절임은 의심할 여지가 없다. (팔과 손을 연결하는) 혈관과 신경 등의 연결선이 지나는데도 모든 방향으로 180도 가까이 구부러질 수 있지 않은가. 문제는 손목이 쓸데없이 복잡하다는 것이다. 손목에는 뼈가 **여덟** 개 있는데, 팔뚝의 두 개와 손의 다섯 개는 치지도 않았다. 온전한 형태를 갖추고 있고 저마다 독자적인 뼈 **여덟** 개가 이 좁은 면적에 돌무더기처럼 처박혀 있다. 대체 얼마나 요긴하기에 그런 것일까?

뭉뚱그려놓고 보면 도움이 되기는 하지만, 하나하나 뜯어보면 하는 일이 하나도 없다. 여러분이 손을 움직일 때에 제자리에 있는 것이 전부이다. 물론 인대와 힘줄의 복잡한 체계를 통해서 팔뼈와 손뼈를 연결하기는 하지만, 이 배열이 엄청나게 복잡하고 잉여적이다. 가련한 아킬레스 건에서 보았듯이 잉여성이 **바람직할 수도** 있지만 뼈는 그렇지 않다. 여분의 뼈가 있으려면 힘줄, 인대, 근육이 부착될 지점이 많이 필요하다. 각 접촉점은 취약점이며, 긴장이나 (전방십자인대에서와 같은) 파열로 이어질 수 있다.

우리 몸에는 근사하게 설계된 관절도 있다. 어깨 관절과 엉덩이 관절을 생각해보라. 그러나 손목은 아니다. 제정신이 박힌 공학자라면 관절을 설계하면서 개별적인 가동 부품을 이렇게 많이 집어넣지 않을 것이다. 공간을 잡아먹고 가동 범위를 제한하기 때문이다. 손목이 합리적으로 설계되었다면, 손가락이 뒤로 꺾어져서 팔에 붙을 수 있어야 할 것이다. 하지만 그렇게는 되지 않는다. 손목에 있는 많은 뼈는 손목 관절의 유연성을 **향상하는** 것이 아니라 **제한한다.**

사람의 발목도 손목처럼 뼈무더기이다. 발목에는 뼈가 일곱 개 있는데, 대부분 쓸데없다. 발목은 끊임없이 몸무게를 지탱하고 몸 전체의 움직임에서 중추적인 역할을 하기 때문에 손목보다 할 일이 많다. 하지만 그런 이유에서라면 관절이 더 단순해야 이치에 맞다. 발목뼈는 상당수가 상대적으로 고정되어 있어서, 차라리 인대를 단단한 뼈로 대체하여 하나의 통짜 구조로 만드는 편이 더 나을 것이다. 그렇게 단순화한 발목은 훨씬 더 튼튼할 것이며, 지금처럼 피로가 몰리는 지점들도 대부분 없어질 것이다. 발목이 툭하면 삐거나 접질리는 데에는 이유가 있다. 발목의 뼈대 설계는 부품의 잡동사

사람의 발목을 이루는 일곱 개의 뼈(흰색으로 표시)는 상대적 위치가 고정되어 있다. 어떤 공학자도 관절을 설계하면서 이렇게나 많은 별도의 부품들을 그저 붙여놓으려고 집어넣지는 않을 것이다. 그런데 놀랍게도 대다수 사람들은 이 뒤죽박죽인 구조를 가지고도 잘만 산다.

니로, 말썽만 피우지 도무지 하는 일이 없다.

쓸데없는 뼈 중에서 최악은 손목뼈와 발목뼈이지만 이것이 다는 아니다. 이를테면 꼬리뼈가 있다.

꼬리뼈는 척주의 끝부분으로, 마지막 척추 뼈 세 개(어떻게 세느냐에 따라서 네 개나 다섯 개일 수도 있다)가 C자 꼴로 융합되어 있다. 이 부위는 인체에서 아무런 기능도 수행하지 않는다. 무엇인가를 담거나 보호하지도 않는다. 척추 뼈 안에서 보호받는 척수는 꼬리뼈보다 훨씬 더 위에서 끝난다. 꼬리뼈는 꼬리가 있던 조상에게서 물려받은 흔적기관이다.

대다수 영장류를 비롯하여 거의 모든 척추동물은 꼬리가 있다. 대형 유인원은 드문 예외이지만, 유인원조차도 배아 단계를 **시작할** 때에는 꼬리가 뚜렷이 보인다. 이 꼬리는 결국 수축하는데, 임신 21주일 차나 22주일 차가 되면 그 흔적은 쓸데없는 꼬리뼈가 된다. 심지어 등 쪽의 엉치꼬리 근육이라는 작은 자투리 근육까지 남아 있는데, 꼬리뼈가 융합되지 않았다면 이 근육을 이용하여 구부릴 수 있었을 것이다. 쓸데없는 뼈들에 쓸데없는 근육까지 가지가지 한다.

꼬리뼈에는 주변 근육 조직과 일부 연결 부위가 남아 있다. 여러분이 기대거나 앉아 있을 때, 몸무게의 상당 부분을 지탱하기도 한다. 하지만 부상이나 암 때문에 꼬리뼈를 수술로 제거해도 장기적인 합병증은 전혀 생기지 않는다.

사람의 두개골도 여느 척추동물과 마찬가지로 뼈들의 괴상한 잡동사니이다. 이 뼈들은 어린 시절에 융합되어 하나의 구조를 이룬다. 사람의 두개골에는 평균 스물두 개의 뼈가 있는데(더 있는 사람도 있다!) 상당수는 중복이다. 말하자면 오른쪽 부위와 왼쪽 부위가 따로따로 있다는 것이다. 이를테면 오른쪽 턱뼈와 왼쪽 턱뼈, 오른쪽 입천장과 왼쪽 입천장이 가운데에서 융합된다. 이렇게 번거로운 짓을 해야 할 뚜렷한 이유는 없다. 팔이 독립적인 구조인 것은 말이 되지만, 윗입술 뒤쪽에 있는 뼈는 대체 왜 그래야 할까?

두개골의 뼈만 중복된 것이 아니다. 아래팔과 아랫다리에 한 쌍의 뼈가 있는 것도 이유를 찾을 수 없기는 마찬가지이다. 위팔은 뼈가 한 개뿐이지만 아래팔은 두 개이다. 다리도 마찬가지이다. 허벅지뼈는 한 개이지만 정강뼈는 두 개이다. 물론 아래팔은 두 개의 뼈 덕분에 비틀기 동작을 할 수 있지만, 아랫다리는 그렇지도 않다. 무릎 아래쪽 다리를 비틀고 싶다면, 무엇인가 부러뜨릴 각오를 해야 한다. 심지어 아래팔도 반드시 평행한 뼈 두 개가 있어야만 관절을 비틀 수 있는 것은 아니다. 사실 뼈가 두 개 있으면 비틀기 각도가 180도를 넘을 수 없다. 그랬다가는 뼈들이 서로 부딪힐 것이기 때문이다. 비교를 해보자면 어깨와 엉덩이는 뼈가 두 개가 아닌데도 비틀기가 팔꿈치보다 훨씬 더 잘 된다. 어떤 로봇 팔도 우리의 터무니없는 뼈 구조를 모방하지는 않을 것이다.

인간의 해부 구조는 아름답다. 그것은 의심할 여지가 없다. 우리는 환경에 매우 훌륭히 적응했다. 그러나 **완벽하게** 적응한 것은 아니다. 사소한 흠이 남아 있다. 우리의 조상들이 백신과 수술의 시대에 들어서기 전에 오랫동안 수렵채집인의 삶을 살았다면, 진화가 인간의 해부 구조를 계속해서 완벽하게 다듬었을 가능성도 없지는 않다. 그러나 그 환경 또한 여느 환경처럼 매우 역동적이었을 것이므로 진화는 지금의 결함을 다른 결함으로 대체하는 데에 그쳤을 것이다. 진화는 지속되는 연속적 과정이며 결코 완성되지 않는다. 진화와 적응은 육상 경기장을 달리는 것보다는 트레드밀(treadmill) 위를 달리는 것에 가깝다. 멸종하지 않으려면 끊임없이 적응해야 하지만, 앞으로 나아간다는 느낌은 전혀 들지 않는다.

마무리 : 뒷다리지느러미가 달린 돌고래

쓸데없는 뼈 하면 우리 인간도 남부럽지 않지만, 흔적기관과 여분의 뼈가 훨씬 더 적나라하게 드러나는 동물도 많다. 이를테면 일부 뱀들은 먼 옛날에 팔다리를 잃었는데도 불구하고 여전히 골반의 작은 흔적이 남아 있다. 이 쓸모없는 뱀 골반은 아무 데에도 붙어 있지 않으며 아무런 역할도 하지 않는다. 다시 말하지만, 그렇다고 해서 뱀에게 해가 되는 것은 아니다. 그랬다면 자연선택이 없애버렸을 테니까. 대부분의 고래도 골반의 내부 잔여물이 있다. 이것은 4,000만여 년 전에 바다로 돌아간 다리 달린 조상이 전하는 조용한 속삭임이다. 이 조상들이 해양 생활로 돌아가면서 앞다리는 점차 가슴지느러미로 진화했다. 그러나 뒷다리는 그냥 퇴화해버렸다.

2006년에 일본의 어부들이 돌고래를 잡았는데, 녀석에게 작은 뒷다리지느러미(hind fin)가 달려 있었다('hind fin'은 '뒷지느러미'로 번역하는 것이 적절하겠지만 '뒷지느러미'는 'anal fin'의 번역어로 이미 정착되어 있어서 '뒷다리지느러미'로 번역했다/옮긴이).[5] 이 돌고래—나중에 AO-4라는 이름이 지어졌다—는 희귀한 모양을 하고 있어서 전시 및 후속 연구를 위해서 다이지 고래박물관으로 보내졌다.

작지만 완벽한 형태의 뒷다리지느러미가 달린 돌고래의 발견은 발달 과정에서 돌연변이 하나가 얼마나 위력적인지를 보여준다. 이 경우에는 무작위 돌연변이가 우연하게도 이전 돌연변이를 무효화

"정상" 큰돌고래   AO−4

AO-4라는 돌고래(오른쪽)의 '뒷다리지느러미'를 일반적인 돌고래(왼쪽)와 비교한 것. 뒷다리지느러미가 작지만 온전한 형태를 갖춘 것으로 보건대, 뒷다리지느러미를 없어지게 한 이전 돌연변이가 자연발생적인 돌연변이로 인해서 무효화된 듯하다. 이런 "자연발생적 복귀(spontaneous revertant)"는 무작위 돌연변이에서 적응이 어떻게 나타나는지를 엿보게 해주는 드문 예이다.

했다. 이것이 드문 사건인 것은 분명하지만—벼락이 같은 자리에 두 번 떨어지는 것과 비슷하다—발견할 수만 있다면 시사하는 바가 크다. 이 책을 쓰는 지금, AO-4에게서 정확히 어떤 돌연변이가 일어났는지는 아직 밝혀지지 않았지만, 과학자들이 연구를 계속 진행하고 있다.

돌고래의 뒷다리지느러미는 작은 변화를 통해서 서서히 퇴화하여 없어진 것이 아닌 듯하다. 돌연변이 하나가 결정적으로 작용하면서 한번에 사라졌을 것이다. 인류가 직립보행을 위해서 척추 뼈가 더 필요해지자, 허리 부위에 척추 뼈가 많아진 것도 거의 틀림없이 비슷한 종류의 "고강도(high-impact)" 돌연변이 때문이다. 믿지 못하겠다고? 완벽한 형태와 기능을 갖춘 손가락이나 발가락을 여분으로 가진 사람이 매일같이 태어나고 있다. 손가락이 열두 개인 것이 우리의 진화적 과거의 어느 순간에 매우 유리했다면, 지금쯤 모두가 열두 개의 손가락을 가지고 있을 것이다. 배아 발달에 중요한 유전자들은 광범위한 영향을 미치기 때문에, 적소(適所)에 돌연변이가 일어나면 엄청난 해부학적 재배열을 일으킬 수 있다. 이 재배열은 무작위이기 때문에 대개는 해로운 선천적 장애로 이어지지만, 진화적 시간의 척도에서 보자면 우리가 상상도 하지 못할 만큼 희귀한 사건을 일으킬 수 있다.

AO-4와 같은 돌연변이는 동물의 과거 삶을 가리는 진화적 장막을 걷어준다. 돌연변이에 의한 진화적 조정과 변화는 이따금 무효가 될 수 있으며 그로 인해서 극적인 결과를 낳기도 한다. 우리는 진화가 느리고 꾸준한 과정이라는 것을 끊임없이 상기하기 때문에, 진화가 극적이라는 생각은 좀처럼 하지 못한다. 그러나 돌고래 AO-4에서 보듯이 이따금씩 극적인 진화가 일어나기도 한다.

2

부실한 식사

왜 인간은 여느 동물과 달리 비타민 C와 B$_{12}$를 음식물로 섭취해야 할까, 왜 절반에 가까운 아동과 임신부는 아연을 충분히 섭취하는 데도 빈혈에 걸릴까, 왜 우리는 모두 칼슘이 결핍될 수밖에 없을까 등등

책방이나 도서관을 무심코 돌아다니다 보면 음식과 식사에 대한 책이 이렇게 많은가 하고 놀라게 된다. 요리의 역사에 대한 책, 외국음식과 고대 음식에 대한 책, 요리책, 그리고 물론 다이어트 지침서와 안내서까지 온갖 책이 책꽂이에 빼곡하다.

우리는 다양한 음식을 먹으라는 잔소리를 귀에 달고 산다. 채소를 충분히 먹어라, 과일을 먹는 것을 잊지 말아라, 균형 잡힌 아침식사가 중요하다, 섬유질을 많이 섭취해야 한다, 육류와 견과류는 중요한 단백질 공급원이다, 오메가 3 지방산을 꼭 먹어라, 유제품이 칼슘 섭취에 중요한 역할을 한다, 마그네슘과 비타민 B군을 섭취하려면 녹색 잎채소를 꼭 먹어야 한다, 늘 같은 음식을 먹으면 건강을

유지할 수 없다, 몸에 필요한 각종 영양소를 골고루 섭취하려면 다양한 음식을 먹어야 한다 등등 귀가 따가울 지경이다.

건강보조식품도 빼놓을 수 없다. 이제 대다수의 과학자들은 건강보조식품 산업이 사기라고 생각하지만, 많은 건강보조식품에는 건강에 필요한 최소한의 필수 비타민과 무기질이 정말로 들어 있다. 어떤 사람들의 식단은 자신에게 필요한 영양소가 모두 들어 있지 않으며, 필요한 영양소를 모두 먹는 사람조차도 그것을 항상 제대로 흡수하는 것은 아니다. 그러니 이따금 인위적으로 넣어줄 필요도 있다. 이를테면 우유 마시라는 이야기를 귀에 못이 박히도록 듣는 것은 이 때문이다. 우리에게는 칼슘이 필요하지만 스스로는 충분한 양을 만들지 못하기 때문이다.

이제 우리의 고된 식생활과 우유를 만들어내는 소의 식생활을 비교해보자. 소는 풀 말고는 거의 아무것도 먹지 않고도 살 수 있다. 오래 건강하게 살면서 맛있는 우유와 기름진 고기를 만들어낸다. 소는 사람들이 먹어야 하는 콩류, 과일, 섬유질, 육류, 유제품 없이도 어떻게 잘 살아가는 것일까?

소는 제쳐두고 여러분이 키우는 개나 고양이의 식단이 얼마나 단순한지 생각해보라. 대부분의 개 사료는 고기와 쌀이 전부이다. 채소도 과일도 비타민 보충제도 전혀 들어가지 않는다. 개는 이렇게만 먹고도 잘 살며, 과식만 하지 않으면 오래도록 건강한 삶을 누릴 수 있다.

어떻게 그럴 수 있을까? 간단하다. 잘 먹도록 설계되었기 때문이다.

인간은 세상 어느 동물보다 식성이 까다롭다. 다른 동물의 몸에서는 만들 수 있지만 우리 몸에서는 만들지 못하는 것도 많다. 우리가 만들지 못하는 필수 영양소는 음식을 통해서 섭취해야 한다. 그러지 않으면 죽는다. 이 장에서는 우리의 부실한 몸이 만들지 못해서 음식물로 섭취해야 하는 모든 것, 이를테면 비타민 같은 기본 성분에 대한 이야기를 들려주고자 한다.

괴혈병

비타민은 **필수 미량영양소**(essential micronutrient)이다. 이것은 음식물을 통해서 섭취해야 하는 분자와 이온으로, 만일 섭취하지 못하면 병에 걸려서 죽는다(그밖의 필수 미량영양소로는 무기질, 지방산, 아미노산이 있다). 비타민은 세포의 생존에 필요한 분자들 중에서 크기가 가장 큰 축에 든다.

대부분의 비타민은 다른 분자를 도와 체내에서 핵심적인 화학반응을 촉진한다. 이를테면 비타민 C는 여덟 개 이상의 효소를 지원하는데, 그중 세 개는 콜라겐 합성에 필요하다. 이 효소들은 우리 몸에 들어 있지만 비타민 C가 없으면 콜라겐을 만들지 못한다. 효소가 일을 못하면 우리는 병에 걸린다.

비타민 C가 **필수**로 분류되는 것은 중요해서가 아니라 음식물을 통해서 얻어야 하기 때문이다. 모든 비타민이 사람의 건강에 중요하고 심지어 결정적인데, 그중에서도 필수 비타민은 우리가 직접

주요 식이 비타민과 해당 결핍증

비타민	별명	결핍증
A	레티놀	비타민 A 결핍증
B_1	티아민	각기병
B_2	리보플래빈	리보플래빈 결핍증
B_3	니아신	펠라그라
C	아스코르빈산	괴혈병
D	콜레칼시페롤	구루병, 골다공증

주요 식이 비타민과 해당 결핍증. 인간은 매우 다양한 음식물을 먹도록 적응했기 때문에, 스스로 충분히 합성하지 못하는 모든 미량영양소를 얻기 위해서는 매우 다양한 음식물을 먹어야 한다.

만들지 못하기 때문에 따로 섭취해야 하는 것을 일컫는다.

비타민 C 말고도 우리 몸에서 중요한 역할을 하는 필수 비타민이 있다. 이를테면 비타민 B군은 음식물에서 에너지를 뽑아내는 일을 돕는다. 비타민 D는 칼슘의 흡수와 이용을 돕는다. 비타민 A는 망막이 기능하는 데에 꼭 필요하며, 비타민 E는 화학반응의 유해 부산물(副產物)인 자유 라디칼(free radical)로부터 조직을 보호하는 등 몸 전체에서 여러 역할을 한다.

이 다양한 분자들의 공통점은 우리 몸에서 만들어내지 못한다는 것이다. 이것이 비타민 A, B, C, D, E가 비타민 K나 비타민 Q와 다른 점이다. 후자의 비타민을 들어본 적이 없다면 그것은 섭취의 측면에서 **필수**가 아니기 때문이다. 따라서 여느 비타민만큼 중요하기는 하지만 우리가 직접 만들 수 있어서 음식물을 통해서 섭취하지 않아도 된다.

사람들이 특정 비타민을 만들지 못하고 음식물로 섭취하지도 못하면 건강이 아주아주 나빠질 수 있다. 이번에도 비타민 C가 좋은 예이다.

미국의 초등학생들은 미국사 수업 시간에 15세기와 16세기에 아메리카 대륙을 탐사한 유럽인들의 이야기를 가장 먼저 배운다. 뱃사람들이 오랜 항해 동안 괴혈병(壞血病)을 예방하려고 감자나 라임을 가져갔다는 이야기를 들은 기억이 생생하다. 여러분도 알겠지만 이 끔찍한 질병의 원인은 비타민 C 결핍이다. 비타민 C가 없으면 세포 외 기질(細胞外基質, extracellular matrix)의 필수 성분인 콜라겐을 만들지 못한다. 세포 외 기질은 마치 미세 골격처럼 모든 장기와 조직에 형태와 구조를 부여한다. 비타민 C가 없으면 세포 외 기질이 약해지고, 조직이 형태를 유지하지 못하고, 뼈가 푸석푸석해지고, 각종 구멍에서 피가 나고, 몸이 말 그대로 부서진다. 괴혈병은 인체가 쓰는 디스토피아 소설이라고 할 만하다.

그렇다면 개는 어떻게 해서 비타민 C가 들어 있지 않은 고기와 쌀만 먹으면서도 괴혈병에 걸리지 않을까? 그것은 직접 만들기 때문이다. 실제로 지구상의 거의 모든 동물이 비타민 C를 직접 만들기 때문에—대개는 간에서 만든다—음식물을 통해서 섭취할 필요가 없다. 비타민 C를 음식물로 섭취해야 하는 동물은 기니피그와 과일먹이박쥐를 제외하면 인간과 영장류가 유일하다. 이것은 진화과정에서 인간의 간이 비타민 C 합성 능력을 잃었기 때문이다.

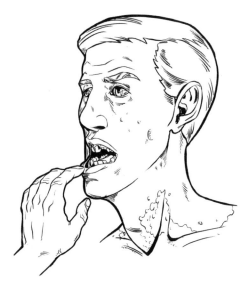

괴혈병의 신체적 특징. 이 끔찍한 질병은 비타민 C 결핍으로 인해서 발생한다. 인류의 조상은 이 필수 미량영양소를 스스로 만들 수 있었으나, 우리는 음식물을 통해서 섭취해야만 한다.

왜 우리는 비타민 C 합성 능력을 잃었을까? 비타민 C 합성에 필요한 유전자는 모두 남아 있으나 그중에 하나가 돌연변이로 망가져서 제 기능을 하지 못하기 때문이다. 망가진 유전자의 이름은 굴로(GULO)이며 비타민 C 합성의 핵심 단계를 담당하는 효소를 암호화한다. 언젠가 영장류 조상의 굴로 유전자에 돌연변이가 생겨서 기능이 사라졌으며, 무작위 돌연변이가 계속 일어나면서 작은 오류들이 쌓였다.[1] 이런 DNA 조각의 쓸모없음을 조롱하기라도 하듯이 과학자들은 여기에 '사이비 유전자'라는 뜻의 **위유전자**(僞遺傳子, pseudogenes)라는 이름을 붙였다.

굴로 유전자는 아직도 인간 유전체에서 쉽게 알아볼 수 있다. 유전체에 여전히 들어 있고 암호의 대부분이 여느 동물과 똑같지만, 몇 가지 핵심 부위가 돌연변이를 일으킨 것이다. 자동차에서 점화 플러그를 제거했다고나 할까. 그래도 자동차는 여전히 자동차이다. 보면 자동차라는 것을 쉽게 알 수 있다. 사실 아주 꼼꼼히 들여다보지 않으면 무엇이 잘못되었는지 알 수 없다. 그러나 자동차 노릇은 조금도 하지 못한다. 고장 나기 전과 다른 점이 거의 없지만 아예 시동이 걸리지 않기 때문이다.

선사시대에 굴로 유전자에도 같은 일이 일어났다. 무작위 돌연변이 때문에 점화 플러그가 없어진 것이다. 진화적 시간을 놓고 보면 이런 무작위 돌연변이는 끊임없이 일어난다. 대개는 아무런 피해를 입히지 않지만, 이따금 유전자에 정통으로 한 방 먹이기도 한다. 이런 일이 일어나면 대개 유전자의 기능이 망가지기 때문에 거의 언제나 피해가 발생한다. 이 경우에 돌연변이 유전체를 가진 개체는 약간 곤란해지는데, 낫형적혈구 빈혈이나 낭성 섬유증 같은 치명적인 유전병에 걸리면 여간 낭패가 아니다.

치명적인 돌연변이는 보유자가 죽으면서 인구 집단에서 제거되는 경우가 많다. 그렇다면 굴로 유전자의 돌연변이는 왜 제거되지 않았을까? 괴혈병은 치명적이다. 이 돌연변이의 결과는 빠르고 혹독하기 때문에 이 해로운 오류가 인류 전체에 퍼지지 않았어야 마땅하다.

뭐, 그러지 않았을지도 모른다. 이 치명적인 돌연변이를 겪은 영장류가 우연히도 비타민 C를 먹이로 충분히 섭취하고 있었다면 어떨까? 녀석은 비타민 C가 들어 있는 먹이를 먹고 있었기 때문에 비타민 C 합성 능력을 잃어도 아무런 영향이 없었을 것이다(질문: 어떤 먹이에 비타민 C가 많이 들어 있을까? 답: 감귤류 과일. 질문: 감귤류 과일은 주로 어디에서 자랄까? 답: 열대우림. 질문: 영장류는 대부분 어디에 서식할까? 빙고).

영장류의 조상이 굴로 유전자의 돌연변이를 감당할 수 있었던 이유는 먹이를 통해서 비타민 C를 충분히 섭취했기 때문이다. 그 뒤로 인간을 제외한 영장류는 우림 기후를 떠나지 않았다. 영장류가 이런 서식처를 선호한 것은 비타민 C 합성 능력을 잃은 원인이자 결과이다. 어쨌든 유전자를 돌연변이로 **망가뜨리는** 것은 쉽지만 **고치**는 것은 훨씬 더 어렵다. 그것은 먹통이 된 컴퓨터를 후려치는 것과 같다. 물론 **고쳐질지도** 모르지만, 오히려 더 망가질 가능성이 크다.

굴로 유전자가 망가진 것은 영장류만이 아니다. 그런 동물이 몇 종 더 있다. 망가진 유전자를 감당할 수 있는 동물은 당연히 먹이를 통해서 비타민 C를 충분히 섭취할 수 있는 동물이다. 이를테면 과일먹이박쥐가 있다.[2] 과일먹이박쥐의 먹이는 음…… 과일이다.

흥미롭게도 우리의 몸은 비타민 C 합성 능력을 잃은 여느 동물과 마찬가지로 음식물에서 비타민 C를 흡수하는 효율을 높여서 이를 보충하려고 했다. 비타민 C를 만드는 동물이 먹이에서 비타민 C를 잘 흡수하지 못하는 것은 그럴 필요가 없기 때문이다. 이에 반해서 사람은 음식물에 들어 있는 비타민 C를 훨씬 더 효율적으로 흡수한다. 하지만 우리가 비타민 C가 풍부한 음식물을 먹는 법을 알아냈고, 우리 몸이 음식물에서 비타민 C를 뽑아내는 데에 능숙하더라도 이 문제가 완전히 해결된 것은 아니다. 설계는 여전히 부실했다. 먼 곳에서 생산된 신선한 식품을 쉽게 구할 수 없던 시절에는 괴혈병이 흔했으며 종종 치명적이었다.

그밖의 필수 비타민도 비타민 C 못지않게 말썽을 부릴 수 있다. 비타민 D를 예로 들어보자. 일반적으로 섭취되는 비타민 D의 형태는 완전 활성이 아니어서 간과 신장에서 처리해야만 쓸 수 있다. 햇볕을 충분히 쬐면 피부에서도 비타민 D의 전구물질(前驅物質)이 생성되지만, 이 또한 처리하여 활성 형태로 바꾸어야 한다. 식이 비타민 D를 충분히 섭취하거나 햇볕을 충분히 쬐지 않으면, 젊은 사람은 구루병(佝僂病)에 걸릴 수 있고 나이 든 사람은 골다공증에 걸릴 수 있다. 구루병은 통증이 극심하며 뼈가 약해져서 쉽게 부러지고 잘 낫지 않는다. 심한 경우에는 왜소증(矮小症)과 뼈의 기형으로 이어진다.

두 질병 다 뼈가 푸석푸석해지고 변형되는데, 이 때문에 극심한 통증을 겪을 수 있다. 사람은 뼈를 튼튼하게 하려면 칼슘이 필요하며 음식물에서 칼슘을 흡수하기 위해서는 비타민 D가 필요하다. 세상의 모든 칼슘을 먹어도 비타민 D를 충분히 섭취하지 않으면 흡수가 되지 않는다(우유에 흔히 비타민 D를 첨가하는 것은 이 때문이다. 이렇게 하면 우유에 함유된 칼슘을 흡수하는 데에 도움이 된다).

구루병은 사람만 걸리는데, 여기에는 여러 가지 이유가 있다. 무

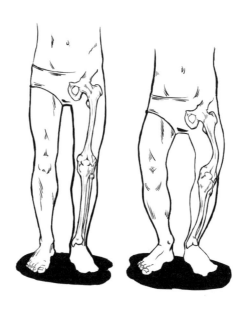

비타민 D가 결핍되면 다리뼈에 구루병이라는 증세가 생긴다. 사람은 음식물을 통해서 비타민 D를 흡수하기 힘들기 때문에 햇볕을 쐬어서 합성해야 한다. 어릴 때 비타민 D를 충분히 섭취하지 못하면 평생 골격 기형을 안고 살아야 할 수도 있다.

엇보다 우리는 옷을 입고 대체로 실내에서 사는 유일한 종이다. 이 두 가지 요인 때문에 피부가 햇볕에 적게 노출되어 비타민 D 전구물질을 제대로 만들지 못한다. 이것이 설계 자체의 부실 때문이라고 단정할 수는 없겠지만, **훌륭한** 설계가 아님은 분명하다. 비타민 D의 활성화 단계가 많고 복잡한 것만 해도 근심거리인데, 햇볕을 쐬지 않으면 전구물질 분자를 만들어내지 못하여 비타민이 부족해지므로 (문자 그대로 또한 비유적 의미에서) 이마에 주름살이 생기지 않을 도리가 없다.

비타민 B

비타민	별명	공급원이 되는 식품	결핍증
B_1	티아민	효모, 고기, 곡물	각기병
B_2	리보플래빈	유제품, 달걀, 간, 콩류, 녹색 잎채소, 버섯	리보플래빈 결핍증
B_3	니아신	고기, 생선, 콩류, 옥수수를 제외한 모든 곡물	펠라그라
B_4	콜린*		
B_5	판토텐산	고기, 유제품, 콩류, 통곡물	여드름, 감각 이상
B_6	피리독신	생선, 내장, 뿌리채소, 곡물	피부 질환, 신경 질환
B_7	바이오틴	대다수 식품	신경 발달 장애
B_8	이노시톨*		
B_9	엽산	녹색 잎채소, 과일, 견과, 씨앗, 대두, 유제품, 고기, 해산물	대적혈구 빈혈, 선천적 장애
B_{10}**	PABA		
B_{11}**	PHGA		
B_{12}	코발라민	대부분의 동물성 식품	대적혈구 빈혈

* 명명(命名), 동정(同定)이 완벽하게 합의되지 않았음. 지금은 비타민으로 간주되지 않음.

** 지금은 비타민으로 간주되지 않음.

비타민 B군과 결핍증. 야생동물은 이런 결핍증을 앓는 일이 매우 드물지만, 인간은 이런 결핍증에 적지 않게 시달린다(특히 경작과 식품 가공의 등장 이후).

둘째, 현대적인 생활방식과 식단 때문에 비타민 D를 항상 충분히 섭취하지 못하고 있다. 식이성 영양소 결핍의 원인을 현대적인 식습관 탓으로 돌리는 것은 늘 솔깃하지만, 이 경우에는 해당하지 않는 듯하다.

문명이 가져다준 혁신은 구루병의 **감소**로 이어졌다. 그 이유를 이해하려면 음식물로 비타민 D를 충분히 섭취하기 위해서는 생선이나 고기, 달걀을 최소한 어느 정도는 먹어야 한다는 사실을 감안해야 한다. 문명화가 되기 이전의 사람들은 달걀을 거의 먹지 않았다. 고기와 생선은 주식이었지만 일상적으로 섭취하기가 힘들었다. 선사시대의 삶은 풍요와 기근을 번갈아 겪었으며, 초기 인류의 **뼈**를 연구했더니 구루병과 골형성부전증은 흔한 질환이었다는 것이 밝혀졌다. 하지만 동물성 단백질을 풍부하게 섭취하는 현대의 선진국 국민은 그렇지 않다.

고기와 달걀을 얻으려고 동물을 가축화하면서 구루병 문제는 대부분 해결되었다(가축화는 중동과 세계 여러 지역에서 약 5,000년 전에 시작되었다). 인간의 창의성이 인체의 설계 하자를 극복한 예는 이것만이 아니다. 이 책에서는 이 주제를 계속 언급할 것이다.

종합 비타민제 병에 표시된 나머지 비타민은 어떨까? 그중 상당수는 비타민 B군에 속한다. 비타민 B는 여덟 종류가 있으며 니아신, 바이오틴, 리보플래빈, 엽산 같은 별명이 있다. 각 비타민은 체내의 다양한 화학반응에 필요하며, 결핍되면 고유한 증상을 일으킨다.

가장 잘 알려진 비타민 B 결핍증은 코발라민이라고도 하는 비타민 B_{12}와 관계가 있다. 완전채식을 오래 한 사람들은 다들 이 비타민에 대해서 들어봤을 것이다. 비타민 B_{12} 결핍증은 완전채식주의자라면 누구나 겪는 문제이기 때문이다. 이것이 결핍되면 빈혈에 걸린다. 사람은 비타민 B_{12}를 만들 수 없으며 식물은 비타민 B_{12}가 필요

없기 때문에 만들지 않는다. 따라서 고기, 유제품, 해산물, 절지동물, 기타 동물성 식품, 그리고 비타민제를 통해서 섭취하는 수밖에 없다. 완전채식주의자들은 비타민제를 꼭 챙겨 먹기를 당부한다.

그렇다면 초식동물은 어떨까? 많은 동물이 식물만 먹고 살지만 식물에는 비타민 B_{12}가 전혀 들어 있지 않다. 그런데 모든 동물은 비타민 B_{12}가 있어야만 살 수 있다. 그렇다면 소, 양, 말을 비롯한 수천 종의 초식동물은 어떻게 해서 빈혈에 걸리지 않는 것일까? 답은 직접 만든다는 것이다. 직접이라기보다는 대장에 있는 세균이 비타민 B_{12}를 대신 만들어준다.

포유류의 대장이 세균으로 가득하다는 사실은 이미 알고 있을 것이다. 세균은 동물세포보다 훨씬 더 작기 때문에 여러분의 결장(結腸)에 사는 세균세포의 수는 여러분 몸 전체의 인체세포 수보다 많다. 믿기지 않겠지만, 여러분 몸에는 세포보다 세균이 더 많이 들어 있다! 세균은 여러분을 위해서 중요한 일을 하기도 한다. 이를테면 비타민 K는 장내 세균이 만들기 때문에, 우리는 장에서 흡수하기만 하면 된다. 장에서 비타민 K를 만들어주는 세균이 있는 한 비타민제나 식품으로 섭취하지 않아도 된다.

비타민 B_{12}도 비타민 K와 마찬가지로 장내 세균이 만들기는 하지만, 음식물을 통해서 더 섭취해야 한다. 왜 그럴까?

여기에 설계 결함이 있다. 세균이 비타민 B_{12}를 만드는 곳은 **대장**이지만 우리는 대장에서 흡수하지 않는다. 우리가 비타민 B_{12}를 흡수하는 곳은 **소장**이다. 그런데 소장은 대장 **앞**에 있다. 그래서 우리의 경이로운 장내 세균이 비타민 B_{12}를 만들어줘도 우리 소화관의 설계가 부실한 탓에 비타민 B_{12}는 전부 변기로 직행한다(궁금해할까봐 말해두는데, 자신의 똥을 먹으면 몸에 필요한 비타민 B_{12}를 섭취할 수 있다. 그러나 그 정도로 절박하지는 않기를 바란다[3]). 우리는 장 배관이 부실하여 비타민 B_{12}가 필수 식이 비타민이 되었지만, 모든 초식동물은 다행히도 이 분자를 번거롭게 찾아다니지 않아도 된다.

다음으로 유명한 비타민 B 결핍증은 각기병(脚氣病)으로, 이 질병은 티아민이라고도 하는 비타민 B_1이 결핍되어서 생긴다. 티아민은 몸속에서 여러 화학반응에 관여하는데, 그중에서 가장 중요한 것은 탄수화물과 지방을 가용 에너지로 전환하는 것이다. 티아민이 부족하면 신경 손상, 근무기력, 심장기능 상실을 겪을 수 있다.

놀랍게도 이렇게 중요한 비타민을 우리는 직접 만들지 못한다. 비타민 B_{12}와 마찬가지로 비타민 B_1도 음식물에서 얻어야 한다. 또한 비타민 B_{12}와 마찬가지로 어떤 동물도 비타민 B_1을 만들지 못한다. 오로지 세균과 대다수 식물, 일부 균류만이 만들 수 있기 때문에, 적어도 이 결함은 동물 친구들 모두에게 있다. 동물은 결코 각기병에 걸리지 않으나 사람은 각기병 때문에 엄청나게 고생했다는 것만 빼면 말이다. 실제로 16세기와 17세기에는 각기병이 천연두에 이어서 두 번째로 많은 사망 원인이었던 것으로 추정된다. 왜 우리만 그럴까?

다른 동물이 각기병에 걸리지 않는 이유는 비타민 B_1이 먹이사슬의 맨 아래에 있는 각종 식물에 풍부하게 들어 있기 때문이다. 바다에서는 플랑크톤에 있는 많은 광합성 세균과 원생생물(原生生物)이 비타민 B_1을 만들고, 이들로부터 먹이사슬이 시작된다. 거대한 대왕고래처럼 여과 섭식을 하는 동물은 플랑크톤을 직접 먹으며, 육식성 어류와 포유류는 플랑크톤을 먹는 동물을 잡아먹는다. 어느 경우이든 비타민 B_1을 섭취하게 된다. 뭍에서도 마찬가지이다. 많은 육상식물은 비타민 B_1이 풍부하기 때문에 초식동물의 식이 필요량을 충족하며, 이 초식동물을 육식동물이 잡아먹고 이 육식동물은 최상위 포식자가 잡아먹는다. 그중에 우리 인간이 있다. 물론 우리는 식물도 먹지만 말이다.

그런데 왜 사람은 여느 동물과 달리 각기병에 걸리는 것일까? 답은 식품 가공에 있다.

인간은 농업을 발명하고 개량하면서 맛과 보존성을 개선하기 위해서 식품을 다양한 방식으로 가공하기 시작했다. 문제는 이 과정에서 식품의 영양소가 많이 빠져나갈 수 있다는 것이다.

이유가 전부 밝혀지지는 않았지만, 영양소는 식물 전체에 골고루 퍼져 있지 않다. 이를테면 감자와 사과는 비타민 A와 C의 대부분이 껍질에 있어서 껍질을 깎으면 이 영양소가 없어진다.

이러한 현상을 극명하게 보여주는 것이 쌀의 왕겨이다. 도정하지 않은 현미는 비타민 B_1이 풍부하다. 생쌀을 도정하면 말려서 몇 년간 안전하게 보관할 수 있는데, 쌀을 주식으로 하는 아시아에서는 이 농업적인 혁신 덕분에 기근이 부쩍 줄었다. 하지만 쌀을 도정하면 비타민 B_1이 사실상 모두 제거된다. 이것은 아시아의 부유한 엘

리트 집단에게는 문제가 되지 않았다. 비타민 B_1이 부족한 쌀을 먹었어도 비타민 B_1이 풍부한 고기와 채소로 이를 보충했기 때문이다. 그러나 아시아 인구의 절대다수에게 각기병은 수천 년간 고질병이었다. 가난한 오지 마을에서는 아직도 각기병이 골칫거리이다.

각기병은 엄밀히 말해서 인간의 설계 하자 때문에 생긴 것은 아니다. 문명의 여명기 이후에만 발병했고 우리 자신의 혁신에서 비롯했으니 말이다. 하지만 각기병은 인류가 종으로서 계속 발전하다 보면 우리의 진화적 한계가 어떤 식으로 악화될 수 있는지를—또는 개선될 수 있는지—보여준다. 농업과 원예에서 혁신이 일어나지 않았다면 문명은 애초에 불가능했을 것이다. 각기병의 창궐을 낳은 바로 그 기술 덕분에 인류는 수렵채집 생활방식을 뛰어넘을 수 있었다. 인구가 급증한 것에서 보듯이 인류는 문명 덕분에 여러 가지 측면에서 건강한 삶을 영위할 수 있었다. 각기병은 우리의 조상이 자신도 모르게 튼 거래였다. 식이 열량을 가용 에너지로 전환하는 가장 기본적인 화학적 기능에 필요한 분자 하나를 자신의 몸이 만들지 못하리라고는 상상도 할 수 없었기 때문이다. 그러니 각기병이 기술과 문명의 대가라고 말해도 과언은 아니다.

물론 비타민을 직접 만드는 것은 복잡하고 노동 집약적인 과정이다. 비타민은 복잡한 생체분자로, 그중 상당수는 여느 분자와 밀접하게 연관되지 않은 놀랍고도 독특한 구조를 이룬다. 비타민을 만들려면 인체는 효소를 촉매로 하는 정교한 화학 반응 경로가 필요하다. 게다가 효소 하나하나는 유전자로 암호화되어야 한다. 이 유전자들은 보존되고 세포 분열 시마다 정확히 복제되고 단백질로 전사(轉寫)되고 수요와 공급에 맞게 조절되어야 한다. 거대한 대사 체계에서 보면 생물이 필요한 비타민을 합성하는 데에 드는 열량이 많지는 않지만, 그렇다고 해서 0도 아니다.

이 모든 요인을 고려할 때, 일부 생물이 비타민의 자체 생산을 포기하고 먹이로부터 섭취하기로 한 것은 납득할 만하다. 하기는 일리 있는 생각이다. 음식물에 비타민 C가 이미 들어 있는데 무엇 하러 그 고생을 해가며 만들어야겠는가? 하지만 필수 비타민이 필요 없어졌다고 해서 이를 합성할 **능력**까지 버리는 것은 좋은 생각이 아니다. 그것은 극히 근시안적인 발상이다. 영원히 그 음식물에 얽매일 것이기 때문이다. 유전자는 한번 망가지면 고치기 힘들다.

저 논리는 필수 아미노산에는 적용되지 않는다. 아미노산은 구조가 간단해서 세포가 쉽게 만들 수 있기 때문이다. 하지만 모든 아미노산을 만들지는 못한다.

아미노산

아미노산과 비타민은 생체분자의 극과 극이다. 모든 생물은 스무 가지 아미노산을 이용하여 단백질을 만든다. 인체에는 수만 가지 단백질이 있는데, 전부 다 스무 가지의 똑같은 재료로 만든다. 스무 종의 아미노산은 구조적으로 유사하며 저마다 약간씩 변화가 있을 뿐이다. 따라서 스무 가지 아미노산을 만들기 위해서 스무 가지 경로가 필요한 것은 아니다. 때로는 화학반응 하나만으로 하나의 아미노산을 다른 아미노산으로 바꿀 수 있다. 인체에서 비타민을 만들 때에 온갖 산전수전을 겪어야 하는 것과는 딴판이다. 게다가 아미노산은 쓰임새가 비타민보다 훨씬 더 다양하다.

그런데도 우리는 몇 가지 아미노산을 직접 만들지 못하여 음식물을 통해서 섭취해야 한다. 스무 가지 아미노산 중에서 아홉 가지가 필수 아미노산이라고 불리는 것은 우리가 그것에 대한 합성 능력을 잃었기 때문이다. 내가 **잃었다**고 말한 이유는 진화적 시간을 거슬러올라가면 우리의 조상은 필수 아미노산의 일부 또는 전부를 만들 수 있었기 때문이다. 세균, 고세균, 균류, 원생생물 등 서로 무관한 온갖 미생물 종들은 스무 가지 아미노산을 합성할 수 있을 뿐만 아니라 DNA, 지질, 복합 탄수화물에 필요한 성분들도 만들어낸다. 이 미생물들은 자급자족 능력이 어찌나 뛰어난지, 포도당 같은 단순한 탄소 기반의 에너지원과 암모니아 형태의 유기 질소 약간만 가지고도 이 묘기를 부린다.

모든 아미노산을 스스로 만들 수 있는 것은 미생물만이 아니다. 대부분의 식물은 아미노산 스무 가지를 전부 합성할 수 있다. 따지고 보면 식물은 대다수 미생물보다도 더 자급자족에 능하다. 태양 에너지를 이용하여 에너지원조차 스스로 합성할 수 있으니 말이다. 유기 질소가 함유된 균형 잡힌 토양만 있으면 많은 식물은 다른 영양소를 전혀 보충해주지 않아도 살아갈 수 있다. 식물은 아무것도 **먹지** 않는다. 자신의 식량은 전부 몸속에서 만들어낸다. 이 놀라운 자급자족 능력 덕분에 식물은 다른 생물을 전혀—적어도 하루하루 단기적으로는—필요로 하지 않는다. 동물이 바다에서 올라오기 전 수억 년 동안 식물이 마른 땅에서 번성하여 빽빽한 숲을 이룬 것은 이 덕분이다.

동물은 자급자족 측면에서 식물과 정반대이다. 생존하려면 다른 생물을 끊임없이 먹어야 하기 때문이다. 동물은 식물이나 조류나 플랑크톤을 먹을 수 있으며, 다른 동물을 먹을 수 있다면 먹는다. 어느 쪽이든 동물은 다른 생물이 만든 유기 분자에서 모든 에너지를 얻어야 한다. 태양 에너지를 직접 변환하지 못하기 때문이다.

인간은 어차피 다른 생물을 먹어야 하기 때문에 약간 게을러졌다. 우리가 동식물을 먹는 것은 주로 에너지를 얻기 위해서이지만 그 속에 들어 있는 단백질, 지방, 당, 심지어 비타민과 무기질까지도 덩달아 섭취하게 된다. 말하자면 우리는 음식물을 먹을 때에 에너지만 얻는 것이 아니라 온갖 유기물 재료까지 얻는다. 그 덕분에 그 분자들을 스스로 끊임없이 만들 필요가 없어졌다. 이를테면 라이신이라는 아미노산을 식사 때마다 듬뿍 섭취할 수 있다면, 무엇하러 직접 만드느라 에너지를 허비하겠는가?

물론 동식물마다 아미노산의 양과 조합이 다르다. 라이신을 직접 만들지 않는다면, (라이신이 풍부한) 생선과 게를 먹고 사는 것은 무방하지만 (라이신이 적은) 베리류와 곤충만 먹으면 몸이 상한다. 이것은 영양소를 만드는 능력을 버린 대가이다. 우리는 에너지 몇 칼로리를 아끼기 위해서 특정한 식단이나 생활방식에 스스로를 옭

아꼈다. 이제는 바꾸려면 목숨을 걸어야 한다. 이것은 위험한 도박이다. 세상은 끊임없이 변하기 때문이다. 모든 지리적 위치와 미소환경(微小環境)은 저마다 나름의 격변과 흥망과 재앙을 겪었다. 생명에서 변하지 않는 유일한 것은 변한다는 사실이다.

그러나 인류의 진화에서는 이런 근시안적인 거래가 일어나고 또 일어났다. 인류는 스무 가지 아미노산 중에서 아홉 가지의 합성 능력을 잃었다. 각각의 상실은 적어도 하나의, 또는 그 이상의 돌연변이에서 비롯했다. 물론 돌연변이는 무작위로 일어난다. 돌연변이가 집단에 정착하는 것은 순전한 우연에 의해서이거나 뚜렷한 이점이 있기 때문이다. 아미노산을 만드는 능력을 잃게 한 돌연변이는 아마도 우연의 산물이었을 것이다.

인간이 아미노산의 합성 능력을 잃은 대가는 만성병이나 치명적인 결핍증의 위험뿐이었으니 말이다. 그렇다면 이 돌연변이가 생기자마자 재빨리 도태되지 않은 이유는 무엇일까? 그것은 비타민 C에서 보았듯이 우리의 식이가 상실을 보완했기 때문이다. 고기나 유제품을 적어도 이따금 먹으면 모든 필수 아미노산을 충분히 섭취할 수 있다. 그러나 식물 위주의 식단을 짤 때에는 주의를 기울여야 한다. 식물마다 스무 가지 아미노산의 비율이 다르기 때문이다. 따라서 채식주의자와 완전채식주의자가 자신에게 필요한 모든 아미노산을 충분히 섭취하는 가장 좋은 방법은 골고루 먹는 것이다.

선진국에서는 완전채식주의자가 아홉 가지의 필수 아미노산을 전부 섭취하는 것이 힘들지 않다. 쌀과 콩을 한 끼만 먹어도 하루치 필요량을 모두 채울 수 있다. 단, 쌀은 도정하지 말아야 하고 콩은 검은콩이나 팥, 강낭콩 종류여야 한다. 게다가 병아리콩에는 아홉 가지 필수 아미노산이 전부 듬뿍 들어 있다. 퀴노아를 비롯한 몇 가지 이른바 슈퍼푸드도 마찬가지이다.

그러나 가난한 사람들은, 특히 개발도상국에서는 식단을 다양하게 꾸리기가 쉽지 않다. 몇 가지 주요 곡물만으로 구성된 극히 단조로운 식단으로 살아가는 사람이 수십억 명에 이르는데, 이 주요 곡물들은 필수 아미노산, 특히 라이신이 충분히 들어 있지 않은 경우가 많다. 중국의 외딴 마을에 가보면 가장 가난한 사람들은 쌀과 (이따금) 소량의 고기, 달걀, 두부 말고는 아무것도 먹지 못한다. 아프리카의 가장 가난한 지역에서는 극빈층의 식단이 거의 밀로만 이루어져 있으며 기근이 들면 이마저도 구하기 힘들다. 이런 사례에서 보듯이 개발도상국의 식단에서 가장 치명적인 문제가 단백질 결핍이라는 점은 놀라운 일이 아니다. 이 문제의 직접적인 원인은 인류가 특정 아미노산을 만들지 못한다는 것이다.

아미노산 결핍은 현대에 들어와서 문제가 된 것이 아니다. 산업화 이전의 인류는 툭하면 단백질과 아미노산 부족에 시달렸을 것이다. 물론 매머드 같은 대형 사냥감에는 단백질과 아미노산이 풍부하게 들어 있었다. 그러나 냉장고가 없던 시절에 대형 사냥감을 먹고 산다는 것은 풍요와 기근을 번갈아 겪어야 한다는 뜻이었다. 가뭄, 산불, 태풍, 빙기가 닥치면 오랫동안 힘든 시기가 이어졌으며, 굶주려 죽을 위험이 늘 도사리고 있었다. 게다가 인류는 아미노산

같은 기본적인 영양소를 합성하지 못한 탓에 더 큰 고통을 겪어야 했다. 구할 수 있는 음식물로만 생존하기가 훨씬 더 힘들었기 때문이다. 기근이 일어났을 때에 가장 큰 사망 원인은 열량 부족이 아니라 단백질과 아미노산 부족이다.

인간과 동물이 스스로 합성하지 못하는 기본적인 생체분자는 아미노산만이 아니다. 지방산이라는 분자 중에도 두 가지가 있다. 지방산은 기다란 탄화수소(炭化水素)로, 몸에 필요한 지방과 지질을 만드는 재료이다(이를테면 인지질[燐脂質]은 세포 하나하나를 둘러싸는 막을 만드는 재료이다). 세포막은 무엇보다 필수적인 구조이다. 그런데도 우리가 만들지 못하는 지방산 두 가지 중에서 하나가 바로 세포막의 구성 요소인 리놀렌산(linoleic acid)이다. 나머지 하나는 알파리놀렌산(alpha-linolenic acid)으로, 이 또한 엄청나게 중요한 몸속 과정인 염증 조절에 동원된다.

다행히도 현대인의 식단은 씨앗, 생선, 다양한 식물성 기름을 통해서 두 가지 필수 지방산을 충분히 섭취할 수 있다. 게다가 여러 연구들에 따르면, 이 지방산을 자주 섭취하면 심혈관 건강이 좋아진다고 한다. 그러나 우리가 늘 운이 좋았던 것은 아니다. 선사시대, 특히 농업 이전 시대에는 인류의 식단이 훨씬 더 단순했다. 인류는 무리 지어 다니면서 손에 잡히는 것은 무엇이든 먹었으며 식량을 찾으려고 온갖 애를 썼다. 대부분의 시기에는 두 지방산을 얻을 수 있었을 테지만 결핍된 시기도 분명히 있었을 것이다. 때로는 풀, 벌레, 잎, 가끔 눈에 띄는 베리류가 식량의 전부였을 것이다. 필수 아미노산의 경우와 마찬가지로 인류가 두 가지 중요 지방산의 합성 능력을 잃은 뒤로 식량 위기가 훨씬 더 심각해졌을 것이다.

이 두 가지 지방산과 관련한 가장 어처구니없는 사실은 만들기가 식은 죽 먹기라는 것이다. 우리의 세포는 온갖 지질 분자를 합성할 수 있는데, 그중에는 리놀렌산과 알파리놀렌산보다 훨씬 더 복잡한 것도 많다. 사실 수많은 복잡한 지질은 이 단순한 **지방산으로부터** 만들어진다. 그런데도 재료가 되는 두 가지는 만들지 못하는 것이다. 두 지방산을 만드는 데에 필요한·효소는 지구상의 많은 생물에게 존재하지만 사람에게는 없다.

인체는 여느 동물의 몸과 마찬가지로 식물이나 동물의 조직을 섭취하고, 으깨고, 작은 성분을 흡수하고, 이 작은 조각들을 이용하여 인체의 분자와 세포, 조직을 만든다. 하지만 이 과정에는 빠진 부분이 있다. 건강에 중요한 분자 중에서 우리가 만들지 못하는 몇 가지가 있어서 이것들을 음식물에서 구하는 수밖에 없다는 점이다. 이 필수 영양소를 구할 수 있어야 한다는 사실은 인류가 살아가는 장소와 방법을 제약한다. 유기 영양소만 그런 것이 아니다. 인체는 무기질 성분을 얻는 일에도 젬병이다. 심지어 우리가 먹는 음식물에 버젓이 들어 있는데도 말이다.

중금속 기계

몸의 대부분이 수분으로만 이루어진 말랑말랑한 우리 인간은 음식물을 통해서 금속을 많이 섭취해야 한다. 우리가 먹어야 하는 금속을 필수 무기질(essential mineral)이라고 하는데, 그 종류가 한둘이 아니다. 금속 이온은 복합 분자가 아니라 단순 원자여서 어떤 생물도 합성하지 못한다. 음식물이나 물에 들어 있는 채로 섭취해야 하는데, 우리에게 필수적인 이온으로는 코발트, 구리, 철, 크로뮴, 니켈, 아연, 몰리브데넘이 있다. 심지어 마그네슘, 칼륨, 칼슘, 나트륨도 엄밀히 따지면 금속이며 우리는 이런 무기질을 매일같이 적지 않게 섭취해야 한다.

이런 무기질이 금속이라고 생각되지 않는 것은 원소 형태로 섭취하거나 이용하지 않기 때문이다. 세포는 금속을 수용성 이온 형태로 이용한다. 두 가지가 얼마나 다른지 감을 잡으려면 나트륨을 생각해보라.

주기율표에서 원소 형태로 표시되는 나트륨은 반응성이 어찌나 큰지 물과 닿아도 불이 붙는다. 맹독성이며, 소량으로도 대형 동물을 죽일 수 있다. 하지만 나트륨 원자에서 전자 하나를 빼내어 이온으로 바꾸면 성질이 전혀 달라진다. 나트륨 이온은 단순히 무해한 것을 넘어서 모든 세포에 필수적이다. 나트륨은 염소 이온과 결합하면 소금이 된다. 나트륨 원소(Na)는 나트륨 이온(Na+)과 모든 면에서 완전히 다른 물질이다.

나트륨과 칼륨이 금속 이온 중에서 가장 중요하다는 데에는 이론의 여지가 없지만—두 금속이 없으면 어떤 세포도 활동할 수 없으므로—사람의 식단에서 두 무기질이 만성적으로 부족한 경우는 거의 없다. 모든 생물에는 두 이온이 비교적 풍부하게 있으므로, 구석기 식단이든 완전채식주의 식단이든 그 중간의 어느 것이든 나트륨과 칼륨이 부족할 염려는 없다. 나트륨이나 칼륨이 **급성**으로 결핍되면 심각한 문제가 생길 수 있지만, 이것은 대체로 생리적 기능 이상, 단식, 지나친 탈수 등의 단기적 요인에서 비롯한다.

그러나 그밖의 필수 이온은 이야기가 다르다. 찾아서 먹지 않으면 충분히 섭취할 수 없으며, 그로 인해서 만성병에 걸릴 수 있다. 이를테면 칼슘 섭취 부족은 전 세계에서 빈부를 막론한 문제이다. 칼슘 부족은 설계 측면에서 가장 실망스러운 식이 문제 중의 하나인데, 그 이유는 음식물을 통해서 충분히 섭취하지 않아서 생기는 것이 아니라 인류의 칼슘 흡수 능력이 부실해서 생기는 것이기 때문이다. 누구나 칼슘을 듬뿍 **먹는다**. 음식물에서 **뽑아내는** 일에 서툴 뿐이다. 앞에서 언급했듯이 칼슘을 흡수하려면 비타민 D가 필요하므로, 비타민 D가 결핍되면 세상의 모든 식이 칼슘을 섭취해도 소용이 없다. 고스란히 소화관을 통과해서 배설될 것이기 때문이다.

설령 비타민 D가 충분해도 칼슘 흡수가 수월하지는 않다. 나이가 들수록 흡수력은 더 낮아진다. 유아는 섭취한 칼슘의 60퍼센트를 흡수할 수 있는 데에 반해서 성인은 약 20퍼센트밖에 흡수하지 못하며, 은퇴 연령이 되면 10퍼센트나 (심지어) 그 이하로 떨어진다. 우리의 장은 음식물에서 칼슘을 뽑아내는 일에 젬병이므로 뼈에서 칼슘을 뽑아낼 수밖에 없는데, 이 전략의 결과는 치명적이다. 칼슘과 비타민 D 보충제를 꾸준히 섭취하지 않으면 대부분의 사람은 인생의 황금기에 골다공증에 걸릴 것이다.

선사시대에는 서른이나 마흔 넘어서까지 사는 사람이 드물었기에, 여러분은 칼슘 부족이 우리 조상들에게 심각한 문제가 아니었으리라고 생각할지도 모르겠다. 하지만 화석 골격의 대부분에서 칼슘 및 비타민 D 결핍의 흔적이 뚜렷이—오늘날보다 더 심각할 뿐만 아니라 젊은 사람들에게서도—드러난다.

이처럼 골다공증과 그 원인인 칼슘 부족은 결코 새로운 문제가 아니다. 또다른 필수 무기질의 불충분한 섭취도 마찬가지이다. 그것은 바로 철분이다.

철은 우리 몸과 지구상에서 가장 풍부한 전이금속(轉移金屬, 주기율표의 커다란 가운데 자리를 차지한 금속으로 전기 전도율이 높다)이다. 여느 금속과 마찬가지로 우리는 철을 원소 형태가 아니라 이온 형태로 이용한다. 원소 형태의 철은 대부분 생성 직후에 지구의 핵으로 가라앉았다. 지표면에 남은 철은 대부분 전자가 1-3개 모자란 이온이다. 사실 철이 여러 이온 상태를 쉽게 넘나들 수 있다는 것이야말로 우리 세포에서 특별한 쓰임새를 가지는 비결이다.

철의 역할 중에서 가장 널리 알려진 것은 산소를 몸 전체에 운반하는 단백질인 헤모글로빈의 기능을 돕는 것이다. 적혈구 세포는 헤모글로빈으로 꽉 차 있는데, 헤모글로빈 분자 하나당 철 원자가 네 개 필요하다. 실제로 헤모글로빈이 특유의 빨간색을 띠는 것은 안에 들어 있는 철 원자 때문이다(여러분의 피와 화성의 지표면은 생각보다 공통점이 많다). 음식물에서 에너지를 추출하는 것도 철분의 중요한 기능 중의 하나이다.

우리 몸, 주변 환경, 지구, 태양계에는 철이 풍부하지만, 철분 결핍은 사람의 식이 관련 질환 중에서 가장 흔한 축에 든다. 질병통제예방 센터와 세계보건기구에 따르면 철분 결핍은 미국과 전 세계에서 가장 흔하게 발생하는 영양소 결핍이다. 철로 가득한 세상에서 철분 결핍이 만연하다니 참 얄궂은 일이다.

철분이 부족할 때에 가장 먼저 나타나는 문제는 빈혈이다. 철분은 헤모글로빈 분자에서 중추적 역할을 하고, 헤모글로빈은 적혈구 세포의 구조와 기능에서 중추적 역할을 하므로, 철분 농도가 낮아지면 인체가 혈액세포를 만드는 능력이 손상된다. 세계보건기구의 추산에 따르면, 임신한 여성의 50퍼센트와 취학 전 아동의 40퍼센트가 철분 결핍으로 인한 빈혈을 앓는다. 최근 조사에서는 전 세계 인구 70억 명 중에서 20억 명이 적어도 약한 빈혈을 앓는다고 추정한다. 철분 결핍으로 인한 사망자는 해마다 수백만 명에 이른다.

다시 말하지만 신체의 문제는 대부분 부실한 설계 탓이다. 무엇보다 사람의 위장관(胃腸管)은 식물성 음식물에서 철분을 뽑아내는 일에 지독히 서툴다.

식물성 철분과 동물성 철분은 구조적으로 다르다. 동물의 철분은 대체로 혈액과 근육 조직에 들어 있으며 쉽게 처리할 수 있다. 맛있는 스테이크 조각에서 철분을 뽑아내는 것은 식은 죽 먹기이다. 그러나 식물의 철분은 단백질 복합체에 들어 있는데, 이것은 사람의 소화관으로 분해하기가 훨씬 힘들다. 그래서 위장관에 머물러 있다가 노폐물로 배출된다. 철분 섭취가 채식주의자들에게 또다른 고민거리인 것은 이 때문이다. 이 점에서 사람은 여느 동물보다 열악하다. 지구상의 대다수 동물은 대체로 또는 전적으로 채식주의자이지만 녀석들의 장은 철분을 처리하는 데에 아무런 문제가 없다.

게다가 철분 섭취에는 몇 가지 문제가 있어서 이 때문에 흡수율이 더 낮아질 수 있다. 이를테면 철분은 우리가 쉽게 흡수할 수 있는 다른 성분—이를테면 비타민 C—과 함께 섭취할 때에 가장 잘 흡수된다. 채식주의자는 이 수법을 써서 철분 흡수율을 높인다. 철분 공급원과 비타민 C 공급원을 조합하면 두 영양소의 흡수율을 동시에 끌어올릴 수 있다. 비타민 C를 대량으로 섭취하면 철분 흡수율을 여섯 배까지 증가시킬 수 있다. 안타깝게도 그 반대도 참이다. 비타민 C가 부족한 식사를 하면 철분 흡수가 더 힘들어져서 괴혈병과 빈혈의 이중고를 겪기 쉽다. 창백하고 무기력한 것만 해도 괴로운데 근육이 늘어지고 내부 출혈이 시작된다니, 상상만 해도 끔찍하다. 선진국의 채식주의자들은 브로콜리, 시금치, 청경채처럼 철분과 비타민 둘 다 풍부한 식품을 많이 섭취하기 때문에 이 치명적인 덫에 걸리지 않는다. 하지만 개발도상국의 가난한 사람들은 이런 핵심적인 식품이 귀하고 한철이어서 철분과 비타민 C가 결핍되기 쉽다.

철분을 충분히 섭취하지 못하는 것만 해도 문제이지만, 식품의 분자 중에는 철분—특히, 식물에 들어 있는 철분—의 흡수를 실제로 방해하는 것이 여러 가지 있다. 콩류, 견과류, 베리류 같은 식품을 많이 먹으라고들 하지만 여기에는 폴리페놀이 들어 있어서 철분의 추출과 흡수를 방해할 수 있다. 마찬가지로 통곡물, 견과류, 씨앗에는 피트 산이 많이 들어 있는데, 이것은 철분이 소장에서 흡수되지 못하도록 한다. 가난 때문에 (철분이 풍부한) 고기를 즐겨 먹지 못하여 빈혈의 위험을 겪는 전 세계 20억 인구는 이로 인해서 이중의 고통을 받는다. 이들의 식단에는 식물성 음식물에서 철분을 뽑아내는 것을 더욱 어렵게 하는 바로 그 식품들이 많기 때문이다. 골고루 먹는 것은 철분을 비롯하여 우리 몸에 필요한 성분을 모두 섭취하는 좋은 전략이지만, 철분이 풍부한 식품과 철분 흡수를 방해하는 식품을 함께 섭취하지 않도록 **조심해야** 한다.

철분 흡수를 방해하는 또다른 식이 성분은 칼슘으로, 철분 흡수율을 60퍼센트까지 떨어뜨릴 수 있다. 따라서 유제품, 잎채소, 콩처럼 칼슘이 풍부한 식품은 철분이 풍부한 식품과 따로 먹어야 철분 흡수율을 극대화할 수 있다. 귀한 철분의 공급원이 식물성이라면 더더욱 유의해야 한다. 기껏 철분이 풍부한 식품을 먹으면서 거기에다가 칼슘이 풍부한 식품을 곁들였다면 헛수고를 한 셈이다. 영양소를 정확히 섭취하려면 올바른 식품을 먹는 것만으로는 되지 않는다. 올바른 식품을 올바르게 조합하여 먹어야 한다. 많은 사람들이 차라리 종합 비타민제를 선택하는 것은 놀랄 일이 아니다.

철분 결핍은 선사시대 인류의 식단이 현대인의 식단보다 훨씬 부실했다는 또다른 증거이다. 초기 인류의 식단은 고기와 생선이 주식이었을 테지만, 계절에 따라서 풍요와 기근이 순환되면서 공급량이 들쭉날쭉했으며, 내륙에 살아서 고기만 먹고 산 집단은 단백질을 구하기가 특히 힘들었다. 농업 이전에 구할 수 있던 식용식물은 현재 우리에게 익숙한 식품과 전혀 달랐다. 과일은 작고 싱거웠으며 채소는 쓰고 푸석푸석했다. 견과류는 딱딱하고 밍밍했으며 곡물은 단단하고 질겼다. 설상가상으로 철분 흡수율을 낮추는 식물이 철분을 공급하는 식물보다 흔했다.

요즘이야 채식주의 식단으로 철분을 충분히 섭취하는 것이 그다지 힘들지 않지만, 석기시대에는 불가능에 가까웠다. 대다수 선사인류는 고기가 귀할 때에는 심각한 빈혈에 시달렸을 것이다. 이것은 농업 이전 인구 집단의 이동이 주로 해안선이나 물가를 따라서 이루어진 한 가지 이유이다. 생선은 고기보다 안정적인 철분 공급원이었다.

빈혈이 그토록 치명적이고 끊임없는 위험이었다면 인류가 어떻게 살아남았는지 의문이 들지도 모르겠다. 사실 우리는 가까스로 살아남았다. 인류는 선사시대 내내 멸종의 기로를 넘나들었다. 지난 200만 년 동안 여러 종의 사람족이 등장했으나 한 계통만 빼고 모두 멸종했다. 인류의 오랜 여정에서 어느 순간에는 우리 조상들의 수가 너무 적어져서 오늘날 기준으로 멸종 위기 상태에 처하기도 했다. 게다가 최근까지 이 사람족 중에서 어느 갈래도 지적으로 우월하지 않았다. 그러니 현생 인류가 멸종 위기에서 번번이 살아남은 것은 큰 뇌 덕분이 아니다. 그것은 순전히 운이었을 것이다. 인류가 몰살할 뻔한 데에는 여러 원인이 있는데, 철분 결핍으로 인한 빈혈도 그중 하나였음이 거의 틀림없다.

더 어처구니없는 일은 건강에 필요한 철분 수준을 유지하느라고 안간힘을 쓰는 동물이 인간뿐이라는 것이다. 인간 이외의 (살아남은) 종에서 빈혈이나 철분 결핍이 만연했다는 증거는 전혀 찾아볼 수 없다.

그렇다면 다른 동물은 철분을 충분히 섭취해야 하는 과제를 어떻게 해결할까? 어차피 이 필수 무기질은 사람에게만 필요한 것이 아니며 어떤 동물도 철분을 만들어내지 못한다. 진화 과정의 어느 순간에 이 과제에 대한 해결책이 등장한 것은 틀림없다. 우리에게서는 아니지만 말이다.

답은 간단하지 않다. 무엇보다 어류, 양서류, 조류, 포유류, 무척추동물 중에서 수생 동물은 철분을 구하는 일이 힘들지 않다. 바닷물과 민물에 철 이온이 풍부하기 때문이다. 물론 그렇더라도 물에서 철 이온을 뽑아내는 수고는 해야겠지만, 철을 찾아내는 것은 식은 죽 먹기이다. 마찬가지로 암석과 토양에도 철이 풍부하므로 식물도 철분을 쉽게 얻는다.

초식동물이나 주로 채식을 하는 동물은 철분이 풍부한 먹이를 식단에 포함하거나 먹이에서 철분을 뽑아내는 능력이 우리보다 뛰어나다. 이 종들은 기근이나 이주, 그밖의 스트레스 요인을 겪으면 철분 결핍이 흔히 나타나지만, 그것은 **결과**이지 원인이 아니다. 사람은 나머지 조건이 멀쩡한데도 철분 결핍으로 고생하는 유일한 동물이다.

답답한 점은 우리가 철분을 충분히 얻는 것이 왜 이렇게 힘든지 제대로 알지 못한다는 것이다. 인간은 식물에서 철분을 왜 이렇게 뽑아내지 못할까? 철분이 풍부한 식품과 철분 흡수를 방해하는 식품을 무심코 함께 먹었을 때에 왜 이토록 예민하게 반응할까? 이것은 인간 특유의 문제인 듯하다. 철분 흡수를 담당하는 유전자에서 돌연변이가 한 번 이상 일어났을 가능성이 있다. 당시에는 문제가 되지 않았을 것이다. 우리의 조상들은 생선이나 대형 사냥감을 통해서 동물성 철분을 풍부하게 섭취했기 때문이다. 아직 입증되지는 않았지만, 그럴듯한 가설이다.

그밖의 중금속 결핍은 철분 결핍보다 훨씬 드문데, 그 이유는 필요량이 극히 적기 때문이다. 구리, 아연, 코발트, 니켈, 망가니즈, 몰리브데넘 등은 극미량만 있으면 된다. 어떤 경우에는 이 금속들을 몇 달이나 몇 년씩 섭취하지 않은 채 몸속에 저장된 것만으로도 버틸 수 있다.

그럼에도 이 극미량의 중금속이 중요한 역할을 하기 때문에, 전혀 섭취하지 않으면 치명적인 피해를 입을 수 있다. 인류가 이 중금속들을 흡수하기가 그토록 힘들어진 것은 진화적 오류 때문일까, 단지 이 과제에 적응하지 못해서일까? 둘에 차이가 있을까? 미생물 가운데에는 이 원소 중에 상당수를 전혀 필요로 하지 않는 것도 많다. 사실 어떤 미량 금속도 모든 생물에게 필요하지는 않다. 달리 말하자면 각각의 원소에 대해서 그 원소가 하는 일을 대신 수행하도록 자신의 분자를 변형시킨 생물이 있다. 인간은 그렇게 하지 않았기 때문에 온갖 미량 금속 이온을 여전히 필요로 한다.

마무리 : 배불러 죽겠어

미국을 비롯한 선진국에서는 다이어트 책들이 수십 년째 쏟아져 나오고 있다.[4] 이것은 불길한 추세의 전조이다. 예전에는 굶주림이 온 인류를 위협하는 심각한 문제였으나 지금은 비만이 세계 곳곳에서 재앙을 일으키고 있다.

이것은 진화가 우리 몸을 근시안적으로 프로그래밍한 탓이다. 많은 다이어트 책에서 지적하듯이, 우리는 비만해지도록 생겨먹었다. 그러나 일이 잘못된 과정과 이유에 대한 대중적 설명은 대부분 이 문제의 핵심에 진화적 교훈이 있음을 놓치고 있다.

사실상 모든 사람은 먹는 것을 좋아한다. 대다수 사람들은 배가 정말로 고프든 고프지 않든 끊임없이 음식을 탐하며, 식탐의 대상은 대체로 지방과 당이 풍부한 음식이다. 그러나 과일에서 생선, 잎채소에 이르기까지 필수 비타민과 필수 무기질을 공급하는 식품은 대부분 당이나 지방 함량이 높지 않다(브로콜리를 격하게 갈망했던 적이 언제였더라?). 그렇다면 우리의 본능이 영양을 외면하고 고열량 식품을 찾는 것은 왜일까?

비만은 최근 가파르게 꾸준히 증가했으며 100-200년 전만 해도 중요한 건강 문제가 아니었으므로, 이것이 생물학의 문제가 아니라 현대의 문제라고 생각하기 쉽다. 그러나 선진국의 현재 비만율이 현대의 생활방식과 식습관 탓임은 사실이지만, 이렇게만 보는 것은 마차를 말 앞에 두는 격이다. 사람들이 과식하는 이유는 **과식할 수**

있어서가 아니다. 사람들이 과식하는 이유는 과식하도록 **설계되었**기 때문이다. 문제는 왜 그렇게 설계되었느냐이다.

식탐은 사람만의 문제가 아니다. 여러분이 개나 고양이를 키우고 있다면 녀석들의 식탐이 결코 해소되지 않는다는 사실을 알 것이다. 늘 간식이며 자투리 음식이며 사료를 더 달라고 보채며 (이를테면) 샐러드보다는 기름지고 맛있는 음식에 늘 군침을 흘린다. 사실 반려동물은 우리 못지않게 쉽게 살이 찐다. 사료의 양에 유의하지 않으면 체중이 금세 불 것이다.

과학자들은 실험동물도 마찬가지라는 것을 안다. 물고기, 개구리, 생쥐, 쥐, 원숭이, 토끼 할 것 없이 먹이를 제한하지 않으면 몸무게가 증가한다. 동물원에서도 똑같은 일이 벌어진다. 조련사와 수의사는 동물이 과식 때문에 탈이 나지 않도록 몸무게와 먹이를 끊임없이 점검한다.

여기서 중요한 점은 인간을 비롯한 모든 동물, 특히 인간을 생겨먹은 그대로 내버려두면 예외 없이 병적으로 비만해진다는 것이다. 이것은 야생동물과 정반대이다. 야생동물은 비만이 없거나 극히 적다. 자연 서식처에서 살아가는 동물은 거의 언제나 탄탄하고 말랐다. 심지어 깡말랐다.

한때는 동물원, 실험실, 집의 인공적 환경이 비만의 원인인 줄 알았다. 동물은 야생의 자연 서식처에 수백만 년 동안 적응했기 때문에 인공적인 서식처로는 이를 대신할 수 없다. 그래서 갇혀 있는 스트레스 때문에 신경질적으로 과식을 하게 될 수도 있고 상대적으로 정적인 생활방식 때문에 대사 작용의 균형이 깨질 수도 있다.

이 가설이 합리적이기는 하지만, 오랫동안 검증한 결과 포획 동물의 비만에 대한 주된 설명으로 삼기에는 미흡해 보인다. 포획 동물은 많이 움직이더라도 먹이를 제한해야 한다. 먹이를 너무 많이 주면 여전히 비만해진다.

그렇다면 야생에서 비만한 동물을 찾아볼 수 없는 것은 왜일까? 답은―심기가 불편해지는 답이기는 하지만―대다수 야생동물이 늘 굶주림의 경계를 넘나든다는 것이다. 야생동물은 늘 배고픈 채로 살아간다. 심지어 동면하기 때문에 1년 중에 반을 폭식하는 동물도 극심한 굶주림에 시달린다. 야생에서의 생존은 잔혹한 사업이자 영구적 투쟁이다. 희소한 자원을 놓고 여러 종이 끊임없이 다투며, 먹이가 충분한 적은 한번도 없다. 이러한 먹이의 희소성은 현대인을 제외한 모든 동물의 생물학적 상수(常數)이다.

20세기의 상당 기간에는 비만의 등장이 현대적 생활방식과 편의 설비 때문이라는 통념이 있었다. 사무직이 육체노동을 대체하기 시작했으며, 라디오와 텔레비전이 운동을 비롯한 신체적인 여가 활동을 대신했다. 말하자면 예전 세대는 생계에서든 여가에서든 신체적으로 훨씬 더 활동적이었다는 것이다. 정적인 생활 습관이 보편화되고 신체 활동이 감소한 탓에 허리둘레가 부풀어올랐다는 논리이다. 이에 따르면 비만은 설계 결함의 결과가 아니라 잘못된 생활 습관의 결과가 된다.

언뜻 일리가 있어 보이지만 이것이 전부는 아니다. 무엇보다, 육체노동으로 생계를 꾸리는 사람들도 비만으로부터 결코 안전하지 않다. 비만과 육체노동이 저소득과 상관관계가 있는 것에서 보듯이 오히려 그 반대이다. 두 번째로, 어릴 적에 실내에서 놀기보다는 몸을 쓰며 놀았더라도, 성인이 되어서 비만해질 가능성은 전혀 줄어들지 않는다. 이번에도 그 반대가 참이다. 아동기와 청소년기, 심지어 성인기까지도 적극적으로 운동한 사람들은 30대, 40대, 50대, 특히 신체 활동이 감소하는 시기에 비만해질 가능성이 더 크다.[5] 비만의 주원인은 생활 습관이 아니라 고열량 식품의 과다 섭취인 듯하다.

안타깝게도 운동만으로는 장기적인 체중 감량을 달성하기 힘든 이유를 이로써 설명할 수 있다. 사실 운동은 득보다 실이 많을지도 모른다. 격한 운동을 하면 격한 허기가 지기 때문에, 살을 빼겠다는 집념이 약해지고 아무 음식이나 먹게 된다. 다이어트 원칙을 한번 어길 때마다 아예 포기할 가능성이 점점 더 커진다.

선진국 사람들이 고열량 식품에 둘러싸여 있다는 것은 엄연한 사실이다. 그 유혹을 거부하기란 여간 힘든 일이 아니다. 인류 역사를 통틀어서 이런 문제를 걱정해야 한 적은 거의 없었다. 200년 전까지만 해도 대다수 사람들은 고기와 단것이 풍족한 식단을 접할 수 없었다. 푸짐한 밥상이 대중화되기 시작한 것은 산업혁명 이후이다. 그 전에는 남성의 우람함과 여성의 풍만함이 부와 권력과 특권의 상징이었으며 평민은 야생동물처럼 늘 굶주림에 허덕였다.

과식은 자주 할 수 없었을 때에는 좋은 전략이었다. 그러나 하루에 서너 번씩 매일같이 배불리 먹을 수 있을 때는, 건강에 해로운 체중 증가를 막기 위해서 음식물 섭취를 자제할 만큼 우리의 의지력이 강하지 못하다. 심리(心理)는 생리(生理)를 이기지 못한다. 사람들이 기나긴 겨울을 앞두고 마지막 식사를 하듯이, 또한 식량을 전혀 구하지 못할 것을 대비하여 배를 잔뜩 채우듯이, 매 끼니를 먹어대는 것은 이 때문이다.

이것이 다가 아니다. 최근 연구에서 보듯이 우리의 몸은 몸무게가 쉽게 늘고 어렵게 줄도록 대사율을 조정한다. 체중 감량을 시도한 사람에게 물어보라. 몇 주일간 운동과 다이어트를 했는데도 몸무게가 거의 빠지지 않다가 주말 폭식 한 번에 몇 킬로그램이 불었다고 하소연할 것이다. 그러므로 비만과 제2형 당뇨병은 본질적으로 진화적인 불일치로 인해서 발생하는 질병이다. 인류가 진화한 환경과는 전혀 다른 환경에서 살아가는 데에 따른 직접적 결과인 것이다.*

현대적 식량 공급체계 덕분에 선진국 사람들은 괴혈병, 각기병, 구루병, 펠라그라를 걱정하지 않아도 된다. 그러나 비만은 사람들의 의지력과 습관을 끊임없이 시험할 것이다. 손쉬운 해결책은 없다. 이 숙명적인 진실은 다음 장에서 살펴볼 결함들을 떠올리게 한다. 그 결함들은 우리의 유전체에 들어 있다.

---

* 댄 리버먼의 『우리 몸 연대기(*The Story of the Human Body*)』(웅진지식하우스, 2018)를 적극 추천한다. 이 책에서는 현재 환경과 과거 환경의 불일치가 질병으로 이어지는 여러 과정을 자세히 설명한다.

<u>3</u>

유전체의 정크 DNA

인간은 왜 망가진 비(非)기능 유전자가 멀쩡한 유전자만큼 많을까, 왜 DNA에는 과거의 감염으로 인한 바이러스 사체가 수백만 구나 들어 있을까, 왜 괴상한 자기복제 DNA 조각이 유전체의 10퍼센트를 넘을까 등등

사람이 자기 뇌의 10퍼센트만 쓴다는 이야기를 들어보았는가? 이것은 완전 허구이다. 사람은 신경 조직의 모든 엽(葉)과 모든 주름과 모든 구석을 이용한다. 일부 부위는 특정 기능—이를테면 말하기나 동작—에 특화되어서 그 일을 할 때에 활동량이 증가하기는 하지만, 뇌 전체는 늘 활동하고 있다. 우리 뇌의 아무리 작은 부위라도 비활성화하거나 제거하면 심각한 결과가 따른다.

그러나 인간 DNA는 사정이 전혀 다르다. 우리의 유전체—우리의 세포 하나하나에 들어 있는 DNA 전체—에는 어떤 기능도 찾아볼 수 없는 부위가 넓게 펼쳐져 있다. 이런 미사용 유전물질은 한때 쓸모없다고 여겨져서 **정크 DNA**(DNA junk)라고 불렸으나 이 "쓰

레기"의 일부에서 기능이 발견되면서 과학자에 따라서는 이 용어의 사용을 거부하기도 한다. 실제로 이른바 정크 DNA의 상당 부분에 나름의 목적이 있다는 사실이 드러날 가능성이 꽤 높다.

그러나 우리 유전체에 들어 있는 쓰레기가 얼마나 되든지, 우리가 비기능 DNA를 잔뜩 가지고 다닌다는 것은 엄연한 사실이다. 이 장에서는 망가진 유전자, 바이러스의 부산물, 쓸데없는 사본, 세포를 어지럽히는 쓸모없는 암호 같은 **진짜** 정크 유전자의 이야기를 해보려고 한다.

본격적인 이야기에 들어가기 전에 인간 유전학의 기초를 간단히 짚고 넘어가자. 피부세포든 근육세포든 신경세포든 아니면 어떤 세포든 여러분의 세포 하나하나에는 핵(核)이라는 핵심 구조가 들어 있고, 그 안에는 여러분의 유전적 청사진 전체에 대한 사본이 들어 있다. 이 청사진—조금 있다가 보겠지만 대부분 판독이 불가능하다—이 여러분의 유전체인데, 데옥시리보 핵산(deoxyribonucleic acid), 즉 DNA로 불리는 분자로 이루어져 있다.

DNA는 두 겹의 분자가 선을 이루고 있는데, 매우 긴 사다리를 꼬아놓은 것처럼 생겼다. 여기에 담긴 유전 정보는 뉴클레오타이드(nucleotide)라는 작은 분자들의 쌍으로 쓰여 있다. 이 뉴클레오타이드 쌍을 사다리의 가로대라고 생각해보라. 가로대는 둘로 나뉘는데, 각각은 양쪽의 사다리에 붙어 있는 뉴클레오타이드 분자이다. 이 뉴클레오타이드는 A, C, G, T의 네 가지 염기로 되어 있으며 A는 T와만, C는 G와만 짝지을 수 있다. 이 짝을 염기쌍(鹽基雙)

이라고 한다. DNA가 유전 정보를 엄청나게 효과적으로 보관하는 비결이 바로 염기쌍이다.

DNA 사다리의 한쪽 다리를 눈으로 따라가면 네 가지 뉴클레오타이드 문자가 다양하게 조합되어 있는 것을 볼 수 있다. 여러분이 가로대 다섯 개를 보고 있다고 치자. 한쪽에는 A, C, G, A, T라는 문자가 보인다. 가로대 쌍에서는 A와 T, C와 G만 짝을 이룰 수 있기 때문에, 사다리의 맞은편에 가서 같은 가로대의 나머지 절반을 보면 원래 문자열의 거울상인 A, T, C, G, T를 확인할 수 있다.

이것은 간단하면서도 기발한 정보 암호화 형태이다. 특히 이렇게 하면 유전물질을 거듭거듭 복제하기가 매우 쉬워지기 때문이다. 기다란 사다리를 통째로 갈라서 모든 가로대가 반으로 나뉘게 하면, 두 반쪽에는 사실상 똑같은 정보가 담겨 있다. 세포 분열(인체가 낡은 세포를 새 세포로 교체하는 기본 과정)에 앞서 DNA 분자를 복제하기 위해서 세포가 하는 일이 바로 이것이다. 따라서 DNA의 자기복제 능력은 진화적 공학의 기적 같은 위업일 뿐만 아니라 우리의 존재 기반이기도 하다.

지금까지는 문제 될 것이 없다. DNA는 자연의 경이이다. 하지만 여기서부터 덜 경이로운 장면이 펼쳐지기 시작한다. 여러분의 유전체를 이루는 DNA 사다리에는 가로대가 23억 개, 문자가 46억 개 있다. 그런데 이 가로대 중에 상당수는 무용지물이다. 어떤 것은 컴퓨터 키보드를 몇 시간이고 두드렸을 때처럼 순전히 반복적인 허튼소리이며, 어떤 것은 예전에는 쓸모가 있었으나 손상된 이후 수리

되지 않은 조각들이다.

DNA 사다리의 한쪽 다리를 처음부터 끝까지 읽으면 이상한 점이 눈에 띈다. 여러분의 유전자, 즉 홍채의 색깔을 정하거나 신경계의 발달을 지시하는 등 실제로 무엇인가를 할 수 있는 구역은 고작해야 평균 9,000자로 이루어져 있으며, 이런 유전자의 총 개수도 약 2만3,000개에 불과하다는 것이다. 많은 것처럼 보일지도 모르겠지만, 실제로는 수억 자밖에 되지 않는다. 가로대로 따지면 23억 개 중에서 약 2억 개에 불과하다.

유전자의 일부가 아닌 나머지 가로대는 무엇을 하는 것일까? 한마디로 답하자면, 아무것도 하지 않는다.

어떻게 이럴 수 있는지 이해할 수 있도록 비유를 새로 들어보자. 유전자를 단어, 즉 의미를 가지도록 배열된 DNA 문자열이라고 하자. 여러분의 유전체가 "책"이라면 단어 사이의 공간은 엄청나게 긴 헛소리로 채워져 있다. DNA의 문자 중에서 단어를 이루는 것은 3퍼센트밖에 되지 않는다. 나머지 97퍼센트는 대부분 횡설수설이다.

DNA 사다리는 한 개만 있는 것이 아니다. 각 세포에는 염색체라는 이름의 사다리가 46개씩 있는데, 세포가 분열하는 순간에는 일반 현미경으로도 볼 수 있다(예외는 정자와 난자로, 염색체가 각각 23개에 불과하다). 그러나 세포가 분열하지 않을 때에는 모든 염색체가 늘어지고 뭉쳐 있어서 마치 커다란 그릇에 스파게티 면 46가닥이 엉켜 있는 모양이다. 염색체의 길이는 가로대가 2억5,000만 개인 1번 염색체부터 4,800만 개에 불과한 21번 염색체까지 제각각이다.

염색체 중에는 유용한 DNA 대 정크 DNA의 비율이 꽤 큰 것도 있지만, 반복적이고 쓰지 못하는 DNA로 가득한 것도 있다. 이를테면 19번 염색체는 아주 촘촘해서, 유전자 1,400여 개가 5,900만여 자 위에 펼쳐져 있다. 이에 반해서 4번 염색체는 19번보다 세 배 큰데도 유전자 개수는 절반가량에 불과하다. 이 기능 유전자들은 거대하고 텅 빈 바다로 둘러싸인 작은 섬처럼 드문드문 놓여 있다.

이 점에서 인간 유전체는 여느 포유류를 닮았으며 모든 포유류는 유전자 개수가 약 2만3,000개로 비슷하다. 어떤 포유류는 2만 개밖에 되지 않고 어떤 포유류는 2만5,000개나 되지만, 이 정도 편차면 비교적 작은 편이다. 포유류 계통의 나이가 2억5,000만 년을 넘는다는 사실을 생각하면 놀라운 일이다. 인류의 경우 일부 포유류와는 2억5,000만 년이 넘도록 독자적으로 진화했는데도 기능 유전자 개수가 전부 비슷하다는 것이 신기하다. 사실 인간의 유전자 개수는 조직이나 장기가 하나도 없는 조그만 선형동물과 얼추 같다. 뭐, 말이 그렇다는 이야기이다.

기능 유전자는 띄엄띄엄 흩어져 있으면서도 많은 일을 한다. 각 유전자는 DNA 분자의 사다리를 반으로 갈라서 양쪽의 문자 뉴클레오타이드를 모두 드러내어 단백질을 만든다. 유전자를 이루는 문자열은 mRNA(m은 "전령[messenger]"을, RNA는 "리보 핵산[ribonucleic acid]"을 일컫는다)라는 것으로 복제될 수 있는데, 여기서 만들어진 단백질은 세포 여기저기를 돌아다니며 세포를 자라게 하고 살아 있게 하는 등 온갖 일을 담당한다.

유전체의 3퍼센트에 불과한 이 2만3,000개의 유전자는 자연의 경이이다. 인체 DNA 중에 나머지 97퍼센트의 대부분은 자연의 실수 쪽에 가까워서, 별다른 일을 하는 것 같아 보이지 않는다. 사실 그중에는 해로운 것도 있다.

세포가 분열할 때마다 유전체 전체—기능이 있는 부위이든 없는 부위이든—가 복제된다. 이 일은 세포의 에너지를 소비하며 시간, 에너지, 화학 자원을 필요로 한다. 최상의 추정에 따르면 인체에서는 하루에 적어도 1×10^{11}번의 세포 분열이 일어난다고 한다. 이것은 초당 100만 번을 넘는 횟수이다. 세포 분열이 일어날 때마다 쓰레기를 포함하여 유전체 전체가 복제된다. 대부분 쓸모없는 DNA를 복제하느라고 하루에 몇 칼로리의 열량이 소비된다.

신기하게도 세포는 이 정크 DNA에서도 오류를 꼼꼼히 점검한다. 세포는 이 엉뚱한 DNA를 복제할 때마다 유전체에서 가장 중요한 유전자를 복제할 때와 똑같은 교정 및 복원 메커니즘을 동원한다. 어느 구역도 무시당하거나 특별 대우를 받지 않는다. 이것이 황당한 이유는 헛소리 DNA 조각의 복제 오류가 하찮은 일인 반면에 유전자의 돌연변이는 치명적이기 때문이다. 어째서 그런지는 조금 있다가 살펴보겠다. DNA를 복제하고 편집하는 체계는 유전자와 헛소리라는 두 유형의 DNA를 구분하지 못하는 듯하다. 유치원생의 시와 마야 앤절로의 시를 구분하지 못하는 침팬지처럼 말이다.

지금은 생체의학의 신기원이 열린 흥미진진한 시대이다. 과학자들은 유전체의 전체 염기서열—염색체 46개에 펼쳐진 46억 개의 글자 전부—을 단 2주일 만에 읽을 수 있으며 비용도 약 1,000달러밖에 들지 않는다(인간 유전체의 염기서열을 최초로 해독하는 데에는 10년 넘는 기간이 소요되었고 3억 달러 넘는 비용이 들었다). 그러나 예전에 정크 DNA로 불리던 구간의 **일부**에서 놀라운 새 기능을 많이 찾아내고는 있으나, 비기능 정크 DNA에 비하면 여전히 새 발의 피이다. 심지어 기능을 가진 정크 DNA도 **처음**에는 순전한 쓰레기였을 것이다.* 인간 유전체에 있는 암호화된 온갖 헛소리를 감안하면 우리가 현재의 모습을 하고 있는 것이 놀라울 따름이다.

유전체에 처박혀 있는 거대하고 쓸모없는 DNA 덩어리가 가장 큰 결함이기는 하지만, 기능을 하는 부위인 유전자도 오류투성이이다. 유전자의 오류는 대체로 돌연변이에서 비롯한다. 돌연변이란 DNA 염기서열에 변화가 일어난 것을 일컫는다. 유전체가 갑작스러운 변화를 겪는 경우는 두 가지이다(레트로바이러스 감염까지 하면 세 가지인데, 이것은 조금 있다가 설명하겠다). 하나는 DNA 분자 자체가 손상되는 것이다. 원인으로는 방사선이나 자외선, 그리고 돌연변이원(mutagen)이라는 유해 화학물질(이를테면 담배 연

---

* 2012년에 엔코드(ENCODE)라는 대규모 유전체 연구 사업에서 인간 유전체의 최대 80퍼센트가 기능적이라고 주장하여 파란이 일었다. 이 주장은 여지없이 논박당했는데, 방법론에 대한 우려도 있었으나 주된 이유는 그 연구자들이 유전체의 특정 부위를 기능적이라고 판단할 때에 적용한 기준이 비과학적이었기 때문이다. 이 일로 많은 과학자들이 정크라는 용어를 재조명하고 비기능 DNA의 묘사에 이를 써야 한다고 주장했다. 엔코드에서 내세운 주장의 논리적 결함을 훌륭히 설명한 자료로는 Graur et al., "On the Immortality of Television Sets," *Genome Biology and Evolution* 5 (2013): 578-90이 있다.

기에 많이 들어 있다) 등이 있다(돌연변이원은 돌연변이가 암을 일
으키는 경향이 있어서 발암물질이라고도 부른다).

유전체가 변화를 겪는 두 번째 경우는 세포 분열을 준비하려고
DNA 사본을 만들 때에 생기는 복제 오류이다. 각 세포에는 46억
자의 DNA 암호가 들어 있으며 평균적인 사람은 하루에 약 1×10^{11}
번의 세포 분열을 겪는다. 따라서 세포가 DNA를 복제하다가 실
수를 저지를 경우의 수는 10^{20}(100,000,000,000,000,000,000 또는
1해[垓])개나 된다. 세포는 깐깐한 편집자여서, 오류 확률이 100만
자 중에 1자에도 미치지 못하며, 그 드문 오류 중에서도 99.9퍼센트
를 즉시 발견하여 바로잡는다. 하지만 오류 확률이 이렇게 낮더라
도 실수를 저지를 기회가 엄청나게 많으므로 이따금 수정되지 않는
오류가 생긴다. 그러면 이것이 돌연변이가 된다. 사실 여러분의 몸
에서는 매일같이 수백만 번의 돌연변이가 일어난다.

다행히도 대부분의 돌연변이는 중요하지 않은 DNA 부위에서 일
어나기 때문에 문제를 일으키지 않는다. 게다가 정자나 난자가 아
닌 세포에서 일어나는 돌연변이는 자식에게 전달되지 않으므로 진
화와는 무관하다. 생식세포에 들어 있는 DNA만이 다음 세대에 영
향을 미친다.

그러나 복제 오류와 DNA 손상 둘 다 정자나 난자 유전체의 중요
한 부위에서 일어날 수 있으며, 실제로도 일어난다. 그런데 이런 일
이 일어나면 자신보다는 자식에게 영향을 미친다. 그래서 이것을
유전성 돌연변이(heritable mutation)라고 부르는데, 이것은 생물의

모든 진화적 변화와 적응의 토대가 된다. 하지만 유전성 돌연변이가 모두 행복한 우연인 것은 아니다. 대부분은 사소한 돌연변이이지만—어차피 유전체의 대부분은 아무런 일도 하지 않으니까—유전자의 기능에 장애를 일으키는 해로운 돌연변이도 적지 않다.

아버지나 어머니에게서 유전자 돌연변이를 물려받는 가련한 자식은 그 때문에 거의 예외 없이 손해를 본다. 이를 통해서 유전자 풀(pool)을 깨끗하게 유지하는 것이 자연선택의 임무이기는 하지만, 이따금 돌연변이로 인한 피해가 즉각적으로 나타나지 않을 때가 있다. 어떤 돌연변이가 사람이나 동물의 건강 또는 번식에 단기적 손실을 전혀 일으키지 않으면, 그 돌연변이는 제거되지 않을 수도 있으며 심지어 개체군에 퍼질 수도 있다. 이 돌연변이가 한참 뒤에야 피해를 일으킨다면 자연선택은 이를 사전에 막을 재간이 없다.

이것이 진화의 맹점이며, 그 결과를 인류 전체에서, 또한 개개인의 깊숙한 내부에서 찾아볼 수 있다. 인간 유전체에는 자연선택이 일찍 찾아내지 못한 해로운 돌연변이의 흉터가 무수히 들어 있기 때문이다.

망가진 유전자

인간 유전체의 쓸모없는 DNA 중에서 눈에 띄는 종류가 하나 있는데, 그것은 위유전자(僞遺傳子)이다. 위유전자는 유전자처럼 보이지만 유전자의 기능을 하지 않는다. 이것은 진화의 부스러기이다.

한때는 기능 유전자였으나, 머나먼 과거의 어느 시점에 복구가 불가능할 정도의 돌연변이를 일으킨 것이다.

앞 장에서 살펴본 굴로 유전자가 바로 위유전자이다. 영장류를 제외한 거의 모든 동물에는 제 기능을 하는 굴로 유전자가 들어 있어서 비타민 C를 스스로 합성할 수 있다. 그러나 모든 현생 영장류의 공통 조상인 어떤 동물에게서 무작위 돌연변이가 일어나 굴로 유전자가 손상되었다. 이 조상이 우연히도 비타민 C가 풍부한 먹이를 먹고 있었기 때문에 이 돌연변이는 그 조상에게 아무런 피해도 입히지 않았다. 하지만 이 돌연변이가 모든 영장류에게 퍼지면서 그들, 아니 우리는 괴혈병의 공포에 시달리게 되었다.

여러분은 자연이 왜 결자해지를 하지 못하는지 궁금할지도 모르겠다. 돌연변이가 문제를 일으켰다면 문제를 해결할 수도 있을 테니까. 그럴듯한 이야기이지만 그것은 불가능에 가깝다. 돌연변이는 벼락같아서, DNA 46억 자를 복제하는 과정에서 무작위로 일어난다. 벼락이 같은 곳에 두 번 떨어질 확률은 너무 낮아서 0이라고 보아도 무방하다. 게다가 돌연변이가 망가진 유전자를 고칠 가능성은 극히 희박하다. 일단 해로운 돌연변이가 일어나면 곧이어 그 유전자에서 또다른 돌연변이가 일어나기 때문이다. 첫 돌연변이 때에 개체가 죽거나 피해를 입지 않으면 미래의 돌연변이도 마찬가지일 것이다. 따라서 이 돌연변이들은 자연선택에 의해서 제거되지 않는다.

진화적 시간 척도에서 위유전자의 돌연변이율이 기능 유전자의 돌연변이율보다 훨씬 더 높은 것은 이 때문이다. 기능 유전자의 돌연변이는 대체로 세대를 뛰어넘지 못한다. 일반적으로 그런 돌연변이 벼락은 세포나 개체에 엄청난 피해를 입히기 때문에, 그 개체가 성공적으로 번식하지 못하여 오류 유전물질의 전파가 제한될 가능성이 크다. 그러나 위유전자는 돌연변이가 누적되어도 개체에 피해를 입히지 않을 수 있다. 위유전자는 전달되고 또 전달되면서 세대에 걸쳐서 계속 퇴화한다. 회복될 가망이 전혀 없을 정도로 유전자가 망가지는 데에는 오랜 시간이 걸리지 않는다.

사람의 굴로 유전자에도 같은 일이 일어났다. 나머지 대부분의 동물이 가진 기능 유전자와 비교하면 우리의 굴로 유전자에는 돌연변이 수백 개가 들어 있다. 그런데도 척 보면 굴로라는 것을 알 수 있다. 우리의 굴로 유전자는 개와 고양이 같은 육식동물에서 발견되는 기능적 굴로 유전자의 DNA 염기서열과 85퍼센트 이상 일치한다. 대부분이 폐차장에서 녹슬어가는 자동차처럼 아무짝에도 쓸모없이 널브러진 채 그대로 남아 있는 것이다. 차이점이라면 우리의 낡고 녹슨 유전자는 수천만 년 전에 처음 망가진 뒤로 매일 수십억 번 끊임없이 변경되고 있다는 것이다.

인간의 위유전자 중에서 가장 유명한 것은 괴혈병을 일으키는 굴로 유전자일 테지만, 이것 말고도 위유전자는 많다. 우리 인간의 유전체에는 망가진 유전자가 적지 않게 들어 있다. 아니, 적지 않게가 아니라 100개 어쩌면 1,000개 이상 들어 있을 것이다. 과학자들은 인간 유전체에 2만 개 가까운 위유전자의 잔존물이 고스란히 남아 있으리라고 추정한다.[1] 기능 유전자와 맞먹는 숫자이다.

위유전자도 할 말이 있는 것이, 이것들은 대부분 우연한 유전자 중복의 결과이다. 그러니 불량 돌연변이가 일어나서 유전자가 죽어도 개체는 아무런 피해도 입지 않는다. 어차피 유전자 사본이 여벌로 있으니 말이다. 위유전자의 기능은 다른 유전자와 겹치므로 위유전자를 잃어도 불리할 것은 없다. 물론 위유전자를 간직한 채 끊임없이 복제하는 것은 무의미하다. 무의미할 뿐만 아니라 에너지 낭비이기도 하지만, 직접적으로 해를 끼치지는 않는다.

그러나 기능 유전자의 유일한 사본이 돌연변이로 망가져서 위유전자가 되면 심각한 문제이다. 한때 우리 조상들이 감염에 맞서는 데에 유익하게 작용하던 유전자가 망가져 인류의 건강에 악영향을 끼친 사례는 굴로(와 그 선물인 괴혈병) 말고도 또 있다. 이 유전자가 만들어낸 세타 디펜신(theta defensin)이라는 단백질은 대다수 구세계 원숭이와 신세계 원숭이, 심지어 우리의 동료 유인원인 오랑우탄에서도 여전히 발견된다. 하지만 인류와 우리의 아프리카 유인원 친척인 고릴라와 침팬지의 공통 조상에게서는 이 유전자가 비활성화되었으며 복원할 수 없을 만큼 돌연변이를 겪었다.[2] 이 유전자가 제 역할을 못하는 탓에 사람은 먼 영장류 사촌에 비해서 감염에 취약하다.

물론 우리가 세타 디펜신 단백질을 대신할 방어 수단을 진화시켰을 수도 있지만 그것으로는 충분하지 않아 보인다. 이를테면 세타 단백질이 없는 세포는 인간면역결핍 바이러스(human immunodeficiency virus, 이하 HIV) 감염에 더 취약한 듯하다. HIV가 전 세계를 휩쓴

1970년대와 1980년대에 이 단백질이 있었다면 요긴하게 써먹었을 텐데 말이다. 이 유전자가 망가지지 않았다면, 에이즈 위기가 일어나지 않았을지도 모른다. 적어도 그토록 널리 퍼지고 치명적인 피해를 입히지는 않았을 것이다.

위유전자는 자연의 잔혹한 습성을 우리에게 깨우쳐준다. 자연은 결코 훗날을 생각하는 법이 없다. 돌연변이는 무작위로 생기며 자연선택은 한 세대에서 다음 세대로만 일어난다. 하지만 진화는 매우 긴 시간 척도에서 작용한다. 우리는 단기적 작용의 장기적 산물이다. 진화는 목표 지향적이지 않으며 그럴 수도 없다. 자연선택에 영향을 미치는 것은 즉각적이거나 매우 단기적인 결과뿐이다. 자연선택은 장기적 결과를 내다보지 못한다. 굴로 유전자나 세타 디펜신 유전자가 돌연변이로 죽었을 때, 자연선택이 종을 보호할 수 있으려면 치명적인 효과가 당장 체감되어야 한다. 돌연변이를 가진 개체가 계속 번성하여 후손에게 물려주면 진화는 이를 막을 도리가 없다. 굴로 유전자의 죽음은 맨 처음 그 일을 겪은 영장류에게 어떤 영향도 미치지 않았을 것이다. 하지만 수천만 년이 지난 뒤에 그의 먼 후손은 그로 인해서 여전히 고통받고 있다.

이토록 해로운 돌연변이를 겪은 것은 굴로 유전자와 세타 디펜신 유전자만이 아니다. 나머지 유전자 2만3,000개 하나하나가 돌연변이의 벼락을 맞아 죽었으며 지금도 여전히 죽고 있다. 인류가 더 많은 유전자를 돌연변이에 의해서 잃지 않을 수 있었던 유일한 이유는, 최초의 불운한 돌연변이가 죽거나 자식을 낳지 못해서 위유전자를 후손에게 전달하지 못했기 때문이다. 자신에게는 비극이었지만 나머지 우리에게는 행운이다.

일부 과학자에 따르면 위유전자는 망가진 것이 아니라 죽은 것이다. 자연이 그중 일부를 "부활시켜서" 새로운 쓰임새를 부여했기 때문이다. 이것을 생각하면 냉장고가 고장 난 친구 이야기가 떠오른다. 친구는 고장 난 냉장고를 낑낑대며 고물상에 끌고 가지 않고 침실 장식장으로 탈바꿈시켰다. 하지만 그가 장식장으로 쓰려고 냉장고를 산 것은 아니다. 고장 난 냉장고의 쓰임새를 바꾸는 것이 버리는 것보다 훨씬 더 쉬웠을 뿐이다. 그는 죽은 냉장고를 전혀 새로운 목적에 맞게 부활시켰다. 기발한 착상이기는 했지만, 내가 알기로 부활한 유전자는 냉장고 장식장만큼이나 드물다.

유전자 웅덩이 속 악어

방금 보았듯이 DNA 복제 과정은 완벽하지 않다. 우리 몸이 발전시킨 복제 기계는 이따금 실수를 저지르며 이 실수들 때문에 문제가 생기기도 한다. 하지만 그런 돌연변이는 드물다. 영장류 유전체에서 굴로 유전자가 갑자기 죽었는데, 그것이 우연히 개체군 전체에 퍼진 것처럼 가능성이 희박한 사건이다. 이 오류의 결과인 (괴혈병 같은) 질병도 돌연변이 자체와 마찬가지로 드물다. 하지만 유전병은 이보다 더 음흉한데, 그 이유는 병을 일으키는 돌연변이가 우연한 유전적 부동(遺傳的浮動, genetic drift)에 의해서 바로잡히지

않았기 때문이다. 이 돌연변이들은 사실 자연선택에 의해서 **선호되**
었다.

수천 년, 심지어 **수백만 년** 동안 세대에서 세대로 끈질기게 전해
진 유전병들이 있다. 각 유전병에는 흥미로운 사연이 담겨 있으며,
전체적으로 보면 진화의 엉성하고 (이따금) 잔인한 과정에 관해서
귀중한 교훈을 선사한다.

오래도록 인류를 괴롭힌 유전병 중에서 가장 잘 알려지고 널리
퍼진 것은 낫형적혈구병(sickle cell disease)일 것이다. 매년 30만
명의 아기가 낫형적혈구병을 가지고 태어난다. 2013년에만 최소 17
만6,000명이 낫형적혈구병으로 죽었다. 낫형적혈구병은 혈류를 통
해서 산소를 모든 세포에 운반하는 단백질인 헤모글로빈의 유전자
하나가 돌연변이를 일으켜서 생긴다.

정상적인 상황에서 적혈구 세포는 헤모글로빈으로 꽉 차 있으며,
산소 운반을 극대화하고 (모세혈관이라는 가는 혈관에 비집고 들어
갈 수 있도록) 접힘을 최적화하는 형태로 되어 있다. 하지만 낫형적
혈구병 환자의 돌연변이 헤모글로빈은 탄탄하게 모여 있지 않아서
적혈구 세포가 엉성한 형태를 이룬다. 이런 기형 세포는 산소를 효
율적으로 운반하지 못할 뿐만 아니라 더 심각하게는 작은 혈관에
비집고 들어갈 수 있도록 접히지 못한다. 이 때문에 좁은 공간에
끼어서 일종의 혈액 교통 체증을 일으키는데, 이렇게 되면 정체 지
점 아래쪽의 조직들이 산소를 공급받지 못하면서 매우 고통스럽고
때로는 목숨까지 위협하는 낫형적혈구병으로 이어진다. 선진국에서

정상적인 적혈구 세포의 모양(왼쪽)과 낫형적혈구병 증상을 나타내는 적혈구 세포의 모양(오른쪽). 정상적인 적혈구 세포는 쉽게 반으로 접혀서 좁은 모세혈관에 비집고 들어갈 수 있지만, 낫 모양의 세포는 훨씬 더 뻣뻣해서 좁은 지점에 끼이기 쉽다.

는 면밀한 관찰과 현대 의술로 낫형적혈구병 위험을 대체로 관리할 수 있다. 하지만 아프리카, 라틴아메리카, 인도, 아랍, 동남아시아, 오세아니아 같은 저개발 지역에서는 낫형적혈구병이 치명적이다.

　낫형적혈구병의 가장 신기한 점은 점 돌연변이(single-point mutation) 때문에 생긴다는 것이다. 점 돌연변이는 DNA 문자 한 개가 다른 문자로 바뀌는 것을 일컫는다(하지만 이 낫형적혈구병을 일으킬 수 있는 점 돌연변이의 종류는 여러 가지가 있으며 지리적 민족 집단에 따라서 흔한 돌연변이가 저마다 다르다). 이것이 정말 신기한 이유는 이토록 생존에 악영향을 끼치는 점 돌연변이는 대체로 개체군으로부터 꽤 신속하게 제거되기 때문이다. 집단유전학 연구에 따르면, 아주 작은 불이익만 있어도 그 돌연변이가 개체군에서 제거되는 데에는 수천 년이 아니라 몇 세대밖에 걸리지 않는다고 한다. 물론 여러 유전자의 상호작용으로 일어나는 유전병이나 약한 질병 소인만을 가진 유전병은 자연선택으로 걸러내기 힘들 수 있다. 그러나 낫형적혈구병은 그에 해당하지 않는다. 돌연변이 유전자 하나가 엄청난 재난을 낳으니 말이다. 이런 돌연변이가 오랫동안 버틴다는 것은 말이 되지 않는다.

그러나 낫형적혈구를 일으키는 돌연변이 암호는 수십만 년 전에 생겼으며, 수많은 민족 집단에서 나타나고 전파―전파!―되었다. 끔찍한 쇠약성 질병을 일으키며 현대 의술로 치료하지 않으면 목숨까지 쉽게 앗아갈 수 있는 돌연변이가 인류 역사상 여러 시대에 여러 장소에서 나타났을 뿐만 아니라 종종 자연선택에 의해서 **선호된** 것처럼 보이는 것은 어찌 된 영문일까? 게다가 피해를 입는 인구 집단에 비교적 널리 퍼질 수 있었던 것은 어떤 이유에서일까?

답은 놀랍도록 간단하다. 많은 유전병과 마찬가지로 낫형적혈구병은 열성이다. 이 말은 돌연변이 대립유전자(對立遺傳子, allele) 사본을 부모에게서 각각 하나씩 두 개를 물려받아야 병에 걸린다는 뜻이다. 사본을 하나만 물려받으면 어떤 영향도 받지 않는다. 자신이 보인자(保因者, 유전병이 겉으로 드러나지 않고 있지만 그 인자를 가지고 있는 사람. 단, 그 사람의 후대에 유전병이 나타날 수 있다/옮긴이)여서 자녀에게 유전자를 전달할 수 있고 자신의 배우자도 나쁜 사본을 물려준다면 자녀가 병에 걸릴 수도 있다. 낫형적혈구 보인자 두 명이 자녀를 낳으면, 부모가 둘 다 건강하더라도 자녀의 약 4분의 1은 낫형적혈구병에 걸린다. 이 때문에 열성 형질은 세대를 건너뛰는 것처럼 보이기도 한다. 그럼에도 낫형적혈구병은 너무 치명적이어서 환자가 조기에 사망하기 때문에 결국은 인구 집단에서 제거되었어야 마땅하다.

낫형적혈구병 돌연변이가 제거되지 않은 이유는 낫형적혈구병 보인자—사본을 하나만 가지고 있어서 증상이 나타나지 않는 사람—가 비(非)보인자보다 말라리아에 대한 저항력이 크기 때문이다. 말라리아는 낫형적혈구병과 마찬가지로 적혈구 세포에 발병한다. 하지만 말라리아의 원인은 사람이 모기에 물릴 때에 전달되는 기생충이다. 돌연변이 낫형적혈구병 대립유전자 사본이 하나만 있는 사람은 적혈구 모양이 약간 다른데, 이것은 낫형적혈구병이 생기기에는 충분하지 않지만 말라리아 기생충이 살지 못하게 하기에는 충분하다.

낫형적혈구병은 생물학 개론 수업에서 이형접합자 우세(heterozygote advantage)라는 현상의 예로 곧잘 언급된다. 이형접합자(異形接合子)는 어떤 종류의 대립유전자에 대해서 서로 다른 사본을 가진 사람을 일컫는다. 낫형적혈구 보인자는 해당 유전자에 대해서 이형접합자이다. 돌연변이 대립유전자 사본과 정상 사본을 하나씩 가지고 있기 때문이다. 보인자가 유리한 이유를 알려면 우선 돌연변이 낫형적혈구 대립유전자 사본이 두 개일 때에 심각한 문제가 생긴다는 사실을 염두에 두어야 한다. 그러나 사본이 하나만 있으면 사본이 하나도 없는 사람보다 유리하다. 낫형적혈구병 증상을 겪지 않으면서도 말라리아에 걸릴 확률이 낮기 때문이다. 말라리아가 예나 지금이나 심각한 문제인 지역에서는 자연선택이 돌연변이 낫형적혈구 유전자를 두 방향으로 이끈다. 한편에서는 낫형적혈구병이 치명적일 수 있고 다른 한편에서는 말라리아가 치명적일 수 있다. 진화는 한 위협을 다른 위협과 저울질해야 했으며, 그 결과로 말라리아가 가장 창궐하는 중앙 아프리카 지역에서는 낫형적혈구병을 일으키지만 말라리아로부터 개체를 보호하는 돌연변이 대립유전자를 인구의 20퍼센트에서 찾아볼 수 있다.

낫형적혈구병이 인구 집단에 골고루 퍼져 있지 않으리라는 것은 쉽게 예상할 수 있다. 북유럽처럼 모기와 말라리아가 비교적 적은 지역에서 사는 사람에게는 낫형적혈구병 돌연변이가 전혀 유리하지 않을 것이기 때문이다. 그 대립유전자는 질병을 유발하는 돌연변이에 지나지 않기 때문에 존속하지 못할 것이다. 이런 이유로 낫형적혈구병은 유럽인에게서는 거의 찾아볼 수 없다. 실제로 낫형적혈구병의 지리적 분포는 말라리아의 지리적 분포와 놀랍도록 들어맞는다.

낫형적혈구병 이야기에는 흥미로운 마지막 반전이 있다. 연구자들은 진화가 돌연변이 암호에 대해서 밀고 당기는 압력을 가한다는 사실을 알고 있었으나, 처음에는 낫형적혈구병이 왜 없어지지 않는지 이해할 수 없었다. 낫형적혈구병이 말라리아보다 훨씬 치명적이기 때문이다. 컴퓨터 모형에서는 낫형적혈구병이 사멸한다는 정반대 결과가 예측되었다. 그러나 연구자들은 농업 이전의 많은 인간

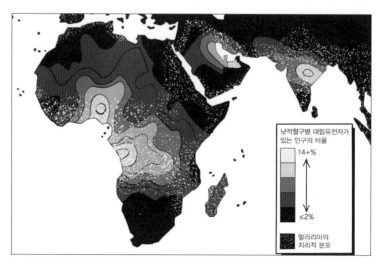

낫형적혈구병 유전자의 분포와 말라리아 기생충의 분포를 비교한 지도. 낫형적혈구병은 말라리아에 대한 저항력을 생기게 하므로 둘의 지리적 분포는 눈에 띄게 겹친다.

사회가 일부다처제였다는 사실에서 비롯한 중요한 요인을 간과했다.

대다수 일부다처제 사회에서는 소수의 남성이 여러 명의 아내를 거느린다. 이 때문에 남성은 최대한 많은 여성으로부터 자식을 낳는 특권을 차지하려고 서로 직접 경쟁하며, 대다수 남성은 자식을 전혀 남기지 못한다. 남성의 경쟁이 아주 치열한 탓에, 남성이 남긴 자식의 수는 전반적인 건강, 활력, 정력과 직접적이고 강한 상관관계가 있다. 이 시나리오에 따르면 낫형적혈구 대립유전자 사본이 두 개이거나 하나도 없는 남성들은 말라리아와 낫형적혈구병이 밀고 당기는 과정에서 도태되었을 것이다. 이 남성들은 낫형적혈구병에 걸리거나 말라리아에 취약했을 테니 말이다. 따라서 지배적이고 다산(多産)인 남성은 대부분 보인자였을 것이다. 이 우두머리 남성은 많은 여성과 생식하고 더 많은 자식을 낳았을 것이다. 하지만 이 자식들 중에서 상당수는 성년에 이르지 못했을 것이다. 현대 이전의 삶에서 일반적이던 질환, 감염, 결핍뿐만 아니라, 말라리아나 낫형적혈구병과도 싸워야 했을 것이기 때문이다. 하지만 그래도 아무 문제없었다. 낫형적혈구 보인자와 그의 하렘(harem)에서는 끊임없이 아기가 태어났을 테니 말이다.

일부다처제에서는 남성이 서로 직접 경쟁하기 때문에 일부일처제에 비해서 건강과 생존의 선택압이 매우 강하다. 이형접합자 우세는 그보다도 강하게 나타나는데, 이것은 남성이 다른 남성들을 물리치고 하렘을 차지하려면 최상의 상태여야 하기 때문이다. 낫형적혈구병 성향이나 말라리아 민감성은 감당할 수 없는 약점이었을 것이다. 일부다처제는 결코 인류의 보편적인 관습이 아니었지만, 일부 시대와 일부 장소에서는 낫형적혈구병을 일으키는 유전자 돌연변이의 확산을 부추길 만큼 일반적이었다. 말라리아가 창궐한 열대 지방 사람들의 후손 중에서 상당수는 지금도 이 유전병으로 고통받는다.

그밖의 점 돌연변이의 유전 질환으로는 낭성 섬유증, 여러 형태의 혈우병, 테이-삭스병, 페닐케톤뇨증, 뒤센 근이영양증 등 수백 가지가 있다. 이 유전자는 낫형적혈구병 유전자처럼 열성이어서 부모 양쪽에게서 돌연변이를 물려받지 않으면 병에 걸리지 않는다. 이 때문에 발병 빈도가 매우 낮다. 하지만 전체적으로 보면 유전병은 드물지 않다. 인구의 약 5퍼센트가 유전병을 앓는다고 추정되기도 한다. 모든 유전병이 치명적이거나 몸을 상하게 하는 것은 아니지만, 지구 위를 걸어 다니는 수억 명의 유전 암호에 여전히 오류가 있는 것이다. 대부분의 오류는 여러 세대 전에 생겼으며 이 오류를 가진 사람들 중에서 상당수는 이형접합자 보인자이기 때문에 자신에게 오류가 있음을 알지도 못한다. 병에 걸리는 것은 영문 모르는 보인자 두 명이 지독히 불운하게도 결합한 결과이다.

몇몇 유전병은 열성이 아니라 우성 돌연변이에 의해서 생긴다. 이것은 부모 양쪽에게서 나쁜 유전자를 받지 않고 한쪽에게서만 받아도 병에 걸린다는 뜻이다. 이런 유전병은 훨씬 드문데, 병을 숨길 수 없으니 당연한 일이다. 우성 유전병 돌연변이에 맞서는 선택압은 대체로 신속하고 인정사정없다. 하지만 마르판 증후군, 가족성 고콜레스테롤혈증, 제1형 신경섬유종증, 그리고 가장 흔한 왜소증인 연골 무형성증 등 일부 돌연변이는 유전병과 함께 세대에서 세대로 전달되었다. 이 질병들은 주로 한쪽 부모에게서 유전되지만, 가족력이 전혀 없는 사람에게서 저절로 돌연변이가 일어나더라도—이런 일은 꽤 자주 일어난다—그로 인한 질병은 자식의 50퍼센트에게 전달된다. 따라서 유전병은 간헐적으로 돌연변이를 일으킨 사람들의 계통에서도, 한쪽 부모에게서 질병을 물려받은 사람들의 계통 못지않게 끈질기게 이어졌다.

우성 유전병 중에서 가장 잘 알려진 것으로, 유난히 잔혹한 질병인 헌팅턴 무도병이 있다. 헌팅턴 무도병은 환자가 40대 초반이나 50대 후반이 되어서야 증상이 나타난다. 질병이 시작되면 환자는 중추신경계통이 서서히 감퇴한다. 처음에는 근육이 약해지고 말을 듣지 않다가 기억상실, 기분과 행동의 변화, 고급 인지 기능의 상실, 마비, 식물인간 상태를 겪으며, 마침내 혼수상태에 빠져서 사망한다. 감퇴 과정은 견딜 수 없을 만큼 느리게 진행되어 감퇴하기까지 5-10년이 걸린다. 아직까지는 헌팅턴 무도병의 치료약은 고사하고 병의 진행을 느리게 할 방법도 없다. 환자와 사랑하는 가족은 그들을 기다리는 운명을 똑똑히 알면서도 어쩔 도리가 없다.

헌팅턴 무도병의 원인은 여느 유전병과 마찬가지로 유천제의 돌연변이이다. 하지만 낫형적혈구병에서 보았듯이, 유전병이 자연선택에 의해서 제거되지 않고 지속된다면 거기에는 틀림없이 이유가 있다. 헌팅턴 무도병처럼 보인자가 없고 오로지 희생자만 있는 우성 유전병은 더더욱 그렇다. 서유럽과 북유럽에 사는 사람 1만 명 중에서 1명가량이 헌팅턴 돌연변이를 가지고 있다(비율이 가장 높은 곳은 스칸디나비아와 영국 제도이다). 대단하지 않게 들릴지도 모르겠지만, 인구로 따지면 이 지역에서만 수십만 명에 이른다. 아시아는 헌팅턴 돌연변이의 비율이 유럽보다 훨씬 낮지만, 인구가 많아서 전체 환자의 수는 훨씬 더 많다. 여기서 의문이 하나 제기된다. 헌팅턴 무도병이 그토록 치명적이라면 왜 이토록 흔한 것일까?

답은 헌팅턴 무도병 못지않게 잔혹하다. 헌팅턴 무도병은 잠재 환자가 생식 연령의 정점을 지났을 때에 발병하므로, 질병 유전자가 이미 자식에게 전달되었을 가능성이 있다. 헌팅턴 무도병의 대립유전자는 환자의 사망과 함께 사라지는 것이 아니라 자식에게 음산한 유산으로 전달된다.

헌팅턴 무도병의 유전학적 메커니즘은 19세기 후반까지도 밝혀지지 않았다. 그 전에는 이 병이 이렇게 간단하게(보통염색체 우성[autosomal dominant]으로/옮긴이) 전달될 수 있다는 생각을 아무도 떠올리지 못했다. 물론 지금은 명백해 보이지만, 헌팅턴 무도병의 성질이 오리무중이었던 한 가지 이유는 200-300년 전까지만 해도 대다수 사람들이 마흔 살이 되기 이전에 죽었기 때문이다. 예전에는 헌팅턴 무도병을 가계도에서 지금처럼 분명하게 추적할 수 없었다. 사람들이 중년에 이르기 전에 온갖 질환과 감염으로 죽었기 때문이다. 게다가 예전에는 남녀 할 것 없이 지금의 선진국보다 이른 시기에 자식을 낳기 시작했다. 마흔 살까지 산 사람은 늙은 조부모일 가능성이 컸으며, 헌팅턴 무도병처럼 뒤늦게 시작되고 특별한 초기 증상이 없는 질병은 치매나 단순한 노환으로 치부되었다.

헌팅턴 무도병은 증상이 늦게 나타나기 때문에 자연선택의 개입을 피해서 전달될 수 있다. 선택의 힘은 번식이나 생존에 직간접적으로 영향을 미치는 유전 형질에만 작용할 수 있다. 즉, 생식 연령에서의 생존이 중요하다. 이 시기를 넘기면 유전자는 이미 다음 세대의 유전자 풀에 전달된 뒤이다. 헌팅턴 무도병 같은 질병은 자녀의 수에 별다른 영향을 미치지 않기 때문에 자연선택의 사각지대에 놓인 경우가 많다.

유전병은 놀랄 만큼 흔하며 목숨을 앗아가거나 몸을 쇠약하게 하는 일도 많다. 대부분은 유전되며, 여러 세대에 걸쳐서 지속되었든, 간헐적 돌연변이의 산물이든 간에 모두 DNA 청사진의 오류로 귀결된다. 염색체가 깨지고 DNA에서 돌연변이가 일어나고 유전자가 망가진다. 이따금 진화는 속수무책이다.

이것만 해도 괴로운데 우리의 유전체는 또다른 공격을 감내해야 한다. 그것은 바로 바이러스이다.

바이러스 묘지

인간 유전체는 쓸데없는 위유전자와 해로운 질병 유전자가 득시글거릴 뿐만 아니라 과거 바이러스 감염의 잔존물도 담겨 있다. 신기하게 들릴지도 모르겠지만, 바이러스 사체는 엄청나게 널리 퍼져 있다. 우리 몸속에 있는 전체 DNA 문자에서 보면 유전자보다 바이러스 DNA가 더 많다.

여러분의 모든 세포에 옛 바이러스 DNA가 들어 있는 것은 레트로바이러스(retrovirus)라는 바이러스 집단 때문이다. 동물세포에 감염하는 모든 종류의 바이러스 중에서 레트로바이러스가 가장 극악무도할 것이다. 레트로바이러스의 생활주기 중에는 자신의 유전물질을 숙주세포의 유전체에 실제로 삽입하는 단계가 있다. DNA로만 이루어진 기생충이라고나 할까. 레트로바이러스는 유전물질의 실타래 안에 들어앉은 채 완벽한 때가 오기를 기다린다. 그때가되면 결과는 파국적이다.

HIV는 정체가 가장 잘 밝혀진 레트로바이러스이다. HIV는 인간의 T 세포에 들어갈 때만 해도 RNA(DNA와 밀접하게 연관된 또다른 유전 암호 분자)로 만들어진 유전자 몇 개와 역전사 효소(逆轉寫酵素, reverse transcriptase)로만 이루어져 있다. 레트로바이러스가자신의 포장을 풀고 감염을 시작하면 역전사 효소는 바이러스 RNA의 DNA 사본을 만든다. 이 DNA 사본은 영문 모르는 숙주세포 염색체의 DNA 안에 자리를 잡는다. 일단 DNA 안에 틀어박히면 숙주세포의 끝없는 A, C, G, T 사슬 안에 완벽하게 숨은 채 무한정기다릴 수 있다. 튀어나왔다가 다시 들어가는 것도 제 마음대로이다. 바이러스 DNA 사본이 튀어나왔을 때가 바이러스 공격의 활성기이고 다시 들어갔을 때가 휴면기이다. HIV 감염인이 이따금 심하게 앓다가 비교적 건강하다가를 반복하는 것은 이 때문이다.

HIV 치료가 여전히 불가능한 것도 이 때문이다. DNA 안에 살고있으니 어쩔 도리가 없다. 숙주세포를 죽이지 않고는 바이러스를죽일 방법이 없다. T 세포가 전부 죽으면 면역체계가 제 역할을 하지 못한다. HIV 치료에서 큰 성과를 거둔 최근 요법은 환자의 여생동안 바이러스를 휴면기에 머물게 하는 것이다.

물론 바이러스는 부모에게서 자녀에게 유전적으로 전달되지 않는다(분만 중이나 그 이전에 산모와 태아 사이에 교차 감염이 일어날 수는 있지만). 바이러스가 유전되지 않는 이유는 부모의 유전자를 자녀에게 전달하는 일과 무관한 T 세포만을 감염하기 때문이다.유전자를 전달하는 것은 정자와 난자뿐이다. 하지만 정자나 난자를 만드는 세포 중의 하나가 레트로바이러스에 감염되면, 자녀는 부모에게서 말 그대로 바이러스 유전체를 물려받을 수 있다. 몸속 모든 세포의 염색체 안에 바이러스가 숨어 있는 상태로 태어나는 것이다. 작은 트로이 목마 수조 개가 자신의 사악한 내용물을 영문 모르는 숙주에게 쏟아내려고 기다리는 셈이다. 부모는 정자나 난자를 만드는 세포에만 바이러스가 들어 있었지만 아기는 모든 세포에 들어 있다!

이렇게 유전된 바이러스 DNA는 활성 감염을 일으키지 않아도 전파될 수 있다. 실은 활성 상태의 바이러스를 만들 필요가 전혀 없다. 핵심 DNA 안에 자리잡은 바이러스 유전체는 어떤 경우에도 자녀에게 전달된다. 바이러스 입장에서는 절대적 승리를 거둔 격이다. 아무것도 하지 않아도 전파될 테니 말이다.

이 현상은 인류 역사에서 숱하게 일어났으며 그 결과인 바이러스 사체는 여전히 우리 몸속에 남아 있다. 고맙게도 이 사체들은 그동안 숱한 돌연변이를 겪은 탓에 이제는 거의 어느 것도 감염을 일으키지 못한다(나중에 보겠지만 죽은 바이러스 DNA도 피해를 입힐 수 있으며 실제로도 입힌다).

우리 몸속의 세포 하나하나에 들어 있는 DNA의 8퍼센트가량이 과거 바이러스 감염의 잔존물이다. 10만 구에 가까운 바이러스 사체가 들어 있는 것이다. 조류와 파충류 같은 먼 사촌과도 이 사체를 공유하는 것을 보면 최초의 바이러스 감염은 수억 년 전에 일어났고, 그 뒤로 이 바이러스 유전체가 조용하고 무의미하게 전해졌음을 알 수 있다.

정말로 이 바이러스 사체들은 대부분 아무런 기능도 행하지 않는다. 인체가 사체 하나하나를 하루에 수억 번씩 의무적으로 복제하고는 있지만 말이다. 좋은 소식은 우리에게 기생하는 바이러스 유전체 전부—또는 거의 전부—가 사실상 사체 상태로 전락하여 활성 바이러스를 우리의 세포에 방출하는 따위의 일을 전혀 하지 않는다는 것이다(SF 스릴러의 설정들 가운데 하나는 사악한 천재가 우리 DNA에 숨어 있는 고대의 휴면 바이러스를 어떻게 켜는지 알아낸다는 것이다. 우리 몸은 바이러스를 내부에서—그것도 빨리—파괴해야 한다).

유전되는 바이러스는 대부분 휴면 상태이기는 하지만 피에 젖은 과거사가 있는데, 이따금 그 과거사가 현재에 스며들기도 한다. 녀석들은 다른 유전자를 망가뜨리는 경향이 있기 때문에 틀림없이 오랫동안 무수한 사람들의 목숨을 앗았을 것이다. 레트로바이러스 유전체는 염색체를 돌아다니다가 아무 데에나 비집고 들어갈 수 있다. 그러다가 고삐 풀린 망아지처럼 온갖 피해를 입힐 수 있는데, 더는 바이러스를 만들지 못하지만, 빠져나왔다가 다시 들어가는 능력이 남아 있어서 중요한 유전자에 끼어들면 큰 손상을 일으킬 수 있기 때문이다. 더 기묘한 사실은 **우리 자신의** DNA 조각들도 유전체를 누비고 다닐 수 있다는 것이다.

도약 DNA

마지막으로 설명할 것은 쓸데없는 DNA 중에서도 가장 당황스럽고 틀림없이 가장 흔한 유형이다. 우리의 유전체에는 DNA가 매우 많이 반복되는 구간이 있는데, 이것을 전이유전인자(轉移遺傳因子, transposable element)라고 한다. 전이유전인자는 유전자가 아니라, 세포가 분열하는 동안 일어나서 돌아다니다가 자리를 바꾸는 염색체 조각이다. 이것은 앞에서 설명한 레트로바이러스 유전체와 다를 바 없다.

지금은 괴상하게 들리지 않을지도 모르겠지만, 1953년에 바버라 매클린톡이 전이유전인자의 존재를 처음 제안했을 때에 그것이 얼마나 터무니없어 보였을지 상상해보라. 옥수수 잎의 줄무늬 색깔이 제멋대로 유전되는 특이한 유전 현상은 달리 설명할 방법이 없었다. 학계에서는 그녀의 이론을 전혀 믿지 않았으며, 두 번 생각하지도 않고 외면했다. 하지만 그녀는 부단히 노력하여 이론을 다듬고 발전시켰으며 힘겨운 수백 번의 옥수수 실험을 통해서 검증했다. 그녀가 전이유전인자의 존재를 처음 제안한 지 20여 년이 지났을 때에 세균에서 전이유전인자가 발견되었다. 이번에는 더 "전통적인"(이라고 쓰고 "남성이 주도하는"이라고 읽는다) 연구 집단의 성과였다. 그러자 학계는 매클린톡의 업적을 새삼 들여다보고 그녀가 옳았다고 인정할 수밖에 없었다. 1983년에 그녀는 과학자로서 최고의 영예인 노벨상을 받았다.

그중에서도 알루(Alu)라는 전이유전인자는 우리 유전체의 이 신기한 요소인 "도약하는" DNA 조각이 어떻게 생겨났는지를 잘 보여준다. 우리가 알루 인자에 대해서 잘 아는 이유는 인간과 그밖의 영장류에 들어 있는 전이유전인자 중에서 가장 풍부하기 때문이다. 인간 유전체에는 100만 개의 알루 인자 사본이 들어 있다. 이 사본들은 모든 염색체 위, 유전자 사이, 심지어 유전자 내부 등 모든 곳에 퍼져 있다. 알루 인자가 인간 유전체에 자리를 잡게 된 사연은 믿기지 않을 뿐만 아니라 도무지 있을 법하지 않다.

옛날 옛적 1억 년도 더 전에 지구상에 살던 생물의 유전체에서 7SL이라는 유전자가 기묘한 짓을 했다.[3] 오늘날 세균에서 균류, 인간에 이르는 모든 생물의 모든 살아 있는 세포에는 7SL의 한 형태가 들어 있어서 단백질 합성을 돕는다. 하지만 일부 옛 포유류의 정자(또는 난자) 세포에서 분자적 실수가 일어났다. 7SL RNA 분자 두 개가 꼬리를 물고 붙어버린 것이다. 이와 동시에 레트로바이러스 감염이 해당 세포를 공격했는데, 바이러스 중의 하나가 이 기형의 이중 7SL RNA 분자를 우연히 붙잡아서 DNA 사본을 만들기 시작했다. 이 DNA 사본이 세포의 유전체에 삽입되자 7SL 사본은 여러 개가 존재하게 되었다. 하나는 (우리가 아직도 가지고 있는) 정상적 형태이고 나머지는 융합된 형태이다. 세포는 이상을 알아차리지 못한 채 융합된 7SL 유전자를 마치 정상적인 유전자처럼 RNA로 전사했다. 레트로바이러스는 RNA 결과물을 다시 취하여 DNA 사본을 만들었다. 일부 사본이 유전체에 삽입되었으며 이 과정이 계속해서 반복되면서 그때마다 사본 개수가 기하급수적으로 늘었다. 세포와 바이러스가 애초에 만들어낸 융합 7SL 인자(지금은 알루라고 부른다)가 몇 개인지는 알 수 없지만, 적어도 수천 개에 이르렀을 것이다.

그리고 순전한 우연을 통해서 이 정자(또는 난자) 세포에서 탄생한 새끼가 (설치류와 토끼류와 영장류를 모두 포함하는) 영장상목(靈長上目, supraprimates)이라는 포유류 집단의 조상이 되었다. 우리가 이 사실을 아는 것은, 영장상목에 속한 모든 동물에는 알루 인자가 수십만 개 들어 있지만 그밖의 동물에는 하나도 없기 때문이다.

기형 유전자 사본 수십만 개가 생물의 유전체 전체에 퍼질 정도의 분자 사고가 일어났다면 해당 동물에 심각한 악영향이 미쳤을 법도 하지만, 영장상목이 아직도 살아가는 것을 보면 그런 일은 일어나지 않았다(적어도 당장은). 이 사본들은 대부분 별로 중요하지 않은 DNA 부위에 삽입되었기 때문에 피해를 일으키지 않았다. 알루 염기서열은 이 최초의 생물로부터 자식에게 퍼져서 결국은 그 옛 종과 모든 후손의 몸에 단단히 자리를 잡았다. 알루는 그 뒤로 나름의 생명을 얻어서 끊임없이 스스로를 복제하고 전파하고 돌연변이하고 삽입하고 재삽입했으며 유전체 곳곳을 싸돌아다닌다. 이렇게 싸돌아다니는 행위는 대체로 무해하지만 이따금 아수라장을 만들기도 한다.

100만 개의 인자가 삽입되어 유전자를 찢어발기면 어떤 피해가 생길 것인지는 우리의 진화사를 깊숙이 들여다보지 않아도 알 수 있다. 악당 알루의 삽입으로 인한 유전자 손상 때문에 인류는 지금까지도 여러 질병에 취약하다. 이를테면 알루를 비롯한 전이유전인자는 A형 혈우병, B형 혈우병, 가족성 고콜레스테롤혈증, 중증 복합면역결핍, 포르피린증, 뒤셴 근이영양증을 일으키는 "망가진" 대립유전자를 만들었다. 알루는 이 중요한 유전자들에 비집고 들어가서 완전히 쓰지 못하게 만들거나 심각한 장애를 일으켰다. 제2형 당뇨병, 신경섬유종증, 알츠하이머 병, 유방암, 결장암, 폐암, 뼈암 등에 대한 유전적 감수성도 알루와 그밖의 전이유전인자 탓이다. 이 경우는 유전자가 완전히 망가지는 것이 아니라 단지 약해질 뿐이지만, 이 유전적 손상은 단 몇 세대 만에 수백만 명의 목숨을 앗아갔다.

전이유전인자가 존재한다는 사실은 진화의 진짜 실패처럼 보일지도 모르겠다. 이처럼 해로운 유전물질이 자연선택을 통해서 제거되지 않았으니 말이다. 그러나 명심해야 할 것은 진화가 단순히 개체의 수준에서만이 아니라 유전자의 수준, 심지어 작은 비암호화 DNA 조각의 수준에서도 작용한다는 것이다. 무작위 돌연변이는 개체에 불이익을 끼칠 수 있음에도 스스로의 자기복제 능력을 구사하여 살아남는다. 이것이 리처드 도킨스가 『이기적 유전자(*The Selfish Gene*)』에서 제시한 위대한 통찰이다. 알루 같은 작은 DNA 조각이 자신의 복제와 확산을 촉진하도록 행동할 수 있다면, 동물 숙주가 번식하기 전에 죽을 정도로 큰 피해를 입히지 않는 한―

물론 이런 일도 이따금 일어난다—그 DNA가 동물 숙주에 해를 끼치든지 끼치지 않든지 자연선택에 의해서 선호될 것이다. 하지만 알루의 경우는 이 작은 유전 암호 조각의 번식 솜씨가 하도 뛰어나기 때문에 이따금 지나친 복제로 인해서 숙주가 죽더라도 충분히 감당할 수 있다.

각종 알루 염기서열을 모두 합치면—여러분의 DNA 곳곳에 100만 개 넘는 사본이 퍼져 있다—이 분자 기생충 하나가 인간 유전체 전체의 10퍼센트를 차지한다. 게다가 전이유전인자는 알루만 있는 것이 아니다. 전이유전인자를 모조리 합치면 무려 인간 유전체의 약 45퍼센트에 이른다. 인간 DNA의 절반 가까이가 자동으로 복제되고 고도로 반복되고 위험하게 도약하는 순전한 유전적 헛소리로 이루어져 있으며, 우리 몸은 수십억 개의 세포 하나하나에서 이 헛소리를 열심히 복제하고 수선한다.

마무리 : 행운의 색깔

이 책에서 보고 또 보겠지만, 어떤 결함은 자연에 내장되어 있다. 말하자면 시스템의 버그가 아니라 특징인 셈이다. 따라서 우리가 쓸모없는 알루 염기서열 100만 개를 DNA에 보관하고 복제한다는 사실은, 물론 특이하기는 하지만 이제는 우리 몸의 타고난 성질이기도 하다. 또한, 특징이 된 몇몇 결함들과 마찬가지로 알루는 매우 드물고 전혀 예상하지 못한 이익을 가져다주었다.

알루의 유익은 돌연변이를 만드는 성향에서 비롯한다. 돌연변이는 거의 언제나 해롭지만 가끔 이로운 때도 있는 DNA 변화이다. 알루는 유전체 곳곳을 돌아다님으로써 해당 생물의 돌연변이율을 증가시키며, 심지어 염색체가 반으로 쪼개지도록 할 수도 있다. 무시무시하게 들리겠지만―돌연변이와 염색체 손상은 거의 언제나 개체에 나쁘니까―장기적으로 보면 실제로는 유익할 수도 있다. 그것은 동물의 계통에서 돌연변이가 많이 일어날수록 (돌연변이 때문에 멸종하지만 않는다면) 적응력이 커서 오랜 기간에 걸쳐서 유전적으로 더 큰 유연성을 발휘할 수 있기 때문이다.

알루로 인한 해로운 돌연변이 때문에 앓고 죽는 사람들에게는 위안이 되지 않겠지만, 유익한 돌연변이가 드물게 일어나면 진화의 방향이 극적으로 바뀔 수도 있다. 이를 알아차리려면 매우 길게 내다볼 수 있어야 하지만, 드물게 일어나는 이로운 돌연변이는 자연선택이 새로운 적응을 만들어내는 원재료가 된다. 가장 유명한 예로는 사람의 뛰어난 색각(色覺)을 낳은 돌연변이가 있다.

약 3,000만 년 전에 모든 구세계 원숭이와 (인간을 비롯한) 유인원의 조상에게서 무작위 알루 삽입이 일어났는데, 이 덕분에 풍성한 색깔을 볼 수 있는 능력이 향상되었다. 우리의 망막에는 원뿔세포라는 구조가 있는데, 이것은 특정한 빛 파장―말하자면 색깔―을 감지하는 전문가이다. 원뿔세포는 여러 색깔에 반응하는 옵신(opsin)이라는 단백질을 가지고 있다. 3,000만 년 전에는 우리의 조상에게 두 종류의 옵신 단백질이 있어서 두 가지 색깔에 반응할 수 있었다. 그러다가 유전자 중복(gene duplication)이라는 현상 덕분에 행운의 유전적 사건이 일어났다.

간단히 말하자면 알루 인자가 여느 때처럼 유전체를 들쑤시고 다니다가 옵신 유전자와 매우 가까운 염색체에 비집고 들어갔다. 이 알루 인자는 자신을 복제하고 튀어나왔지만, 무심코 옵신 유전자를 통째로 고스란히 복제하여 그 사본을 데리고 다니게 되었다. 새로 복세된 알루 인자는 유전체의 다른 곳에 끼어들 때에 옵신 유전자 사본을 함께 데리고 갔다. 그리하여 이 운 좋은 원숭이는 옵신 유전자를 두 종류가 아니라 세 종류를 가지게 되었다. 이것을 유전자 중복이라고 한다.

유전자 중복은 알루에게는 정상적인 행동이지만─우리가 중복 유전자를 그토록 많이 가지고 있는 것은 이 때문이다─꼽사리꾼 옵신 유전자가 완벽하게 복제되어 재삽입된 것은 기적에 가깝다. 새로 복제된 사본은 처음에는 원래 사본과 똑같았지만, 옵신 유전자가 둘이 아니라 셋이 되면서 세 가지 유전자는 돌연변이와 진화를 독자적으로 겪을 수 있게 되었다. 돌연변이와 자연선택을 통해서 몇 가지를 다듬은 뒤에, 이 옛 원숭이의 망막은 색깔을 감지하는 원뿔세포가 두 종류에서 세 종류로 늘었다. 우리를 비롯하여 이 원숭이의 모든 후손은 세 종류의 원뿔세포를 가지고 있는데, 이 형질을 삼색형 색각(trichromacy)이라고 한다.

삼색형 색각이 동물에게 유리한 이유는 원뿔세포가 (두 개가 아니라) 세 개 있으면 망막이 더 넓은 스펙트럼의 색깔을 볼 수 있기 때문이다. 유인원과 구세계 원숭이는 개, 고양이, 그리고 우리의 먼 사촌인 신세계 원숭이보다 훨씬 더 다양한 색깔을 보고 인식할 수 있다. 이렇게 향상된 색 지각은 우림 서식처에서 우리 조상들에게 매우 유리하게 작용했다. 수백만 년 전에 굴로 유전자가 망가졌기 때문에 이 원숭이와 유인원에게는 과일을 찾는 일이 매우 중요했는데, 색각이 부쩍 향상되자 무성한 숲에서 잘 익은 과일을 찾아내기가 훨씬 더 쉬워졌다. 우리의 뛰어난 시각은 방황하던 알루 인자로 인한 돌연변이 덕분이다. 이것이 진화의 묘미이다.

옵신 유전자의 중복과 그로 인한 삼색형 색각은 모두 일어나지 않을 법한 사건들이 잇따라 일어나면서 생겨났지만, 진화란 원래 그런 것이다. 말도 안 되는 일이 일어나는 것. 대부분은 나쁘지만, 좋을 때는 **정말로** 좋다.

4

호모 스테릴리스(*Homo sterilis*, 불임의 인간)

왜 사람은 여느 동물과 달리 여성의 배란기를 쉽게 눈치채지 못하여 아이를 가질 좋은 때를 알지 못할까, 왜 사람의 정자는 왼쪽으로 회전하지 못할까, 왜 모든 영장류 중에서 사람의 출생률이 가장 낮고 영아 및 모성 사망률이 가장 높을까, 왜 우리는 일찌감치 거대한 두개골을 가지고 태어날까 등등

진화의 전제 조건 중의 하나—어쩌면 가장 중요한 것—는 종이 번식할 수 있어야 한다는 것이다. 그것도 많이 말이다.

그것은 자연에서의 삶이 끊임없는 투쟁이기 때문이다. 우리를 제외한 모든 종은 대부분의 개체가 자식을 낳을 수 있는 나이까지 살아남지 못한다(우리가 예외인 것은 현대 의술 덕분이다). 이것이 다윈의 핵심 통찰 가운데 하나였다. 그는 모든 생물이 끊임없이 대량으로 번식하는데도 개체 수가 거의 일정하게 유지된다는 사실을 발견했다. 이것은 삶이라는 경기장에서 대부분의 개체가 패배한다는 뜻이다.

종이 생존하고 경쟁할 기회를 얻는 유일한 방법은 새끼를 많이 낳는 것이다. 어떤 종은 적게 낳아서 잘 돌보는가 하면 또 어떤 종은 엄청나게 많이 낳지만 전혀 돌보지 않는다. 그러나 어떤 종이든 왕성한 번식은 개체의 삶에서 중요한— 어쩌면 궁극적인—목표이다. 우리는 모두 자신의 숫자를 불리려는 충동을 타고났다. 그것이 야말로 종이 생존하는 유일한 방법이다.

물론 살아 있는 생물이—심지어 인간도—실제로 번식을 이런 목표 지향적 관점에서 바라보는 것은 아니다. 우리가 자식의 생존을 바라는 것은 우리의 유전자를 후손에게 남기려는 의식적 욕망 때문이 아니라 부모로서 느끼는 깊숙한 본능적 충동 때문이다. 하지만 우리가 유전자를 전달하고 싶어하도록 생겨먹었다는 것은 엄연한 사실이다.

살아 있는 존재가 유전적 유산을 남길 수 있는 확실한 방법은 하나뿐이다. 그것은 적어도 한두 마리의 새끼가 살아남아서 그들도 새끼를 낳도록 하는 것이다. 많은 새끼가 죽을 것이라는 점은 사실상 기정사실이다. 포식자나 경쟁자의 손에 죽지 않으면 감염병에 걸려서 죽을 것이다. 따라서 치열한 자연선택 와중에 모든 동물은 극도의 번식 욕구에 사로잡힌다.

인간이 지구상의 나머지 모든 종을 이긴 것으로 보건대 여러분은 우리가 번식이라는 문제에 완전히 통달했으리라고 생각할지도 모르겠다. 하지만 인간의 생식은 실제로는 비효율적이다. 아니, **지독하게 비효율적이다.** 우리는 동물의 세계에서 가장 비효율적으로 번식하는 축에 든다. 정자와 난자의 생산에서 자녀의 생존에 이르기까지의 번식 과정 거의 전부에 오류와 결함이 있기 때문이다. 내가 이것을 비효율적이라고 묘사한 이유는 한 쌍의 포유류가 새끼를 인간보다 훨씬 더 많이, 능숙하게 낳을 수 있기 때문이다. 중성화를 하지 않은 고양이 두 마리는 1~2년 만에 수백 마리를 번식할 수 있다. 하지만 사람 두 명은 2년이 지나도 기껏해야 한 명이 고작이다. 물론 사람은 임신과 성숙에 더 오랜 시간이 걸리지만, 이것이 유일한 제약은 아니다.

우리의 가장 가까운 친척을 비롯한 여느 포유류의 생식 능력을 보건대 인간의 비효율적인 생식은 무척 이례적이다. 신기하게도 그 이유에 대한 설명은 거의 찾아볼 수 없다. 몇 가지 문제에 대해서는 원인을 이해하고 있지만 대부분은 여전히 수수께끼이다. 인간의 생식 문제는 한두 가지가 아니다.

전 세계 인구가 70억 명이 넘어가는 지금, 우리가 아기 낳는 일에 그토록 비효율적이라니 믿기 힘들 것이다. 하지만 어떤 측면에서는 이 방면에서의 단점이 우리의 대단한 진화적 성공을 더더욱 돋보이게 한다.

난산

생식 비효율을 하나의 거창한 문제 탓으로 돌리는 것은 솔깃한 발상이다. 이를테면 뇌가 커서 두개골이 커지고 이 때문에 분만이 산모와 태아 둘 다에게 위험하다고 설명하는 식이다. 그러나 문제는 그렇게 간단하지 않다. 정자와 난자의 생산에서 태아의 생존에 이르는 전체 생식 과정은 인간 생식계통의 온갖 설계 결함을 보여주는 문제들로 가득하다. 생식계통의 사실상 모든 측면에서 인간은 우리가 아는 어떤 포유류보다 부실하다. 이 점에서 우리는 무엇인가가 심각하게 잘못되었다.

이 비효율이 어떤 식으로든 적응적이라고 주장할 수도 있을 것이다. 인구 증가를 억제하는 등의 목적이 있을지도 모르니까. 이 가능성을 잠깐 언급하기는 하겠지만, 정말 그렇다면 그것은 무척 암울한 타협일 것이라는 점을 염두에 두기 바란다. 다른 종은 똑같은 목표를 훨씬 더 우아한 방법으로 달성했으니 말이다. 이를테면 조력자 늑대는 스스로의 번식을 포기하고 친족을 돌보지만, **몸**에는 잘못된 구석이 전혀 없다. 생식을 위한 해부 구조는 지극히 멀쩡하다. 일부 늑대가 독신을 선택하는 것은 사회 구조 때문이다. 무리의 우두머리 늑대가 죽거나 패배하면 선택은 얼마든지 번복될 수 있다.

그러나 사람은 그렇지 않다. 많은 사람들에게 불임은 선택의 결과가 아니며, 종종 의술의 도움 없이는 해결할 수 없다(이런 의술은 대부분 최근에 발전했다). 게다가 불임 때문에 좌절과 고통을 겪은 사람을 조력자 늑대—또는 일벌이나 일개미처럼 집단을 위해서 자신의 번식 기회를 희생하는 생물—와 비교하는 것은 생물학적으로 부적절할 뿐만 아니라 잔인한 처사이다. 이런 사람의 수가 **수백만 명**을 헤아린다. 어처구니없을 만큼 많은 사람들이 일정 기간이든 영구적으로든 생식에 어려움을 겪는다.

이 사실이 더더욱 어처구니없는 것은 불임이 유전되며—이것이 얼마나 씁쓸한 역설인지 곱씹어보기를—대개는 안팎으로 어떤 증상도 나타나지 않는다는 데에 있다. 일벌과 조력자 늑대는 자신의 역할과 그에 따른 생식 기회의 박탈을 알고 있으며 그것은 동료들도 마찬가지이다. 이에 반해서 사람은 임신을 시도하기 전까지는 자신이 불임인지를 까맣게 모른다.

이런저런 이유로 임신과 출산에 어려움을 겪은 사람이 여러분 주위에도 한두 사람은 꼭 있을 것이다. 지역에 따라서 불임을 정확히 어떻게 정의하느냐에 따라서 다르기는 하지만, 대부분의 조사에서는 임신을 시도하는 커플의 7-12퍼센트가 지속적인 어려움을 겪는다고 추산한다. 불임은 남녀 모두에게 흔하며, 임신을 시도하는 커플 가운데 두 사람 다 불임인 경우도 약 25퍼센트에 이른다.

겪어본 사람은 알겠지만 불임은 정신 건강에 유별나고도 심각한 영향을 미친다. 신체적으로 훨씬 더 고통스러운 질병은 수백 가지가 있지만, 불임만큼 정서적인 고통을 일으키는 것은 없다. 아이를 낳을 수 없으리라는 생각만으로도 많은 사람들은 가슴이 무너진다. 대다수 사람들은 아이를 낳으려는 욕구가 있으며, 이것이 좌절되면 뼈에 사무치는 고통을 느끼고 활력과 자신감이 산산조각 난다. 아무리 매정한 사람이라도 불임을 당사자 탓으로 돌리지 않을 텐데도 말이다.

온갖 오명과 수치가 불임을 따라다니지만 우리는 살면서 한 번은 불임을 겪는다. 물론 내가 말하는 불임은 성 성숙에 도달하기 전을 말한다. 이 시기를 일반적인 불임으로 간주하지 않을 수도 있겠지만, 종의 번식만 놓고 보자면 결과는 성인 불임과 매우 비슷하다.

무엇보다 인간은 나머지 대다수 포유류에 비해서—심지어 가장 가까운 친척에 비해서도—늦게 성숙한다. 인간은 침팬지보다 평균 2-3년 늦게, 보노보와 고릴라보다는 4-5년 늦게 성숙한다. 물론 여기에는 그럴 만한 이유가 있다. 태아의 머리 크기를 감안하면 여성의 골반은 분만 중에 태아의 머리가 통과할 수 있을 만큼 골반이 커야 한다. 몸집이 작은 산모는 분만 중에 죽을 확률이 평균보다 극단적으로 높다(여기에 대해서는 나중에 설명하겠다). 하지만 이것으로는 남성의 사춘기가 늦는 이유를 설명할 수 없다. 남성은 심지어 여성보다도 사춘기가 늦지만 이것은 종의 생식 능력에 대체로 아무런 영향을 미치지 않는다. 남성과 그들의 정자는 결코 인류의 생식을 제한하는 요인이 아니다. 많은 또는 대다수의 남성이 불임이더라도 마찬가지이다.

이에 반해서 여성의 사춘기가 여느 영장류보다 늦은 것은 인간의 생식 효율을 낮춘다. 이것은 사춘기가 지연되면 여성이 생식 가능 연령에 도달하기 전에 죽을 가능성이 커지기 때문이다. 인류가 홍적세에 살고 죽을 때, 심지어 석기시대와 현생 인류의 초기에 살았을 때에도 야생에서의 삶에서는 느닷없고 비극적인 죽음이 비일비재했음을 명심해야 한다. 이 말은 여성이 생식하는 시기가 한 해 감소할 때마다 자식을 한 명도 남기지 못하고 죽을 가능성이 증가했다는 뜻이다. 오늘날에야 대수롭지 않은 일이지만, 예전에는 인류의 생존에 심각한 위협이었을 것이다. 현대 의술이 등장하기 전에는 사망률이 지금처럼 노년기에만이 아니라 전 생애에 걸쳐서 매우 높았다. 인류 역사에서 대부분의 기간에 많은 사람들이 젊은 나이에 죽었으며, 따라서 자녀를 남기지 못했다.

그러므로 성 성숙 연령은 생식 능력의 중요한 제약 요인이다. 이 현상은 인간뿐만 아니라 모든 종에서도 마찬가지이다. 이를테면 어떤 멸종 위기종을 최우선적으로 보호해야 할지 결정할 때에 성 성숙 연령은 중요한 고려 사항이다. 참다랑어가 종종 보호종으로 분류되는 것은 수십 년에 걸친 남획 때문만이 아니라 암컷이 스무 살에야 성 성숙 연령에 도달하기 때문이다. 따라서 남획으로 급감한 개체 수가 복원되려면 매우 오랜 시간이 걸린다.

그러나 사람은 수명에서 생식 이전 시기가 길어진—심지어 성 성숙에 도달한 이후로—것으로도 모자라서 유전자 전달의 가장 중요한 매체인 양호한 정자와 난자를 만드는 데에도 종종 어려움을 겪는다.

남성부터 살펴보자. 질병통제예방 센터의 2002년 조사에 따르면, 45세 미만 남성의 약 7.5퍼센트가 불임 담당 의사를 찾아간 적이 있었다. 이들 대다수는 뚜렷한 문제가 발견되지 않아 "정상"으로 진단받았지만 약 20퍼센트는 정자나 정액이 기준 미달이어서 전통적 방식의 생식이 매우 힘들거나 불가능했다.

정상적인 정자는 경이로운 꼬마 수영 선수이다. 인체세포 중에서 가장 작은 축에 들지만 빠르기는 단연 으뜸이다. 질에 분출된 정자가 난자에 도달하려면 약 17.5센티미터를 헤엄쳐야 한다. 정자 자체는 길이가 0.0055센티미터(55마이크로미터)에 불과하기 때문에, 17.5센티미터는 몸길이의 3,000배를 넘는 어마어마한 길이이다. 사람으로 치면 30킬로미터 이상을 달려야 하는 셈이다. 더 인상적인 사실은 정자가 초속 약 1.4밀리미터로 헤엄친다는 것이다. 사람으로 치면 시속 40킬로미터로 달리는 셈이다. 그러면 30킬로미터를 약 45분에 주파할 수 있다. 세계에서 가장 빠른 남자 우사인 볼트가 이 속도를 한 번에 몇백 미터밖에 유지하지 못하는 것을 생각하면 정자의 운동 능력은 더더욱 인상적이다.

그러나 남성의 정자가 질에서 나팔관까지 이동하는 데에는 45분보다 훨씬 더 오랜 시간이 걸린다. 이것은 임의의 방향으로 헤엄치느라고 시간을 낭비하기 때문이다.

사람의 정자는 왼쪽으로 회전하지 못한다. 이것은 정자의 추진 시스템이 코르크스크루(corkscrew)의 성질을 가졌기 때문이다. 정자는 채찍처럼 생긴 꼬리를 앞뒤 좌우로 흔드는 것이 아니라, 마치 검지손가락으로 허공에 원을 그리듯이 코르크스크루 모양으로 빙글빙글 돌린다. 대다수 정자는 오른쪽 나선 방향으로 꼬리를 돌리기 때문에 앞쪽과 오른쪽으로 움직여서 결국 점점 더 큰 원을 그리며 헤엄친다. 이 때문에 나팔관에서 수정을 기다리는 난자를 만나기까지 사흘이 걸리기도 한다. 목표 지점 근처에라도 도달하는 정자는 극소수에 불과하다. 이것은 남성이 정자를 그토록 많이 배출하는 이유 중의 하나이다. 한 마리가 목적지에 도착하려면 약 2억

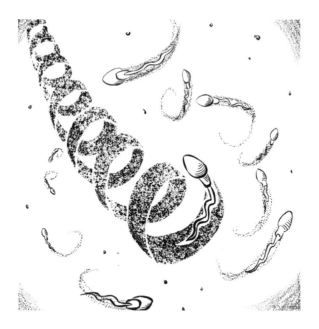

정자는 코르크스크루 형태로 운동하기 때문에, 오른쪽으로 원을 그리며 전체적으로 임의의 궤적을 그린다. 이런 이유로, 정자가 나팔관까지의 매우 짧은 거리를 이동하려면 실제로는 엄청나게 긴 경로를 주파해야 한다.

마리가 출발해야 한다.

　정자 수 부족은 남성의 가장 흔한 불임 원인이다. 남성의 1-2퍼센트가 이에 해당한다. 이들은 사정할 때마다 정자를 1억 마리"밖에" 배출하지 못한다. 정액의 양은 사람마다 천차만별이기 때문에 정자 수는 대개 1밀리미터당 마릿수로 측정한다. 건강한 정자 수가 몇 마리인지에 대해서 의학계의 의견이 항상 일치하는 것은 아니지만, 평균은 밀리리터당 약 2,500만 마리이다. 1,500만 마리 이하는 낮음, 500만 마리 이하는 매우 낮음으로 분류된다. 정자 수가 이에 해당하는 남성은 통상적인 방법으로 수정할 가능성이 극히 희박하다. 정자 수가 부족한 이유는 호르몬 때문일 수도 있고 해부 구조 때문일 수도 있으며, 의약품 복용과 더불어 생활 습관이나 식생활을 바꾸면 건강한 정자 수를 회복할 수도 있다. 그러나 식생활과 생활 습관을 바꾸어서 늘릴 수 있는 정자 수는 대부분의 경우 별로 많지 않다.

정자의 문제는 수가 적다는 것만이 아니다. 정자의 운동성이 낮을 수도 있고(느리다는 뜻), 형태가 부실할 수도 있고(기형이라는 뜻), 활력이 낮을 수도 있다(죽은 것이나 진배없다는 뜻). 정액의 산도(酸度)나 점도(粘度), 액화(液化) 시간이 비정상이어도 수정이 힘들어질 수 있다. 한마디로 오만 가지 문제가 생길 수 있다.

여성도 난자의 생산과 배출에서 비슷한 문제를 겪는다. 여성의 생식계통은 남성보다 훨씬 더 복잡하기 때문에 문제에 더 취약하다. 대다수 문제는 자궁에서 발생해서 임신 지속 능력을 떨어뜨리지만, 건강한 난자를 배출하는 것 자체가 힘든 여성도 있다.

여성 불임의 약 25퍼센트는 건강한 난자를 배란하지 못하는 것에서 비롯한다. 몇 가지 유전적, 호르몬적 증후군이 범인으로 지목되기도 했지만 대부분은 원인을 알 수 없다. 다행히도 현대 과학은 여성의 생식 주기를 정상으로 회복하는 과제에서 상당한 성과를 거두었다. 체내 호르몬이 제 역할을 하지 못하더라도 호르몬을 제때 주입하면 많은 여성에게서 배란을 유도할 수 있다. 이 치료법은 효과가 매우 좋아서 난자가 한 번에 두 개 이상 배란되기도 한다. 이 때문에 유럽과 북아메리카에서는 이란성 쌍둥이가 부쩍 늘었다.

예비 부모 둘 다 건강한 정자와 난자를 만들어서 배출하더라도 임신은 결코 보장할 수 없다. 무엇보다 배란일을 신중하게 계산하지 않으면 성공하지 못한다. 일반적인 28일 월경 주기에서는 가임기가 기껏해야 사흘밖에 되지 않으며 가능성이 더 높은 기간은 24-36시간에 불과하다. 이 말은 완벽한 생식력을 갖춘 커플도 몇 달을 시도해야 수정에 성공할 수 있다는 뜻이다.

정확한 타이밍을 가로막는 가장 큰 걸림돌은 인간의 배란이 완전히 은폐된다는 사실이다. 남성도 여성도 언제 배란이 이루어지는지 확실히 알지 못한다. 이것은 기본적으로 유인원을 비롯한 나머지 모든 포유류 암컷과 뚜렷이 대조된다. 다른 암컷들은 발정기가 되면 요란하게 티를 낸다. 물론 다른 동물은 발정기가 아닐 때에도 교미를 많이 하는데, 이것은 교미의 기능이 생식 말고도 여러 가지(이를테면 유대감을 강화하는 것)가 있음을 잘 보여준다. 그러나 새끼를 낳는 것이 목표라면, 수정에 가장 알맞은 시기가 뚜렷이 드러나는 것이 편할 수밖에 없다.

은폐된 배란은 왜 호모 사피엔스에게만 있을까? 은폐에는 적응적 목적이 있을지도 모른다. 여성이 언제 배란하는지를 남성이 알지 못하면, 남성은 자식이 자신의 씨임을 확신하기 위해서 여성 곁에 늘 붙어 있어야 한다. 배란이 명백히 드러나면 우두머리 수컷은 배란 중인 모든 암컷과 교미하여 자신의 유전자를 널리 퍼뜨릴 뿐, 암컷 곁에 머물며 새끼에게 투자하지 않을 것이다. 따라서 은폐된 배란 덕분에 인간은 더 오래 지속되는 유대 관계를 맺을 수 있었으며 자식에 대한 부모의 투자도 향상되었다. 하지만 여기서도 우리 몸의 특징이 버그로 작용하는데, 은폐된 배란 때문에 인간 생식의 비효율이 엄청나게 커지기 때문이다. 여느 동물은 발정기를 정확하게 알지만 인간은 추측하는 수밖에 없다.

대다수 포유류는 수정 성공률이 어찌나 높은지 암컷은 교미 직후에 저절로—실제로 임신하지 않았더라도—임신 주기에 돌입한다. 이를테면 토끼와 생쥐는 정관을 절제한 수컷을 암컷과 교미시키더라도 암컷의 자궁이 새끼의 발달을 위해서 영양을 공급할 준비를 하는데, 이를 거짓 임신(pseudopregnancy)이라고 한다. 이런 동물은 암컷이 발정기에 교미했을 때에 생식 성공률이 어찌나 높은지, 아예 몸에서 수정이 일어났다고 **간주하는** 것이다.

만일 여성이 가임기에 성관계를 할 때마다 임신하면 인간도 토끼만큼 왕성하게 번식할 것이다. 그러나 정자와 난자가 건강하고 정자가 난자를 찾아내고 수정이 이루어지더라도 임신이 제대로 되리라는 보장은 전혀 없다. 수정 이후에도 여러 단계에서 오류가 일어나기 십상이다.

미국 산부인과학회에 따르면, 인지된 임신의 10-25퍼센트는 초기(13주일)에 자연유산으로 끝난다. 이것은 **인지된** 임신만 감안한 것이므로 실제 수치는 훨씬 더 클 것이다. 체외 수정 연구를 통해서 염색체 오류를 비롯한 유전적 재앙이 엄청나게 흔하며, 이것이 임신 인지 이전에도 위험 요인이 될 수 있음이 밝혀졌다. 발생학자들의 추산에 따르면, 정자와 난자가 정상적인 경우에도 모든 수정의 30-40퍼센트에서 배아가 자궁벽(子宮壁)에 달라붙지 못하는 일이 발생하거나 그 직후에 자연유산이 일어난다.

임신 초기의 자연유산을 면하면 아기를 잃을 위험이 낮아지기는 하지만 완전히 없어지지는 않는다. 임신이 13주일 차에 이르렀어도 그중 3-4퍼센트는 20주일 차가 되기 전에 유산으로 끝난다. 20주일 차가 지나면 유산이 아니라 사산(死産)이라고 부르는데, 확률이 1퍼센트 미만으로 낮아진다. 인간 접합자(接合子, zygote, 두 배우자의 결합에 의하여 생긴 세포/옮긴이)의 무려 **절반**이 며칠이나 몇 주일 이상을 버티지 못하는 것이다. 솔직히 해마다 도토리 수천 개를 떨어뜨려서 어린나무 한두 그루를 건지는 상수리나무보다 인간이 과연 효율적인지 의심이 들 때도 있다.

인간의 생식에서 가장 두드러진 사실은 모든 유산의 최대 85퍼센트가 염색체 이상 때문에 일어난다는 것이다. 염색체 이상은 새 배아의 염색체가 더 있거나 덜 있거나 망가진 것을 말한다. 계산을 해보면 인간의 정자와 난자가 합쳐져서 생긴 배아가 올바른 개수의 멀쩡한 염색체를 가질 확률은 약 3분의 2에 불과하다. 유산의 나머지 15퍼센트는 척추 갈림증이나 물뇌증 같은 여러 선천성 질병 때문에 일어난다.

물론 염색체 문제와 선천성 기형은 애초에 여성이 임신을 한 이후의 문제이다. 때로는 거기까지 가지도 못한다. 심지어 건강한 정자가 건강한 난자를 제때에 적소에서 만나고, 염색체가 과하지도 않고 모자라지도 않게 정확히 융합되어 접합자를 만들어서 만사가 순조롭게 진행되더라도, 그냥 임신이 되지 않을 수도 있다. 왜 그런지는 수수께끼이다. 이것을 착상 실패(failure to implant)라고 하는데, 놀랍도록 흔히 일어난다. 이것은 발달 중인 배아가 자궁벽에서 떨어져 나와서 영양 결핍으로 죽는 현상이다.

배아가 착상하는 데에 성공하더라도 몸이 월경을 중단하도록 만들지 못할 때도 있다. 그러면 자궁내막(子宮內膜, 배아가 살고 자라는 자궁 속 막과 기질)이 떨어져 나가지 않도록 하는 첫 번째 과제에 실패하게 된다. 착상한 지 열흘가량 뒤에 다음 월경이 시작되므로 배아는 곧장 인간융모생식샘 자극 호르몬(human chorionic gonadotropin, HCG)을 분비함으로써 자궁내막을 보존하여 월경을 막는다. 그러면 배아는 목욕물과 함께 버려지지 않고 계속 자랄 수 있다. 인간융모생식샘 자극 호르몬을 충분히 분비하지 못해서 월경 때에 쓸려나가는 배아도 많다. 완벽하게 건강한, 발달 중인 배아가 아무런 이유 없이 월경혈과 함께 나오는 것이다.

정확히 알 수는 없지만 완벽하게 건강한 접합자 중에서 착상하지 못하거나 월경을 막지 못하는 비율은 낮잡아도 약 15퍼센트로 추산된다(알려진 이유로 실패하는 3분의 1의 접합자는 별개이다). 알려진 이유가 전혀 없이 임신에 실패한 커플 중에 일부는 사실 접합자가 무난히 착상했지만 배아가 자궁에 자리를 잡지 못한 것일 수도 있다.

생식계통의 이 결함들은 수정을 시도하는 커플에게는 더더욱 분통 터지고 고통스러운 일이다. 게다가 이것들은 모두 특징이 아닌 버그이다. 완벽히 건강한 배아가 자연유산되거나 건강해 보이는 생식기관에서 애초에 임신이 일어나지 않는 데에는 어떤 이점도 없다.

수정과 건강한 임신을 시도하는 커플이 겪는 이 모든 난관을 감안하면 누군가가 임신에 성공한다는 것 자체가 놀라운 일이다. 그러나 임신에 성공하더라도 마지막 위험이 기다리고 있다.

사산

염색체 개수가 정확하고 제대로 착상하고 임신 기간 내내 올바르게 발달한 배아는 생식의 마지막 걸림돌을 넘어야 한다. 그것은 사산이다. 고맙게도 현대 의술의 발전으로 사산의 위험이 부쩍 감소하기는 했지만, 예전에는 그렇지 않았다. 인류 역사를 통틀어서 분만은 엄청나게 위험한 일이었으며 많은 태아가 목숨을 잃었다(산모도 많이 죽었지만 이 이야기는 나중에 하겠다).

분만 중에 죽는 태아의 비율을 나타내는 전 세계적 통계는 없다. 그 대신 생후 1년—분만부터 첫 돌까지—이내에 사망하는 아기의 비율인 **영아 사망률**(infant mortality rate)을 조사한다.

2014년 현재, 한 나라를 제외한 모든 주요 선진국의 영아 사망률은 0.5퍼센트 미만이다.[1] 유일한 예외는 0.58퍼센트인 미국으로, 쿠바, 크로아티아, 마카오, 뉴칼레도니아보다 영아 사망률이 높다(이 것은 주로 미국 의사들의 두 가지 관행 때문이다. 하나는 자연적인 분만 과정을 인위적으로 앞당기는 의학적 유도 분만이고, 다른 하나는 제왕절개의 남용이다. 미국에서 제왕절개를 이토록 자주 하는 이유가 무엇일까? 변호사 때문이다. 의사들은 제왕절개가 필요한 경우에 수술을 하지 않았다가 소송을 당할까봐 우려한다. 그러나 비극적이게도 이 침습적[侵襲的] 개복수술은 그 자체로 여러 가지 치명적인 합병증을 일으킨다). 이에 반해서 일본의 영아 사망률은 0.20퍼센트이며 모나코는 0.18퍼센트이다.

물론 위험도가 비교적 낮기는 하지만 분만은 여전히 우리의 삶에서 가장 위험한 순간 중의 하나이다. 현대 의술이 보급되지 못한 지역은 아직도 영아 사망률이 높은데, 이는 인간의 생식계통이 얼마나 완벽과는 거리가 먼지를 보여준다. 이를테면 유엔의 추산에 따르면, 현재 아프가니스탄의 영아 사망률은 11.5퍼센트에 이른다. 말리는 10.2퍼센트이다.

선진국 독자들에게는 두 나라의 영아 열 명 중에서 한 명이 첫 돌을 넘기지 못한다는 사실이 충격일 것이다. 하지만 영아 사망률이 5퍼센트를 웃도는 나라가 30개국을 넘는다(전부 아프리카나 남아시아에 있다).

과거를 돌아보면 심지어 가장 부유한 나라들의 영아 사망률도 지금보다 훨씬 더 높았다. 이를테면 1955년 미국에서는 영아의 3퍼센트 이상이 첫 돌을 맞지 못했다. 오늘날보다 여섯 배 높은 수치이다. 1955년의 가난한 나라들은 지금보다 상황이 훨씬 더 열악했다. 1955년 영아 사망률이 15퍼센트를 넘은 나라가 수십 개국이었으며 몇몇 나라는 20퍼센트를 넘었다!

우리 어머니는 다섯 명의 자녀를 낳았는데, 첫 번째 분만을 한 때는 1960년대 중엽이었다. 어머니가 10년 전에 네팔이나 예멘에 살았다면, 자녀가 전부 살아남았을 가능성은 희박하다(막내인 나로서는 아찔한 일이다). 이 높은 영아 사망률이 석기시대가 아니라 살아 있는 사람들의 기억 속에 남아 있는 시기의 일이라는 것을 생각하면 더더욱 심란하다. 그러니 선사시대에는 어땠겠는가?

이 안타까운 상황은 인간 아닌 영상류나 어떤 포유류에서도 보편적이지 않다. 염색체 오류와 착상 실패는 우리의 유인원 친척들에게서도 높을지 모르지만, 유산과 사산, 분만 중 태아 사망은 다른 동물, 특히 영장류에게서는 매우 드물다. 야생동물의 영아 사망률을 정확히 측정하기는 힘들지만, 나머지 유인원의 경우 1-2퍼센트로 추정된다. 이 동물들의 분만 과정은 현대 미국인보다는 몇 배 위험하지만 말리나 아프가니스탄 사람들이나 1950년 이전의 미국인보다는 몇 배 덜 위험하다. 또한 우리가 지금 야생 유인원에 대해서 말하고 있음을 명심하라. 자연 서식처에서 태어나는 동물은 포획 상태에서 태어나는 동물보다 대체로 훨씬 더 양호하다.

달리 말하자면 초음파와 태아 검사, 항생제, 인큐베이터, 인공호흡기, (물론) 전문 의사와 산파를 모두 동원하여 낮춘 인간 영아 사망률이 대다수 종의 자연 영아 사망률 수준과 맞먹는다.

인간의 분만이 다른 포유류와 이토록 엇박자인 이유 중의 하나는 인간 태아가 너무 일찍 태어난다는 것이다. 이것은 인간의 두개골이 크고 여성의 엉덩이가 상대적으로 좁기 때문이다. 인간은 뇌가

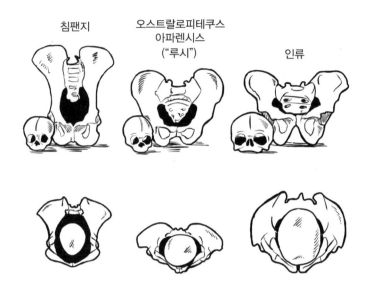

침팬지　　　오스트랄로피테쿠스
　　　　　　　　아파렌시스
　　　　　　　　("루시")　　　　　인류

(왼쪽에서 오른쪽으로) 침팬지, ("루시"로 유명한) 오스트랄로피테쿠스 아파렌시스, 현생 인류의 암컷 골반 크기와 태아의 머리 크기를 상대적으로 나타낸 것. 인간 태아의 커다란 두개골은 어머니의 산도(産道)에 꽉 끼는데, 이것은 태아와 산모의 사망이 인간에게는 흔하지만 다른 유인원에게는 드문 중요한 이유 중의 하나이다.

훨씬 커서 완전한 잠재력에 도달하려면 더 많은 시간과 인지 발달을 요함에도 불구하고, 인간의 임신 기간은 침팬지나 고릴라와 비슷하다. 하지만 여성의 골반 크기 때문에 자궁 안에서 태아의 머리가 커지는 데에는 한계가 있다. 머리가 너무 커지면 나올 수 없어서 태아와 산모 둘 다 목숨을 잃을 수 있다. 타협안은 임신 기간을 줄여서 태아를 준비되지 않은 상태로 낳는 것이다.

　우리는 기본적으로 모두 미성숙한 채로 태어난다. 미성숙하고 완전히 무력한 채로 말이다. 인간 태아가 스스로 할 수 있는 유일한 일은 빼는 것인데, 약 5퍼센트는 그마저도 하지 못한다. 이 또한 대다수 포유류와는 무관하다(유대류[有袋類]가 예외이기는 한데, 녀석들은 주머니에서 발달을 마무리하는 편법을 쓴다). 소, 기린, 말과 같은 포유류의 새끼는 태어나자마자 뛰어다닌다. 어미의 배 속에서 나오면 거의 즉시 돌아다니는 것이다. 돌고래와 고래는 물속에서 태어나는데, 조금도 머뭇거리지 않고, 또한 전혀 또는 거의 힘들어하지 않고 수면으로 헤엄쳐서 첫 숨을 들이마신다. 그러나 인간은 1년도 더 지나야 혼자 힘으로 돌아다닐 수 있으며 그동안은 온갖 위협에 취약하다.

인간 영아가 이토록 무력한 것을 보면 틀림없이 여기에 어떤 이유가 있을 것만 같다. 아마도 그 이유는 인류가 일반적으로 아기를 만들어내는 데 이토록 서툰 것도 설명할 수 있을 것이다. 실제로 인간의 생식과 관련한 수많은 문제들은 다른 포유류의 생식과 너무나 뚜렷이 대조되기 때문에, 일부 생물학자들은 이것이 인간 태아의 무력함에 대한 적응 반응일지도 모른다고 생각했다.

이 과학자들의 논리는 부모가 다시 생식하기 전에 아기에게 시간과 돌봄을 줄 수 있도록 생식 지연(reproductive slowdown)이 필요했으리라는 것이다. 이 관점에 따르면 우리의 생식 문제들은 저주가 아니라 축복이다. 사실상 임신 횟수를 줄이는 효과가 있어서 일단 출생에 성공한 아이는 성공적으로 살아갈 가능성이 커진다. 부모의 돌봄을 독차지하는 기간이 길어지기 때문이다. 말하자면 인간의 생식률이 전반적으로 낮은 것은 무력한 태아가 두 발로 설 수 있을 때까지 부모가 관심을 가지도록 하기 위한 자연의 계획인지도 모른다.

이 논리에는 딱 한 가지 문제가 있다. 자연이 인간 자녀의 터울을 늘리고 싶었다면, 왜 죽음과 잘못된 출발처럼 고통스럽고 에너지가 많이 드는 방법을 선택했을까? 여성의 몸이 분만 후에 가임 능력을 회복하기까지의 시기를 늦추는 방법이 훨씬 더 수월하지 않을까? 우리의 가까운 친척을 비롯하여 많은 종들이 이 방법을 쓴다. 고릴라는 평균 터울이 4년이다. 예외는 젖먹이가 죽었을 때인데, 그러면 거의 즉시 발정기가 시작된다. 침팬지는 평균 터울이 5년 이상이며 일부 오랑우탄은 거의 8년에 이른다![2] 이 유인원들은 양육—주로 젖먹이기—을 하는 동안 배란-월경 주기가 중단되어 합리적인 방법으로 터울을 조절한다. 어미와 아비는 새끼를 필요한 기간에 얼마든지 돌볼 수 있다.

인간은 그렇지 않다. 끊임없이 아기를 낳으면서 최상의 결과를 기대한다. 우리의 가까운 친척들은 모두 분만 후에 가임 지연 기간이 더 길기 때문에 우리의 공통 조상도 그랬을 가능성이 있다. 말하자면 우리가 이상한 것이다. 즉, 인간은 진화사를 통해서 여성의 임신 터울이 **감소했다**. 이렇게 해서는 무력한 태아의 문제가 오히려 **가중된다**. 먼저 낳은 아기의 젖떼기를 하느라고 그렇지 않아도 고생하는 부모의 품에 또다른 아기를 안기는 셈이니 말이다.

여성이 가임 능력을 신속히 회복하는 이유에 대한 주된 설명은 인간 집단이 커지면서 부모 육아가 공동 육아로 발전했다는 것이다. 대규모 확대 가족이 집단적으로 아이를 기르면 부모의 부담이 줄어서 여성이 다음 임신을 미룰 필요가 없기 때문이다. 게다가 인간 조상들의 지능과 의사소통, 협동이 증가하면서 수렵과 채집의 효율이 커진 덕분에 일부 여성은 육아에만 집중할 수 있게 되었다. 이 학설을 내세우는 사람이 대부분 남성이라는 사실은 놀랄 일이 아니다.

연구자들이 성차별적 함의만을 가지고 가설을 배격하지는 않지만, 이 가설을 거부할 이유는 그것만이 아니다. 이를테면 이 가설은 터울 감소만을 설명한다는 점에서 미흡하다. 인간은 생식 과정 전체에서 문제를 겪는다. 지난 수백만 년에 걸친 인류의 발전 덕분에 가임력이 증가했다면, 터울을 제외한 가임력의 모든 측면은 왜 악화되었을까?

내 생각에 여성이 분만 후에 가임력을 빨리 회복하는 것은 은폐된 배란의 진화가 낳은 우연한 부산물이다. 배란이 은폐되고 지속되면서 성관계 횟수가 증가했으며—남성과 여성 둘 다 여성의 가임 여부를 알 수 없었으므로—이는 가족의 유대감과 부모의 투자를 증진했다. 그러나 관계를 많이 하면 수정도 많이 된다. 이 행운이 효과를 발휘한 것은 앞에서 언급한 태아 두개골 크기의 증가로 인해서 영아 사망률이 증가했기 때문이다. 인간 태아는 여느 유인원 태아에 비해서 훨씬 더 흔하게 죽었으므로 높은 출생률이 이 손실을 상쇄했다.

터울 감소가 어떻게 진화했든지 간에 이것과 높은 영아 사망률을 결합한 것은 (인류의 생식계통을 설계한 힘이 무엇이든) 너무나 부실한 계획이다. 그러나 놀라운 일은 아니다. 진화는 계획하지 않기 때문이다. 진화는 무작위적이고 엉성하고 부정확하며 무정하다.

목숨을 건 분만

물론 분만 중에 위험을 겪는 것은 태아만이 아니다. 산모도 분만 중에 죽을 수 있으며 실제로도 죽는다. 다시 말하지만 현대 의술은 이 위험을 매우 효과적으로 경감했다. 이를테면 2008년 미국에서는 모성 사망률이 생존 출생 10만 건당 24건에 불과했다(충격적이게도 이것은 2004년의 20건, 1984년의 9.1건보다 증가한 수치이다. 주된 이유는 앞에서 설명한 제왕절개의 남용이다). 하지만 개발도상국에서는 모성 사망률이 여전히 높다. 2010년 소말리아에서는 모성 사망률이 생존 출생 10만 건당 1,000건에 이르렀다. 이는 전체 출생의 1퍼센트에 해당한다. 개발도상국의 출생률이 훨씬 더 높은 것을 감안하면 여성이 일생에 걸쳐서 분만 중에 사망할 전체 확률은 약 16분의 1이다. 대다수 소말리아인은 일생 동안 여러 명의 여성을 분만 중에 잃는다.

수백 년 전의 모성 사망률이 어느 정도였는지는 커다란 논란거리이다. 고대, 선사시대, 농업 이전 시대는 말할 것도 없다. (소말리아를 비롯한) 여러 나라들의 현재 모성 사망률을 감안하면, 1-2퍼센트가 가능한 **최저** 수치일 것이다. 따라서 과거에는―오늘날 일부 지역에서와 마찬가지로—분만이 무척 위험한 경험이었다. 인류가 존재한 대다수 기간에 출생이 주요한 사망 원인이었다고 말해도 과언이 아니다. 여성의 경우 두 번째 사망 원인은 출산이었다.

이 또한 인간 고유의 현상이다. 야생의 영장류 어미는 의료 개입의 혜택 없이도 인간보다 안전하게 분만한다. 침팬지, 보노보, 고릴라를 비롯한 우리의 영장류 사촌 중에서 분만 중에 암컷이 죽었다는 이야기는 들어본 적이 없다. 이 위험은 인간만이 겪는다.

산모에게 특히 위험한 것은 태아가 머리 대신 발부터 나오는 볼기 분만(breech birth)이다. 물론 볼기 태위(胎位)로도 아기를 낳을 수는 있지만 훨씬 더 힘들다. 의료의 도움이 없다면 태아와 산모의 사망률이 둘 다 높아진다(추정치의 편차가 크기는 하지만 볼기 분만으로 인한 사망이나 위해의 위험이 산모의 경우 세 배 이상, 태아의 경우 다섯 배라는 데에는 모두 동의한다. 여성들이 산후조리와 현대 의술을 접하게 된 오늘날에도 볼기 분만은 여전히 위험하다). 태아가 위험에 처하는 이유는 대부분 탯줄에 목이 졸려서 산소가 결핍될 가능성이 열 배나 커지기 때문이다. 볼기 분만은 시간이 오래 걸리기 때문에 태아가 몇 시간 동안 산소 결핍 상태에 처할 수도 있다. 이 때문에 의사들은 볼기 분만의 경우 대부분 제왕절개 분만을 선택한다.

속설에 따르면 제왕절개는 율리우스 카이사르의 어머니를 대상으로 처음 시행되었다고 한다(카이사르는 볼기 태위로 있었다). 이 속설은 이제 대체로 거짓으로 치부되지만, 제왕절개가 고대에도 잘 알려져 있던 것은 사실이다. 볼기 분만은 산모와 태아 모두 목숨을 잃을 가능성이 매우 컸기 때문이다. 고대 인도, 켈트족, 중국, 로마의 신화에서 인간이나 반신의 제왕절개 분만 이야기를 찾아볼 수 있다. 사실 율리우스 카이사르가 태어나기 훨씬 전에 로마 법에서는 임신부가 죽으면 제왕절개로 태아를 구해야 한다고 규정했다(이것은 공중 보건 정책으로 시작되었다가, 산모의 자궁에 있는 채로 매장된 태아가 귀신으로 부활한다는 미신으로 바뀐 듯하다. 이 때문에 유가족이 죽은 산모의 배를 가를 동기가 더욱 커졌을 것이다).

고대에 볼기 분만이 위험했음을 가장 뚜렷이 보여주는 증거는 사람들이 무방비 상태로 겁에 질린 채 산모의 배를 갈랐다는 사실이다. 위생 관리와 멸균 수술실이 등장하기 전까지만 해도 이 시술은, 아기는 이따금 구할 수 있었을지도 모르지만, 산모의 목숨은 거의 예외 없이 앗아갔다. 이 모든 위험은 인간의 임신 설계가 가진 결함에서 비롯한다.

다른 포유류의 분만 장면을 본 적이 있다면 분만이 별일 아님을 알 것이다. 소는 자신이 분만하고 있다는 사실도 잘 모르는 듯하다. 어미 고릴라는 분만하면서도 먹이를 먹거나 다른 새끼를 돌본다. 분만의 어려움은 오로지 인간의 몫이며, 이는 커다란 두개골이 빠르게 진화했는데도 이에 걸맞은 진화가 이루어지지 못한 탓이다.

시간이 충분하다면 자연선택은 틀림없이 이 문제를 온갖 가능한 방식으로 해결할 것이다. 하지만 의료 개입으로 분만 관련 문제가 대체로 해결되고, 수많은 산모와 태아가 분만 중에 죽는 음성 선택 (陰性選擇, negative selection)이 제거되면서 자연의 적응적 해결 가능성은 사실상 0이 되었다. 인간의 재능이 인간의 한계에 승리를 거둔 것이다. 이번에도 과학은 자연이 일으킨 문제에 대해서 해결 책을 내놓았다. 그러나 그 과정에서 사실상 진화가 중단됨으로써 우리는 자연이 준 부실한 생식계통을 안고 살아가는 수밖에 없다.

임신과 분만이 여성에게 치명적인 위험이라는 점을 논하면서 자궁 외 임신(ectopic pregnancy)을 빼놓을 수는 없다. 엑토픽(ectopic)이 라는 단어는 무엇인가(또는 사건)가 평상시와 다른 장소에 있다는 뜻이다. 자궁 외 임신이 가장 흔히 일어나는 장소는 나팔관이다. 수정란이 자궁이 아니라 나팔관에 착상하는 것은 극히 위험한 상 황이며, 현대 의술이 도입되기 전에는 대개 산모의 사망으로 이어 졌다.

난자는 난소에서 배출되면 나팔관 한쪽을 통과하여 자궁에 도달 한다. 그러나 난자는 정자와 달리 추진을 위한 편모(鞭毛)— 채찍 처럼 생긴 꼬리—가 없다. 또한 정자와 달리 수백 개의 난포세포 (卵胞細胞)로 둘러싸여 있는데, 이 세포들은 방사관(放射冠, corona radiata)이라는 보호층을 형성한다. 난포세포도 편모가 없기 때문에 난자와 승무원들은 나팔관을 느리고 정처 없이 떠돈다. 구명정 여 러 척을 묶은 채 드넓은 바다 위를 떠다니는 셈이다. 난소에서 자궁 까지는 10센티미터밖에 되지 않지만 난자가 자궁에 도달하는 데에 는 일주일이 넘게 걸리기도 한다.

이에 반해서 정자는 편모로 추진력을 얻는다. 난자는 느리고 정자는 빠르기 때문에 수정은 거의 언제나 나팔관에서 이루어진다. 배란된 난자가 여전히 나팔관을 떠돌고 있을 때에 정자가 들이닥치는 것이다(사실 수정되지 않은 난자는 자궁에 도달하기 전에 대체로 죽는다. 난자는 이 정도로 느림보이다).

수정이 이루어지면 접합자에서 일련의 화학반응이 일어나서 발달의 시작을 준비한다. 수정한 뒤에 약 36시간이 지나면 접합자는 빠르고 반복적으로 분할되기 시작한다. 접합자 세포 한 개가 두 개가 되고 두 개는 다시 네 개가 된다. 네 개는 여덟 개가 되고, 여덟 개는 열여섯 개가 되며, 9-10일이 지나면 배아는 세포 256개로 이루어진 텅 빈 구(球)로 자란다. 그제야 배아는 자궁벽으로 파고들어서 숙주의 몸에 월경을 중단하라는 신호를 보낼 준비가 된다. 이것이 임신의 시작이다. 앞에서 설명했듯이 월경 중단은 배아가 맞닥뜨리는 최초이자 최대의 난관이다. 수많은 배아가 이 일에 실패하여 월경혈과 함께 쓸려나간다.

열흘이면 배아가 자궁에 도달하는 데에 충분한 시간이지만, 문제는 배아가 난자와 마찬가지로 정처 없이 떠돈다는 것이다. 이따금 배아가 256세포 단계에 이르고서도 나팔관을 벗어나서 자궁에 도달하지 못하는 경우도 있다. 이렇게 되면 배아는 나팔관벽이 자궁벽인 양 파고드는데, 이것이 자궁 외 임신이다. 임신 첫 8주일 동안의 배아는 크기가 엄청나게 작으며 주변 조직으로부터의 단순한 확산을 통해서 영양과 산소를 충분히 공급받는다. 따라서 자궁 외 임신 초기에는 배아도 나팔관도 문제를 알아차리지 못한다. 하지만 배아가 계속 자라면서 문제가 나타나기 시작한다.

나팔관은 결코 임신을 지탱할 수 없으며 배아의 착상은 기생충이 침입한 셈이 된다. 배아 자체는 문제를 전혀 감지하지 못하여 계속해서 적극적으로 팽창하고 발달한다. 나팔관은 자궁과 달리 잘못된 임신의 위험성이 점점 커져도 이를 말끔히 중단시키지 못한다. 결국 배아가 자라서 나팔관벽을 누르면서 문제가 드러난다. 이때 여성은 무엇인가가 잘못되었음을 처음으로 감지한다. 압박은 점차 큰 통증으로 발전하는데, 치료를 받지 않으면 배아가 나팔관을 찢을 수 있다. 극심한 통증과 내출혈이 일어나며, 응급 수술로 손상 조직을 복구하고 혈관의 출혈 부위를 막지 않으면 과다 출혈로 죽을 수도 있다. 엉뚱한 곳에 달라붙은 제 자식 때문에 목숨을 잃는 것이다.

자궁 외 임신의 형태 중에는 더 희귀하고 기이하고 위험한 것도 있다. 매우 드물기는 하지만 난자가 난소에서 배출되고서 아예 나팔관에 들어가지 못하는 경우이다. 그 이유는 신기하게도 나팔관이 난소에 연결되지 않았기 때문이다. 마치 너무 작은 수도꼭지에 너무 큰 호스를 연결했을 때처럼 나팔관 입구가 난소를 감싸버린다. 그러면 나팔관과 난소가 실제로는 붙어 있지 않기 때문에 난소에서 배출된 난자가 나팔관이 아니라 복강에 자리를 잡는다.

대개는 이렇게 되어도 아무런 영향이 없다. 난자는 며칠 뒤에 죽어서 복막(腹膜, 복강을 둘러싼 고혈관성 조직의 얇은 벽)에 다시 흡수된다. 그러면 아무런 문제가 없다.

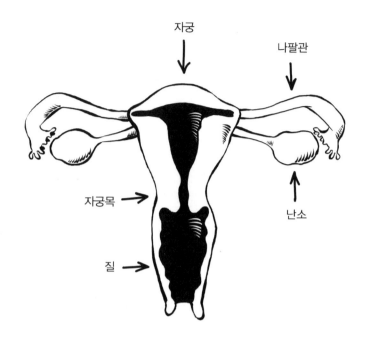

여성의 생식기관. 난소는 나팔관에 물리적으로 연결되어 있지 않기 때문에 배출된 난자가 생식계통에 안착하는 것조차 보장되지 않는다.

그러나 난자가 복강에 배출되었는데 하루 이틀 안에 정자가 현장에 나타나면 난자를 찾아서 수정시킬 수 있다. 이 또한 드문 사건인데, 정자가 나팔관의 좁은 공간에 머물지 않고 아랫배에서 난자를 찾아다녀야 한다는 뜻이기 때문이다. 하지만 이따금 이런 일이 생기기도 한다. 그러면 배아는 자신이 보금자리에서 얼마나 떨어졌는지 전혀 모른 채 성장과 분열 과정을 시작하여 근처의 아무 조직에나 파고든다. 대개는 복막에 파고들지만 대장이나 소장, 간, 비장의 겉면을 뚫고 들어가기도 한다.

복강 임신(abdominal pregnancy)에는 심각한 위험이 따른다. 개발도상국에서는 산모가 죽는 경우가 대부분이다. 그러나 선진국에서는 초음파로 쉽게 발견하여 수술로 배아를 제거하고 손상된 조직을 복구하고 출혈을 멈출 수 있다.

놀랍게도, 매우 드물기는 하지만 복강의 배아가 산모를 죽이지 않은 채 20주일이 지나서 수술을 통한 조기 분만으로 생존하기도 한다. 그러나 심각한 의학적, 발달적 합병증이 따른다. 언론에서는 이럴 때면 이구동성으로 "기적의 아기"라는 표현을 쓰지만, 이 아기들이 살아남는 것은 적극적이고 탁월한 의료 개입과 대단한 행운 덕분이다.

자궁 외 "기적의 아기"의 반대는 화석 태아(化石胎兒, lithopedion)라고 할 수 있을 것이다. 이따금, 복강에서 자리를 잡은 배아가 죽지 않고 산모를 죽이거나 피해를 입히지도 않은 채 임신 중기에 접어들기도 한다. 이 시점이 되면 태아가 너무 커져서 복막에 재흡수되지 못하며 유산이나 사산 같은 정상적인 방식으로 배출될 수도 없다. 태아는 그 자리에 머물러 있다. 그렇게 되면 산모의 몸은 감염을 일으킬 수 있는 이물질을 접했을 때처럼 양막(羊膜)과 태아의 겉면을 석회화하여 딱딱한 껍데기로 둘러싸는 반응을 한다.

화석 태아는 매우 드물어서 역사를 통틀어서 약 300건만 기록되었다. 화석 태아는 대개 수술을 요하는 의학적 문제를 일으키지만, 이러고도 수십 년 동안 아무런 증상 없이 무사히 사는 여성도 있다. 심지어 칠레에서는 한 여성이 2킬로그램에 가까운 화석 태아를 50년 동안이나 배 속에 간직한 채 살았다는 보고도 있다. 그녀는 그 기간에 다섯 명의 자녀를 자연 분만했다.

화석 태아와 복강 임신은 매우 드물기는 하지만, 앞의 경우와 마찬가지로 100퍼센트 부실한 설계의 결과이다. 정상적인 배관공이라면 나팔관을 난소에 부착하여 이런 비극적이고 종종 치명적인 사고를 예방했을 것이다. 마찬가지로 아무리 창의성이 낮은 공학자라도 난자에 추진 수단을 달아주거나 (적어도) 나팔관벽에 섬모를 심어서 수정란을 부드럽게 자궁으로 이동시켰을 것이다. 어느 방법을 쓰든지 나팔관 임신을 막을 수 있으며, 둘 다 몸에 이미 존재하는 설계 구조를 가지고 만들 수 있다.

그러나 자연은 물론 이런 해결책을 내놓지 않았다. 자궁 외 임신, 특히 가장 흔한 나팔관 임신이 전체 수정의 1-2퍼센트나 되는 이유는 이 때문이다. 게다가 실제 수치는 이보다 더 높을 것이다. 나팔관 착상 중에서 적어도 10퍼센트(어쩌면 최대 3분의 1까지)는 배아가 너무 깊이 착상하기 전에 죽어서 저절로 해결되기 때문이다. 이 때문에 상당수는 겉으로 드러나지 않는다.

그러나 이것은 나팔관만의 잘못이 아니다. 인간의 생식계통 전체가 비효율과 부실한 설계로 가득하다. 요약하자면 인간은 늦게 성숙하고, 배란을 숨기고, 건강한 정자와 난자를 만드는 데에 어려움을 겪고, 착상하지 못하거나 염색체 개수가 적거나 많은 배아를 만들고, 엉뚱한 곳에서 임신을 시작한다. 심지어 만사가 순조롭게 풀리더라도 분만 중에 태아와 산모가 죽을 가능성이 엄청나게 크다.

사실은 인체의 모든 기관계와 생리계 중에서 생식계통이 가장 말썽이며 제대로 작동하지 않을 가능성도 가장 크다. 생식이 **종의 생존과 성공**에 중요하다는 점에서 이것은 의아한 일이다. 이 문제들의 상당수가 여느 동물에게는 아예 없거나 적어도 훨씬 드물다는 것을 감안하면 더더욱 수치스럽다. 인간의 생식계통이 얼마나 부실하게 설계되었는지를 생각하면, 과학이 일부 문제를 해결할 수 있게 된 현대까지 우리가 살아남은 것이 놀라울 따름이다.

마무리 : 할머니 가설

최근에 두 종의 고래(범고래와 들쇠고래)가 폐경한다는 사실이 밝혀졌다. 한 범고래는 마지막으로 새끼를 낳고 40년도 더 지난 105살까지 살았다.[3] 따라서 인간의 생식이 유별나게 비효율적이고 종종 여러 가지 측면에서 유별나게 치명적이기는 하지만, 적어도 폐경 면에서는 **우리만** 그런 것은 아니다.

생식 노화(reproductive senescence)로도 불리는 폐경은 여성의 일생에서 월경이 끝나서 더는 생식할 수 없는 단계를 일컫는다. 일부 고래도 폐경을 겪는 듯하지만 대다수 암컷 포유류는 늙어서도 최후까지 계속 번식한다. 암컷이 (아무리 늙었어도) 번식을 중단하면 자신의 유전자를 전달할 기회가 감소할 테니 폐경은 자연선택의 일반적인 작동방식과 모순된다. 이것은 설명이 필요한 수수께끼이며 어쩌면 인간의 생식 능력과 관련한 또다른 결함일 수도 있다.

그럼에도 진화가 우리에게 폐경을 남긴 것을 보면 폐경은 노년에 생식을 중단하는 여성에게—또는 그녀의 자식에게—이점이 있을지도 모른다. 하지만 어떤 이점이 있을까?

한 가지 가설은 생식의 부담에서 벗어난 늙은 여성이 자녀와 손주에게 더 적극적으로 투자하기 시작하고, 그럼으로써 단순히 자녀를 더 많이 낳을 때에 비해서 자신의 유전자를 더 많이 전파할 수 있다는 것이다. 하지만 이 가능성을 들여다보기 전에 폐경이 실제로 어떻게 일어났는지 설명해야겠다.

폐경은 최근 인간 수명의 증가로 인한 독특한 부산물에 지나지 않는다는 이야기를 들은 적이 있다. 현대 이전에는 인간의 기대수명이 30-40세에 불과하여 여성이 폐경 때까지 살지 못했기 때문에 70대, 80대, 90대까지 사는 것이 예사가 된 지금에야 폐경이 나타나기 시작했다는 것이다.

이 통념은 **기대수명**의 진짜 의미에 대한 오해에서 비롯한다. 중세, 고대, 심지어 선사시대의 평균수명이 스무 살이나 서른 살에 불과했던 것은 사실이지만, 평균 사망 연령이 낮았던 것은 유아나 아동이 많이 죽었기 때문이다. 따라서 선사시대에 태어난 사람들 중에서 대부분이 생식 연령에 도달하지 못했지만, 그때까지 살아남은 사람들 가운데 상당수는 오늘날의 기준에 비추어도 꽤 오랜 삶을 누렸다. 고대 문헌과 화석 증거로 보건대, 심지어 선사시대에도 일흔이나 여든까지 산 사람들이 없지 않았다. 청소년기를 넘긴 사람들의 평균 사망 연령은 50대 후반으로 추산되었으며, 많은 사람들이 60대까지 살았고 일부는 70대에 도달하기도 했다.

일단 중년까지 살아남았으면, 현대 의술로 증가되는 수명은 15년 가량에 불과하다. 더 큰 차이는 첫 10년에 나타나며, 평균수명이 부쩍 달라진 것은 이 때문이다. 요점은 여성이 폐경을 경험할 만큼 오래 산 지는 수십만 년이 되었다는 것이다. 폐경은 최근의 사건이 아니므로 위의 통념은 사실이 아니다.

얼마 전까지만 해도 사람들은 여성의 난소에 들어 있는 난포(卵胞, 난자가 들어 있는 주머니)가 바닥나면 폐경이 시작된다고 생각했다. 여성은 일정한 개수의 난포를 가지고 태어나는데, 좌우 난소에 20만 개쯤 있다. 난포 하나에 난자가 하나 들어 있는데, 난자는 여성이 배아 시절이었을 때에 성숙 과정이 중단된 상태이다. 그러다가 매달 10-15개의 난포가 무작위로 선정되어 난자 성숙이 단거리 달리기처럼 재개된다. 그중에서 성숙 과정을 맨 먼저 끝내는 난포와 난자가 경주에서 "승리하여" 배란된다. 패자는 모두 죽으며 그 자리는 결코 다시 채워지지 않는 듯하다. 그래서 우리는 난자가 담긴 난포가 바닥났을 때에 폐경이 시작되는 줄 알았다.

이 설명도 미흡하기는 마찬가지인데, 여기에는 두 가지 이유가 있다. 첫째, 넉넉잡아 50개의 난포가 매달 활성화되고 여성이 불규칙한 월경이나 임신 때문에 주기를 건너뛰는 일이 한번도 없었더라도 60대가 되었을 때에 그녀가 사용한 난포는 3만 개—즉, 처음에 가지고 있던 것의 6분의 1 미만—에 불과하다. 둘째, 호르몬 기반 피임제는 배란과 월별 난포 활성화를 둘 다 방해하므로 피임약을 쓰는 기간만큼 폐경이 늦어져야 한다. 그러나 호르몬 기반의 피임제를 수십 년간 쓴 여성들도 폐경이 별로 늦어지지 않았다.

난포를 다 써버려서 폐경이 일어나는 것이 아니라면 무엇 때문에 일어날까? 그것은 난포에서 에스트로겐과 프로게스테론을 더는 만들지 않기 때문이다. 난포가 많이 남아 있어도 무용지물이 되는 것이다. 호르몬을 만들지 않기 때문에 성숙이 중단된다. 폐경 관련 증상들은 이런 호르몬 수치 감소로 인해서 일어나며, 따라서 호르몬 대체 요법으로 치료할 수 있다. 그러나 폐경 자체를 막을 수는 없다. 40대 후반이나 50대 초반의 어느 즈음에 난소가 호르몬 신호에 반응하지 못하고 제 호르몬의 분비도 그만둔 채 말 그대로 포기하는 것이 폐경이다.

폐경의 정확한 메커니즘은 각 난포 안에서 난자를 둘러싼 세포들의 DNA 복구 효소가 시간이 지남에 따라서 발현이 점차 감소하는 것인 듯하다. 이 복구 효소의 작용이 없으면 DNA 손상과 돌연변이가 누적되어 노화 과정이 앞당겨지며, 세포는 결국 노화(senescence)라는 상태에 진입한다. 그렇다고 해서 죽는 것은 아니다. 난포세포의 정상적인 분열 및 재생 과정이 중단될 뿐이다. 난소는 일종의 혼수에 빠진다. 버젓이 살아 있으나 영원히 잠드는 것이다.

이것은 피부가 탄력성을 잃거나 뼈가 약해지는 것과 같은 정상적이고 불가피한 노화 과정으로 들릴지도 모르지만, 실제로는 그렇지 않다. 폐경을 비롯한 노화 과정은 조직이 필연적인 손상을 복구하기 위해서 할 수 있는 모든 일을 **하는데도** 단백질과 DNA의 손상이 누적된 결과이다. 결국 시간이 승자이다. 복구 메커니즘 자체가 손상되어 죽음을 재촉하는 노화의 태엽이 돌아가기 시작한다. 하지만 난소의 난포에서는 DNA 복구 효소의 유전자가 단순히 꺼졌을 뿐이다. 난포에서 일어나는 노화는 느리고 누적적이지 않다. 정해진 때에 갑작스럽게 일어난다.

이것은 폐경의 진화적 목적으로 우리를 이끈다. 노년에 난소의 DNA 복구 메커니즘을 끄는 돌연변이가 생길 수 있다는 것은 쉽게 상상할 수 있지만 자연선택은 왜 이 돌연변이를 없애지 않고 선호했을까? 폐경에 대한 가장 흥미로운 설명은 늙은 여성이 손주의 성공에 노력을 쏟을 수 있게 한다는 것이다. 이 설명에 할머니 가설(grandmother hypothesis)이라는 이름이 붙은 것은 이 때문이다. 이 가설은 엄청나게 인기를 끌었다. 내가 보기에 그것은 가설의 설명 능력 못지않게 오냐오냐하는 조부모가 손주를 망친다는 우리의 문화적 관념과 맞아떨어지기 때문인 듯하다. 그러나 실제 논리는 보기보다 복잡하다. 어떤 현상의 진화적 가치를 고려할 때에는 장점과 단점을 저울질해야 하기 때문이다.

늙은 동물이 스스로의 번식을 중단하고 자신의 자녀의 자녀 양육을 돕는다면 틀림없이 그 손주는 그로부터 이익을 얻어서 번성하고 성공할 가능성이 커질 것이다. 따라서 손주에게 기여하는 것은 자연선택 측면에서 뚜렷한 이점이 있다. 하지만 노년에 스스로의 생식을 포기하면 자신이 낳을 수 있는 자녀의 총 수가 감소한다. 폐경하지 않는 경쟁자 할머니는 더 많은 자녀를 얻을 것이고 그 자녀들도 더 많은 자녀를 얻을 것이다. 할머니의 도움을 받지는 못하겠지만, 숫자로 경쟁자를 압도할 수 있다. 특히 (인간처럼) 친족끼리 끈끈하게 협력한다면 맹목적으로 사랑을 주는 할머니의 도움 없이도 잘해나갈 수 있을 것이다.

그렇다면 문제는 손주에 대한 할머니의 기여가, 낮은 생식률이라는 비용을 감수할 만한 선택적 이점을 가져다주는가이다. 이 까다로운 질문을 맞닥뜨려야 하는 탓에 일부 생물학자는 할머니 가설을 거부했다. 게다가 이 설명을 반박하는 매우 거대하고 명백한 증거가 있다. 그것은 다른 종에서는 정해진 폐경을 찾아볼 수 없다는 것이다. 조부모의 투자가 그토록 대단하다면 인간뿐만 아니라 여러 사회적 종에서 그 유익을 관찰할 수 있어야 마땅하지만, 그중 어느 동물도 폐경을 하지 않는다.[4]

할머니 가설이 거의 전적으로 인간에게만 적용되는 이유에 대한 한 가지 설명은 우리의 사회적 집단 구조가 예나 지금이나 무척 독특하다는 것이다. 모든 연구에서 보듯이 우리의 조상들은 지난 700만 년 동안 매우 유동적이고 사회 구조가 정교한 소규모의 긴밀한 공동체를 이루어 살았다. 여러 사람족 종의 흥미롭고 다양한 해부학적 특징으로 보건대 그 기간에 다른 생활양식들에 대한 실험도 널리 이루어졌을 것이다. 그중에 인간 고유의 것은 하나도 없지만, 어쩌면 하나만은 인간만의 특징인지도 모른다. 그것은 정교한 노동 분업이다.

우리의 옛 조상들은 점차 똑똑해지고 사회적으로 세련되어지면

166

서 이미 복잡하던 영장류의 생활 양식을 더 복잡하게 다듬기 시작했다. 연장 제작, 체계적인 사냥, 공동 육아는 살아남는 일의 효율성을 부쩍 끌어올리며 일부 개인에게 탐험과 혁신의 자유를 선사했다. 머지않아 초기 인류는 보금자리를 짓고 복잡한 연장을 만들고 주위의 동식물을 다스림으로써 자신의 세상을 재구성했다. 사람들은 서로 기술을 가르치고 집단 구성원 간에 노동 분업을 실시하기 시작했다. 이런 공동체적 삶의 환경에서 할머니 효과가 진화할 적절한 여건이 조성되었을지도 모른다.

매우 사회적인 집단에서는 구성원마다 나름의 임무가 있다. 할 일이 무척 많다. 어느 때든 누군가는 사냥을 하고 누군가는 채집을 하고 누군가는 집을 짓고 누군가는 포식자나 경쟁자를 감시하고 누군가는 연장을 만들고 누군가는 아이를 돌본다. 그러나 개인들이 단순히 함께 산다고 해서 서로 경쟁하지 않는다는 뜻은 아니다. 협력은 집단이 다른 집단과 경쟁하는 데에 유리하지만, 집단 안에서도 경쟁을 찾아볼 수 있다. 결국 자연선택이 작용하는 것은 개체의 성공이나 실패를 통해서이다.

이 집단 내 경쟁을 염두에 두고서 모든 연령의 아이들이 있는 소규모 공동체를 상상해보라. 아동기 내내 사망률이 높으며, 아이들은 식량뿐만 아니라 부모의 돌봄과 보호를 얻기 위해서 경쟁한다. 여성이 젊을 때에 자녀를 최대한 많이 낳아서 다른 아이들과 자원 경쟁을 벌이도록 하는 것이 진화적으로 가장 유리할 것이다. 공동 육아는 아이 양육의 부담을 모두가 진다는 뜻이므로, 그녀는 파이에서 가장 큰 몫을 차지하고 싶어할 것이다.

그러나 나이가 들고 자녀의 수가 늘면서 계산이 달라진다. 결국은 자녀들끼리 경쟁을 벌일 테고, 나이를 먹고 몸이 쇠약해지면서 모든 자녀를 돌보기가 힘에 부칠 것이다. 자신의 자녀 중에서 한 명이 성공을 거두는 대가로 남의 자녀가 아니라 자신의 자녀 중에 다른 한 명이 손해를 입어서 자신에게 제로섬 게임이 될 수도 있다. 그런데도 자녀를 계속 가지는 것은 자신의 생식 잠재력에 거의 기여하지 못할 것이다. 분만이 무척 위험하다는 것을 감안하면 실제로는 잠재력을 해칠 수도 있다. 이런 상황에서 자녀를 더 낳기보다는 이미 있는 자녀를 더 잘 돌보는 쪽으로 초점을 옮기면 자신의 에너지와 자원을 더 효율적으로 쓸 수 있을 것이다. 물론 이때쯤 되면 자녀에게도 자녀가 생겼을 수 있다.

이것이 할머니 가설의 골자이다. 너무 말끔해 보이기는 하지만, 이 가설은 일반적인 문화적 경험에 들어맞으며 노동 분업이 이루어지는 공동체적인 삶, 높은 영아 사망률과 모성 사망률, 긴 수명 등 인간의 몇몇 독특한 측면과도 부합한다. 이렇듯이 생물학적 요인들이 완벽하게 어우러져서 폐경을 일으키는 자연발생적 돌연변이에 보상했을지도 모른다.

고래로 돌아가보자. 연구자들은 브리티시컬럼비아 앞바다에서 살아가는 범고래의 움직임과 행동을 자세히 들여다보기 위해서 수천 시간 분량의 동영상을 비롯하여 35년에 걸친 자료를 분석했다. 그들이 발견한 사실은 범고래가 작은 집단을 이루어서 먹이를 사냥할 때에 늙은 폐경기 암컷이 종종 무리를 이끈다는 것이었다. 실제로 사냥 집단은 늙은 가모장(家母長)과 그녀의 아들들로 이루어진 경우가 많다. 성체 수컷 범고래는 아비를 비롯한 어떤 고래보다도 어미와 함께 사냥하고 먹이를 찾는 데에 훨씬 더 많은 시간을 보낸다.

더욱 극적인 사실은 폐경기 암컷이 사냥 집단을 이끄는 성향은 기근 시기에 가장 두드러진다는 것이다. 힘든 시기가 되면 범고래들은 가모장—대개는 자신의 어미—이 이끄는 대로 어두움을 헤쳐나간다. 늙은 범고래는 수십 년 동안 사냥하고 먹이를 찾았으므로 물범과 수달을 어디에서 찾아야 하는지, 연어가 산란 회귀를 언제 시작하는지와 같이 일생에 걸쳐서 얻은 생태적 지식을 가지고 있다(고래는 기억력이 뛰어나다). 이 지식은 먹이가 부족할 때에 더욱 중요하다. 늙은 수컷 범고래가 왜 자신의 지식을 나누지 않는지는 분명하지 않지만, 늙은 암컷이 그렇게 한다는 것은 확실하다.

폐경을 제외하면 인간이 겪는 생식 관련 결함의 대부분은 적응적이거나 다른 동물과 공통된 것 같지 않다. 늦은 성숙에서 여성의 폐경에 이르기까지 인간의 생식계통은 오류에 취약하고 심지어 치명적이다. 정상적인 상황에서라면 이 뚜렷한 결함이 종의 성공에 커다란 걸림돌이 되어서 해결책이 진화하지 않았을 경우 종이 멸종했을 것이다.

그러나 인간은 이런 결함을 가지고도 살아남았다. 우리의 여느 결함에서와 마찬가지로 큰 뇌를 이용하여 이런 진화적 문제에서 벗어날 방법을 찾아냈다. 어떤 측면에서 우리는 자연이 문제를 해결해주기를 기다리지 않고 스스로 진화적인 운명을 개척했다. 창의적인 생각과 협력하는 사회적 삶을 통해서 종의 초창기 시절을 견뎌냈으며, 언어가 탄생하면서 오랜 세월에 걸쳐 지혜를 축적하고 자녀에게 가르칠 수 있게 되었다. 우리 중에서 축적된 모든 사회적 지식을 가진 사람은 누구이겠는가? 그것은 바로 우리가 할머니라고 부르는 폐경기 가모장이다.

인간은 동식물을 길들이고 공학을 발명하고 도시를 건설했다. 이 혁신에 따른 이점은 인류의 낮은 생식률과 높은 영아, 모성 사망률을 상쇄했고, 결국 이 집단적 지식은 계몽된 과학 시대의 여명기에 기하급수적으로 증가하여 오랫동안 생식 때문에 겪어야 했던 치명적인 역설로부터 사람들을 (대부분) 해방시켰다.

궁극적으로 이 지능 덕분에 우리는 생물학의 한계를 극복했다. 현대 의술은 우리의 조상들을 그토록 일찍, 그토록 자주 죽게 한 많은 요인들을 길들였다. 이에 따라서 19세기 중엽에 의료 수준이 개선되면서 인구가 급증했다. 인구 폭발과 더불어 자원 부족, 전쟁, 그리고 인류가 일찍이 경험하지 못한 환경 파괴 등의 사악한 시녀들이 찾아왔다.

인구가 너무 적어서 고생하던 인류는 이제 너무 많은 인구라는 정반대의 문제에 직면했다. 조절되지 않고 지속 불가능한 인구 증가보다 "설계 부실"을 더 잘 보여주는 것은 없다. 그렇다면 이 모든 생식상의 한계가 알고 보면 그렇게 나쁜 일이 아니었는지도 모르겠다.

5

신이 의사를 만든 이유

왜 인간의 면역체계는 자신의 몸을 곧잘 공격하는가, 발달의 오류는 어떻게 해서 순환을 엉망으로 만드는가, 왜 암을 피할 수 없는가 등등

우리 인간은 병약한 존재이다. 이 책의 첫 장에서 보았듯이 우리는 부비동 배수관이 독특해서 여느 포유류보다 훨씬 자주 코감기에 걸린다. 그러나 그것은 빙산의 일각에 불과하다. 인류는 그밖에도 많은 질병으로 고생하는데, 그중 상당수는 우리에게만 생기며 상당수는 부비동의 배수 구멍의 위치보다 훨씬 더 복잡한 원인으로 생긴다.

이를테면 인간은 위장염(胃腸炎)이라는 매우 불쾌한 증상을 곧잘 겪는다. 위장염은 욕지기, 구토, 설사, 활력 및 식욕 부진, 소화 불량이나 심지어 섭취 불능 등의 합병증으로 이어지는 모든 소화관의 감염이나 염증을 뭉뚱그려서 일컫는다.

코감기와 위장염은 서구 선진국에서 가장 흔한 두 가지 질환이다. 치명적인 경우는 거의 없지만 너무 흔하기 때문에 해마다 수십

억 달러의 손해를 끼친다(대부분은 노동자가 휴식하고 회복하는 동안 손실된 임금이다). 안타깝게도 이 질병 중에서 어떤 형태는 훨씬 더 큰 비용을 초래하기도 한다. 이를테면 설사병(창자에 생긴 위장염으로, 개발도상국에서는 대부분 하수에 오염된 물 때문에 발생한다)은 전 세계적으로 가장 큰 사망 원인 중의 하나이다.

코감기나 위장염이나 설사병 중에서 그 어느 것도 다른 동물에게서는 흔히 찾아볼 수 없다. 물론 코감기는 부분적으로 진화 탓이기는 하지만—부실하게 설계된 비강 때문에—(우리를 뻔질나게 괴롭히는 식중독균과 마찬가지로) 감염 과정이기도 하다. 감염병으로 말할 것 같으면 인간은 맨 먼저 스스로를 원망해야 한다. 자연은 두 번째이다. 이런 질병은 높은 인구 밀도를 비롯한 도시화 특유의 생활조건이—적어도 부분적으로—원인이 되어 생기기 때문이다.

고대를 시작으로 인간은 활발하지만 지저분한 대도시에서 서로 부대끼며 살기 시작했다. 가축은 예나 지금이나 가축끼리, 그리고 사람들과 부대끼며 산다. 우리 조상들의 날음식과 조리한 음식도 한몫했다. 인류가 수 세기 동안 감내해야 했던 이런 비위생적인 조건으로 인해서 온갖 세균, 바이러스, 기생충이 뒤섞인 마녀의 죽이 만들어졌다. 현대 배관술이 발명된 덕분에 지금은 이 거대한 쓰레기를 어느 정도 관리할 수 있다. 하지만 인류의 생활방식이 불러들인 역병(疫病)을 생각해보면, 인류 문명이 출범할 수 있었다는 것 자체가 놀랍게 느껴진다.

유년기 이후까지 살아남는 데에 성공한 우리의 조상들은 모두 항체(抗體, antibody)가 발달해 있었다(항체는 치명적일 수도 있는 세균과 바이러스로부터 몸을 보호하기 위해서 면역체계가 만든 단백질이다). 이 항체들 덕분에 그들은 (적어도) 주변에 들끓은 최악의 벌레들에 대해서 면역을 가질 수 있었다. 유럽인의 탐험 시대가 시작되었을 때, 그들과 접촉한 원주민들은 유럽인들에 제대로 대처하지 못했다. 유럽 아이들은 살아남기 위해서 항체를 발달시켜야 했지만 원주민들은 그럴 필요가 없었다. 원주민들은 자신들의 감염 매개체에 대한 항체 기반의 저항력은 분명하게 발달시켰지만, 침략자들과 함께 들어온 온갖 병원체에 대해서는 무방비 상태였다.

오늘날 사람들의 삶에 일상이 된 감염성 질환은 유럽과 아시아의 지저분한 도시 환경에서 나고 자랐다. 따라서 대다수 감염병은 설계 결함이라고 말할 수 없다. 앞에서 말했듯이 자연 탓이 아니라 우리 탓이다.

그러나 우리를 병에 걸리게 하는 설계 결함도 있다. 우리는 면역체계의 끊임없는 오발(誤發)에 시달린다. 면역체계는 자가면역질환으로, 우리 자신의 세포나 조직을 오인하여 공격하기도 하고 무해한 단백질에 과민 반응하기도 한다. 사람들이 전성기인 중년에 도달했을 때에 심혈관계통은 약해지기 시작하여 그 뒤로 줄곧 나빠진다. 오래가지 않아서 암이 발병한다. 암은 대체로 세포 안에서 일어나는 손상이 누적된 결과에 지나지 않는다.

이런 조건들 중에서 인간 고유의 것은 하나도 없지만, 대부분은 여느 동물에 비해서 인간에게서 훨씬 더 두드러지며 치명적이다.

우리는 우리의 애완동물이나 동물원 동물보다는 훨씬, 야생동물보다는 더더욱 **훨씬** 이런 질병으로 고생한다. 논리에는 어긋나지만, 우리가 애초에 병들도록 생겨먹은 것이 아닌가 싶을 정도이다.

적을 만났다. 그 적은 바로 우리이다

인간이 진화하면서 겪게 된 모든 질병들 중에서 자가면역질환(autoimmune disorder)이야말로 가장 어처구니없다. 자가면역질환은 항생제로 맞설 수 있는 세균의 문제가 아니다. 항체를 발달시켜서 대처할 수 있는 바이러스 문제도 아니다. 잘라내거나 독을 주입하거나 방사선을 쬘 종양도 없다. 이 질병의 근원을 거슬러올라가면 그곳에는 우리 자신이 있을 뿐이다.

자가면역질환은 오인의 결과이다. 개인의 면역체계는 몸 안의 단백질 중에서 무엇이 자기 것이고 무엇이 외부 침략자인지를 "잊어버린다"(또는 결코 배우지 못한다). 면역체계가 자기 세포를 알아보지 못하고 격렬히 공격한다. 이것은 아군에게 총질을 하는 비극적인 상황이다.

예상할 수 있듯이 결말은 좋지 않다. 몸이 자신을 공격하기 시작하면, 면역체계를 억제하는 약을 주는 것 말고는 의사가 할 수 있는 일이 거의 없다. 이것은 매우 위험한 치료이기 때문에 신중에 신중을 기하고 면밀히 감시해야 한다. 온갖 합병증도 문제이다. 면역체계의 대응 능력을 낮추는 약물은 감염과 중증 호흡기 질환 같은 명백한 위협 이외에도 여드름, 오한, 근무기력, 욕지기와 구토, 모발 이상 증식, 체중 증가 등의 부작용을 일으킨다. 이런 면역억제제를 장기간 투약하면 얼굴에 지방이 쌓이고(**달덩이 얼굴**[moon face]이 라고도 한다) 신장 기능 장애가 일어나고 혈당이 높아지고 당뇨병 위험이 증가한다. 암 위험도 커진다. 치료법이 질병 못지않게 고약 할 수 있는 것이다.

거의 모든 자가면역질환은 남성보다 여성을 더 많이 공격하는데, 그 이유는 아무도 모른다. 이것만으로 모자랐던지 자가면역질환은 종종 알아차릴 수 없게 천천히 발병한다. 환자들은 통증과 제약에 익숙해지며 심지어 몸에 이상이 있으리라고 전혀 생각하지 못할 수 도 있다. 설상가상으로 다른 사람들─심지어 그들의 의사─조차 그런 증상을 대수롭지 않게 여길 수 있다. 친구 한 명은 (서로 연관 된 자가면역질환으로 추정되는) 만성피로 증후군과 류머티즘성 관 절염 때문에 종종 괴로운 증상들에 시달린다. 그녀는 의료 전문가 들에게 이런 이야기를 들었다. "아침에 일어나자마자 기분이 좋은 사람은 아무도 없습니다.""외출과 운동을 자주 하시는 것이 좋겠어 요."그리고 빠지지 않는 충고. "그저 신경성일 수도 있어요. 어쨌든 누워 있는 것은 좋지 않아요."

자가면역질환이 종종 우울증을 동반하는 것은 놀랄 일이 아니다. 증상 때문에 힘들 때, 치료법이 별로 없을 때, 여드름이나 체중 증 가 같은 치료의 부작용으로 고생할 때, 만성병의 유령이 삶을 잠식 할 때에 우리는 우울증에 빠질 수 있다. 주위 사람들이 자신을 이해해주지 않으면 상황은 더욱 악화된다. 주위의 도움을 얻지 못하고 우울증까지 겹치면 환자들은 종종 사회적 고립을 택하는데, 그러면 신체적 증상과 우울증이 더 심해지면서 건강 악화의 악순환에 빠진다. 친구는 이렇게 말했다. "물속에 가라앉는 것 같아. 꺼내달라고 손을 내밀면 사람들은 내 손에 돌덩이를 얹고는 더 열심히 헤엄치라고 말하지."

자가면역은 고통스러울 뿐만 아니라 학문적으로도 난감하다. 증상은 특정 관절에 고통스러운 염증을 일으키는 류머티즘성 관절염처럼 국지적(局地的)으로 나타날 수도 있고, B 세포가 몸속의 아무 세포나 공격하는 루푸스처럼 전신에 나타날 수도 있다. 두 경우 다 본질은 면역체계가 제 몸의 일부를 공격하는 것이다. 여기에는 어떤 이유도 떠올릴 수 없다. 모종의 이익을 가져다주려는 불운한 진화적 거래도 아니다. 자가면역질환에는 긍정적인 측면이 전혀 없다. 그저 실수일 뿐이다. 면역체계는 이따금 오발한다. 이것이 전부이다.

자가면역질환은 증가 추세에 있지만, 여느 만성병과 마찬가지로 발병의 증가가 진단 기술의 개선과 수명 연장으로 인한 것인지는 분명하지 않다. 미국 국립보건원에서는 가장 흔한 스물네 가지 자가면역질환 중의 하나를 앓는 미국인이 2,350만 명, 그러니까 인구의 7퍼센트 이상이라고 추산한다. 그밖의 자가면역질환이 이미 밝혀졌고, 학계의 공식 지정을 기다리는 것이 많다는 점을 감안하면 실제 수치는 더 클 것이 틀림없다.

가장 괴상한 자가면역질환들은 이 진화적 결함에 가장 밝은 빛을 비춘다. 우선 중증 근무력증(myasthenia gravis)을 살펴보자. 이 신경근육병은 처음에는 눈꺼풀이 처지고 근력이 약해지다가 나중에는 몸이 완전히 마비될 수 있으며, 치료하지 않으면 목숨을 앗아갈 수도 있다.

중증 근무력증 환자의 근육에는 잘못된 것이 하나도 없다. 면역체계가 항체를 만들어서 정상적인 근육 활동을 방해하는 것일 뿐이다. 근육에 힘을 주려면 운동신경세포가 작은 신경전달물질 다발을 근육 조직 안의 수용체에 분비해야 한다. 신경전달물질은 근육이 수축하도록 한다. 이 과정은 매우 빨리 일어난다. 하지만 중증 근무력증 환자에게서 보듯이 면역체계가 신경전달물질 수용체를 방해하면 근육이 서서히 약해지기 시작한다.

중증 근무력증 환자의 면역체계는 근육의 신경전달물질 수용체를 공격하는 항체를 만든다. 왜일까? 그 이유는 아무도 모른다. 다행히도 전신 반응이 대규모로 뒤따르지는 않는다. 그랬다면 중증 근무력증은 금세 환자의 목숨을 앗아갈 것이다. 하지만 항체는 말 그대로 신경전달물질 수용체를 가로막는다. 중증 근무력증이 진행되면 면역체계는 이 항체를 더욱더 많이 분비하며 차츰 몸의 모든 근육이 말을 듣지 않게 된다.

얼마 전까지만 해도, 여러분이 중증 근무력증에 걸렸다면 가슴 근육을 움직이지 못하여 호흡을 할 수 없게 되어서 10년 안에 죽었을 것이다. 다행히도 중증 근무력증은 현대 의술의 여러 성공 사례들 가운데 하나가 되었다. 20세기 초반에는 중증 근무력증의 사망률이 약 70퍼센트였다. 오늘날은 서구 선진국의 경우 5퍼센트를 밑돈다. 지난 60년간 일련의 치료법이 개발되었으며, 지금은 나쁜 항체의 영향에 대응하는 특수 약물과 면역억제제를 함께 투약하는 요법을 쓴다.

이 치료는 간단한 일이 아니다. 부작용이 생길 수 있을 뿐만 아니라, 억제제를 정확한 간격을 두고서 복용해야 하기 때문에 환자가 한밤중에 일어나서 약을 먹어야 할 때도 있다. 많은 환자들은 평생 동안 밤마다 그 일을 해야 한다. 아프거나 술이 과했거나 그저 피곤해서 자명종 소리를 듣지 못하면 이튿날 증상이 급격하게 재발할 것이다. 아무리 꼼꼼한 환자라도 이따금 위기를 맞는데, 입원해야할 때도 많다.

미국에는 중증 근무력증 환자가 6만 명가량 있으며, 어떤 이유에서인지 유럽에서는 좀더 흔하다. 여느 자가면역질환과 마찬가지로 원인은 짐작조차 할 수 없다. 면역체계는 이유 없이 고장 나며, 일단 항체를 만들기 시작하면 멈출 방법이 없다. 유전병 형태의 자가면역질환이 발견되었지만 매우 드물다. 대다수 경우는 인간의 면역체계에 어떤 설계 결함이 있다는 것으로밖에 설명할 수 없다. 감사하게도 지금은 과학이 대다수 중증 근무력증 환자의 목숨을 구하고 있지만, 수천 세대 전만 해도 중증 근무력증은 불치병이었다.

그레이브스 병(Graves' disease)은 중증 근무력증과 마찬가지로 완벽하게 정상적이고 풍부하고 중요한 체내 분자에 대해서 면역체계가 항체를 만드는 자가면역질환이다. 그레이브스 병에 걸리면 환자는 뚜렷한 이유 없이 갑상샘 자극 호르몬(thyroid-stimulating hormone)이라는 호르몬 수용체에 작용하는 항체를 만들기 시작한다. 이름에서 짐작할 수 있듯이 갑상샘 자극 호르몬은 갑상샘의 주요 호르몬으로, 갑상샘이 갑상샘 호르몬을 분비하도록 한다. 갑상샘 호르몬은 몸 전체를 돌아다니며 여러 가지 일을 하는데, 그 대부분은 에너지 대사와 관계가 있다. 거의 모든 조직은 갑상샘 호르몬 수용체가 있다. 갑상샘 호르몬이 온갖 신체 부위에서 그토록 다양한 일을 하는 것은 이 때문이다.

그레이브스 병에 걸리면 갑상샘 자극 호르몬 수용체에 대한 항체가 이상한 짓을 한다. 수용체를 차단하고 끄는 것이 아니라, 아마도 갑상샘 자극 호르몬 자체를 흉내내어 수용체를 실제로 자극한다. 그럼으로써 갑상샘이 갑상샘 호르몬을 분비하도록 하는 것이다.

정상적인 상황에서는 몸이 갑상샘에서 분비되는 갑상샘 호르몬의 양을 면밀히 감시한다. 그러나 그레이브스 병 환자의 몸에서는 항체가 갑상샘 자극 호르몬을 흉내내어 갑상샘을 자극한다. 갑상샘은 이에 반응하여 갑상샘 호르몬을 점점 많이 분비하는데, 이는 결국 갑상샘 항진증(亢進症)으로 이어진다.

그레이브스 병은 갑상샘 항진증의 가장 흔한 원인이다. 갑상샘 항진증의 증상으로는 심박 증가, 고혈압, 근무기력, 오한, 심장 두근거림, 설사, 구토, 체중 감소 등이 있다. 대다수 환자는 눈에 보이는 갑상샘 종(腫)이 생기며 눈에 물기가 지나치게 많아지고 심지어

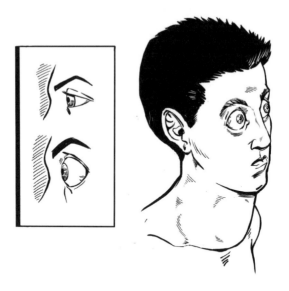

그레이브스 병을 앓고 있는 환자의 얼굴. 안구가 팽창하고 갑상샘이 커지는 것이 이 수수께끼 같은 자가면역질환의 특징이다. 현대 과학으로 치료법이 발견되기 전에는 많은 환자가 귀신에 들린 것으로 의심받아서 정신병원으로 보내지는 신세가 되었다.

부풀기도 한다. 갑상샘 항진증에 걸린 여성에게서 태어난 아기는 선천적인 장애를 겪을 확률이 높다. 환자는 불면증, 불안, 조증, 편집병 같은 정신과적 증상을 겪을 수도 있으며, 심한 경우에는 정신병에 걸릴 수도 있다. 갑상샘 항진증은 비교적 흔한 질병으로, 대개 마흔 살 이후에 발병하며 미국 남성의 약 0.5퍼센트, 여성의 3퍼센트가 앓고 있다.

　그레이브스 병은 1835년에 정체가 밝혀지기 전까지만 해도 사람들에게 종종 치명적이었을 것이다. 극도로 미신적인 우리 조상들이 그레이브스 병 환자의 정신과적 증상과 눈과 갑상샘의 팽창을 보고서 귀신에 들렸다고 의심하는 장면은 쉽게 상상할 수 있다. 실제로 중세 유럽 정신병원의 역사 기록을 보면, 목이 튀어나오고 눈이 부푼 편집병 환자의 이야기가 많이 나온다.[1] 그중 상당수는 그레이브스 병 환자였을 것이다. 그들은 전에는 건강하고 성실했으나 가족과 동료에게 버림받아서 말년을 고통 속에서 보냈다.

다행히도 현대 의술은 면역억제제가 대체로 필요하지 않은 효과적인 치료법들을 개발했다. 갑상샘을 억제하는 데에 쓸 수 있는 약이 여럿 있으며, 심장 박동을 느리게 하고 혈압을 낮추는 베타 차단제처럼 가장 위협적인 증상에 대처하는 약물도 있다. 이 치료법들은 힘겨운 부작용을 별로 일으키지 않는다. 그밖에도 방사성 요오드로 갑상샘의 일부를 파괴할 수 있는데, 이 치료법은 필요하다면 반복도 가능하다. 마지막 방법은 수술로 갑상샘의 일부 또는 전부를 절제하는 것이다. 그런 다음 갑상샘 호르몬 보조제를 투약해야 하는데, 이것은 하루에 한 번 쉽게 복용하면 된다. 따라서 그레이브스 병은 이제 우리 몸이 일으킨 문제를 과학이 해결한 승리 사례로 볼 수 있다(물론 헤아릴 수 없이 많은 세대의 사람들에게는 이 이야기가 그다지 장밋빛으로 들리지는 않았지만 말이다).

현대 의술이 그레이브스 병과 중증 근무력증 같은 일부 자가면역 질환에 승리를 거두다시피 했다면, 이 범주에 속한 또다른 질병인 루푸스는 아직도 치료가 불가능하며 수수께끼에 싸여 있다. 공식 명칭이 전신 홍반 루푸스(systemic lupus erythematosus)인 루푸스는 몸의 거의 모든 조직에 침투하여 근육 및 관절 통증에서 발진과 만성피로에 이르기까지 온갖 증상을 일으킨다. 사실 많은 과학자들은 루푸스를 하나의 질환이라기보다는 연관된 질병들을 뭉뚱그려서 일컫는 명칭으로 생각한다. 연구자에 따라서 다르기는 하지만, 미국의 루푸스 환자는 30-100만 명에 이른다. 자가면역질환은 성별에 따른 차이가 있는데, 루푸스도 예외가 아니어서 남성보다는 여성에게서 네 배 더 많이 발병한다.

루푸스의 진짜 원인은 제대로 밝혀지지 않았지만, 최초의 촉발 인자는 바이러스 감염인 듯하다. 어떤 종류의 바이러스인지, 또한 왜 이 감염이 면역체계를 영구적으로 망가뜨리는지는 아무도 모르지만 말이다. 우리가 아는 사실은 우리 면역체계의 항체 공장인 B 세포가 엉뚱한 항체를 만들어서 제 몸 세포의 핵에 들어 있는 단백질을 겨냥하여 공격한다는 것이다. 한마디로 면역체계가 스스로에게 전쟁을 선포하는 셈이다.

B 세포는 자신을 공격하기 시작하면서 세포자살(apoptosis)이라는 반응을 겪는다. 세포자살은 세포가 주변 세포들이 타격을 입지 않도록 천천히 조심스럽게 스스로를 분해하고 자신의 모든 재활용 가능 물질을 말끔하게 모아서 이웃 세포들이 흡수할 수 있도록 하는 통제된 형태의 자살이다. 세포자살은 배아 발달, 암 방어, 조직의 전반적인 건강과 유지에 꼭 필요하지만, 바이러스로부터 다른 세포들을 보호하는 열쇠이기도 하다. 세포는 자신이 감염된 것을 감지하면 몸의 나머지 부분을 구하고자 바이러스와 동반 자살한다.

대다수 상황에서 세포자살은 생명이라는 시의 아름다운 사례이다. 존재의 유익을 위해서 스스로를 희생하는 이타적 세포인 것이다.

그러나 루푸스에서의 세포자살은 별로 시적이지 않다. B 세포가 대량으로 자살하기 시작하면 인체가 그 잔해를 효과적이고 안전하게 청소하지 못하여 잔해가 쌓이기 시작한다. 설상가상으로 이 활성 상태의 B 세포는 감염세포를 찾아서 달라붙도록 설계된 일부 수용체 때문에 "끈끈해진다." 죽어가는 B 세포는 세포의 덩어리와 세포 조각을 형성하는 경향이 있다. 그러면 다른 면역세포들이 몰려와서 잔해를 에워싸고 청소하려고 한다. 이 면역세포들은 도와주려고 온 것이지만 이따금 잔해에 빠져들기도 한다. 그로 인해서 감염 반응이 몸 전체에서 꼬리에 꼬리를 물고 일어나는데, 이 현상은 주로 림프 절과 그밖의 림프 조직(이를테면 비장)에 집중된다.

이것이 루푸스의 임상적 과정이다. 간단하게 말하면 이렇다. 루푸스 환자는 늘 죽을 맛이다.

이 미세한 덩어리는 몸 어디에나 처박힐 수 있으므로 루푸스 환자는 온갖 증상을 겪으며, 이 증상은 시간이 지남에 따라서 달라지기도 한다. 루푸스의 임상적 증상 중에서 통증은 특정 근육이나 관절뿐만 아니라 몸통이나 머리의 폭넓은 부위에도 생길 수 있고, 피로는 간헐적일 수도 있고 만성적일 수도 있으며, 부기(浮氣)는 말단에 국한될 수도 있고 여느 물혹처럼 보일 수도 있다. 그밖에도 피부 발진, 구강 궤양, 우울증 등이 동반된다. 신장의 미세한 필터 시스템, 폐의 기체 교환 주머니, 심지어 심장을 둘러싼 섬유질 주머니인 심장막 같은 엉뚱한 장소에 세포 잔해의 *끈끈한* 덩어리가 자리잡음으로써 대다수 증상이 생긴다. 이 덩어리들은 해당 조직의 부품에 달라붙기만 하는 것이 아니다. 꼼짝 못하는 상황에서도 능동적인 감염 반응을 계속하는데, 이 반응은 주변 조직으로 퍼질 수 있다. 다시 한번 자가면역의 아수라장이 펼쳐진다.

루푸스는 사전 진단이 유난히 까다롭다. 환자의 증상이 변하여 의사가 질병을 식별하기 힘들며 환자가 자신감을 잃어서 자신의 문제를 정확히 판단하고 전달하지 못하기 때문이다. 루푸스 환자들은 종종 온갖 오진에 시달리는데, 그중에는 특히 정신과적 진단도 있다. **흉통을 호소하시다가 이제는 관절통이 있다고 하시는군요? 통증 부위가 또 달라졌다고요? 정신과 의사를 만나보셔야겠어요.**

그것은 사실이다. 여느 자가면역질환과 마찬가지로 루푸스는 불안, 불면증, 기분장애 같은 여러 정신과적 증상을 곧잘 동반한다. 이 증상들은 대부분 두통, 피로, 만성 통증, 착란, 인지장애, 심지어 (루푸스에 동반될 수 있는) 정신병에서 비롯한다. 한 연구에서는 루푸스를 앓는 여성의 60퍼센트가 임상적 우울증을 앓고 있었다고 밝혀졌다. 루푸스 환자가 겪는 온갖 어려움을 감안하면, 100퍼센트가 아닌 것이 놀라울 정도이다.

루푸스는 증상과 마찬가지로 치료법도 천차만별이다. 거의 모든 루푸스 환자가 면역억제제를 복용하기는 하지만, 여기에다가 각 환자의 독특한 소견에 맞는 약물 투약을 병행해야 한다. 최상의 조합을 찾으려면 여러 약제를 배합해가며 오랫동안 시험해야 할 수도 있다. 그러다가 약효가 아무런 이유 없이 뚝 사라지기도 한다.

다행히도 루푸스 환자의 예후는 시간이 지남에 따라서 꾸준히 향상되었다(문제는 엄청나게 오랜 시간이 걸린다는 것이다). 이 질병이 루푸스로 불린 것은 12세기부터이지만 질병에 대한 기술은 고대로 거슬러올라간다. 1850년대에 자가면역질환이라는 것이 드러났으나 100년이 지나도록 실험으로 입증되지는 않았다. 오늘날 루푸스 환자의 기대수명은 일반인과 거의 같다. 그러나 여기에는 막대한 대가가 따른다. 증상이 없는 날은 하루도 없으며 심할 때에는 몇 주일씩 드러눕기도 한다.

루푸스를 부실한 설계 문제 이외의 것으로 보기는 힘든 일이다. 인간의 면역체계는 견제와 균형을 통해서 외부의 세포와 단백질에 격렬히 반응하면서도 자신의 세포와 단백질은 내버려둔다. 바이러스에 감염되면 몸이 세포를 탈취한 바이러스와 더 공격적으로 싸울 수 있도록 일부 제약이 일시적으로 해제된다. 루푸스는 스위치가 결코 제자리로 돌아가지 않으며, 환자는 평생 동안 허깨비 바이러스와 싸우며 살아간다. 이런 반응 자체는 미리 프로그래밍된 것이고 알맞은 상황에서는 유용하다. 잘못된 것은 스위치이다. 자가면역질환 치고 수월한 것은 하나도 없지만 루푸스는 (논란의 여지가 있지만) 가장 까다롭다. 자신과 싸우는 면역체계는 이겨도 패배자요, 져도 패배자이다.

사람들이 걸릴 수 있는 자가면역질환은 중증 근무력증, 그레이브스 병, 루푸스 말고도 수없이 많다. 미국 국립보건원에서는 류머티즘성 관절염, 염증성 장 질환, 중증 근무력증, 루푸스, 그레이브스 병 등 가장 흔한 스물네 가지 질환만 추적하지만, 미국 자가면역 관련 질병협회에서는 미국 인구의 약 6분의 1인 5,000만 명이 100여 종의 자가면역질환을 앓는다고 추산한다. 그밖에도 성격상 자가면역질환임이 확증되었거나 확고하게 간주되는 질병으로 다발경화증, 건선, 백반증, 복강병(셀리악 병) 등이 있다. 또한 제1형 당뇨병의 일부, 자궁내막증, 크론 병, 사르코이드증을 비롯한 여러 질병이 자가면역과 관련이 있다고 의심하는 사람도 많다. 우리의 면역체계가 잘못되어 우리를 지독히 앓게 하는 방법은 수백 가지가 있다.

그런데 이런 자가면역질환 중에서 몇 가지는 다른 종에게서도 찾아볼 수 있다. 이를테면 개는 애디슨 병과 중증 근무력증에 걸리는 것으로 알려져 있다. 또한 개와 고양이 둘 다 당뇨병을 앓을 수 있다. 흥미롭게도 이 질병들은 야생동물보다는 가축화된 동물에게서 더 흔하다. 가축화된 종의 야생종 사촌과 우리의 가까운 친척인 유인원이 왜 자가면역질환의 시련에 시달리지 않는지는 수수께끼이다.

오늘날까지 루푸스와 비슷한 증후군은 인간 이외의 어떤 동물에게서도, 심지어 가축에서도 한번도 발견되지 않았다. 크론 병을 비롯한 많은 질환도 마찬가지이다. 생체의학 연구에서 일부 자가면역질환에 대한 동물 모형을 만들기는 했지만, 자가면역질환은 다른 동물에게서는 흔해 보이지 않는다. 자가면역질환만 놓고 보자면 인간과 그 동반자는 야생동물보다 더 아픈 듯하며, 우리는 이유를 알지 못한다.

오해 마시라. 인간의 면역체계는 경이롭다. 겹겹이 진을 친 방어용 세포와 분자, 전략이 대다수 사람을 하루하루 건강하게 지켜주니까. 면역체계가 없다면 우리는 세균과 바이러스의 침입에 속수무책으로 당할 수밖에 없다. 면역체계를 부실한 설계로 치부하는 것은 면역체계가 매일같이 승리를 거두고 있는 수백만, 아니 **수십억**번의 전투를 모독하는 일이다.

그러나 우리의 면역체계가 **완벽하게** 설계되었다고 말하는 것도 부정확하기는 마찬가지이다. 이 지구를 행복하게 걸어 다니던 수백만 명이 제 몸의 자체 태업(怠業) 때문에 목숨을 잃었다. 몸이 자신과 싸우면 누구도 승자가 될 수 없다.

지나친 과민 반응?

요즘은 알레르기가 없는 사람을 찾아보기 힘들다. 심각한 땅콩 민감성을 가진 사람에게 물어보면 알겠지만, 알레르기라고 해서 다 같은 알레르기는 아니다. 가벼운 감기 증상을 일으키거나 (일부 식품 알레르기처럼) 혀를 가렵게 하는 비교적 무해한 알레르기도 있지만 치명적인 것도 있다. 2015년 미국에서 200명 넘는 사람들이 알레르기로 죽었는데, 절반 이상이 땅콩 알레르기였다. 입원한 사람은 수만 명에 이른다.

알레르기는 자가면역질환만큼 오리무중은 아니지만, 두 질환에는 공통의 끈이 있다. 그것은 인간 면역체계가 말썽을 부린다는 것이다. 그러나 자가면역질환은 몸이 스스로에게 과민 반응을 하는 반면에 알레르기는 면역체계가 (전혀 해롭지 않은) 외부 물질에 과민 반응을 일으킨다.

면역반응을 촉발하는 분자를 항원(抗原, antigen)이라고 하는데, 항원은 대체로 단백질이다. 항원은 어디에나 있다. 우리가 먹고 만지고 호흡하는 모든 것에는 잠재적 항원이 들어 있다. 그러나 우리가 접하는 외부 물질의 절대다수는 완전한 양성(陽性)이다.

무해한 단백질과 위험한 단백질을 구분하지 못하면 모든 것에 알레르기 반응을 보이겠지만, 다행히도 우리 몸은 해로운 분자와 해롭지 않은 분자를 대체로 구분할 수 있다. 외부 단백질이 무해한 종류면 면역체계는 일반적으로 그냥 무시한다. 그러나 해로운 세균이나 바이러스라면 침입자를 무력화하려고 공격을 벌인다.[2] 이런 공격을 **면역반응**이라고 하는데, 이름은 순둥이이지만 성질은 포악하다.

면역반응의 주된 현상이자 알레르기의 핵심 메커니즘 중의 하나는 염증(炎症, inflammation)이다. 염증에는 전신 염증과 국소 염증의 두 가지가 있으며 둘은 몇 가지 공통점이 있다. 고대부터 알려져 있었으며 지금도 라틴어 명칭으로 가르치는 염증의 네 가지 주요 특징은 루보르(rubor, 발적[發赤]), 칼로르(calor, 열[熱]), 투모르(tumor, 부종[浮腫]), 돌로르(dolor, 통증[痛症])이다. 이 네 가지 특징은 상처가 감염되었을 때에도 쉽게 알아볼 수 있지만, 감기 같은 전신 면역반응에서도 나타난다. 얼굴이 붉어지고(루보르) 열이 나고(칼로르) 폐에 물이 차고(투모르) 온몸이 쑤신다(돌로르).

　이 증상들 중에서 상당수가 알레르기 반응에서도 나타나는 것을 보면, 이것들이 감염 침입자 자체 때문에 나타나는 것이 아님을 알 수 있다. 이 증상들은 면역체계가 침입자와 싸우면서 생긴 부산물이다. 발적과 부종은 면역세포와 항체를 감염 부위에 더욱 효과적으로 보내기 위해서 혈관이 팽창하여 혈액이 유출된 결과이다. 열은 세균 증식을 막으려는 과정에서 발생한다. 통증은 감염된 상처를 치료하고 보호하거나 (전신 감염의 경우) 드러누워 쉬면서 면역 싸움을 위한 에너지를 비축하도록 유도하는 방법이다. 이 모든 염증 증상이 일어나는 이유는 몸이 어떤 적이든지 싸우려고 들기 때문이다.

　염증은 감염과 싸울 때에는 틀림없이 이롭지만 알레르기의 경우에는 아무짝에도 쓸모없다. 옻나무 같은 알레르기 항원은 인체에 전혀 해롭지 않다. 옻나무에 면역반응을 일으키는 것은 바보짓이다. 그러나 대다수 사람들은 옻나무를 만질 때마다 바보짓을 한다.

　알레르기가 얼마나 터무니없는지 잠깐 생각해보자. 어떤 사람들은 벌에 쏘이면 과민 반응을 일으켜서 심지어 목숨을 잃기도 한다. 그런데 이들을 죽인 것은 벌침이 아니라 면역체계이다. 설령 벌침이 정말로 위험하더라도 자살은 과민 반응이다. 과민성 알레르기를 가진 사람의 면역체계는 째깍거리는 시한폭탄과도 같다. 그들이 살아가면서 맞닥뜨릴 가장 큰 건강상의 위험은 바로 자신의 몸속에 있다.

　알레르기 반응의 주범 가운데 하나는 (정상적으로는) 기생충과 싸우는 데에만 쓰이는 특수 항체로, 이 때문에 (적어도 선진국에서는) 가장 덜 쓰이는 항체 중의 하나이다. 이 항체의 주된 역할은 염증을 유도하여 극대화하는 것이다. 어떤 이유에서인지 기생충과 싸우는 이 항체가 알레르기 반응에서 분비되는데, 알레르기 반응 중에 일어나는 염증이 일반 염증 반응보다 훨씬 더 심한 것은 이 때문이다. 염증은 이 항체의 유일한 전문 분야이다. 망치를 들면 죄다 못으로 보이는 법 아니던가.

알레르기가 난제인 이유는 우리가 늘상 외부 물질로부터 폭격을 맞기 때문이다. 우리는 다양한 동식물을 먹는다. 우리는 꽃가루와 미생물을 비롯하여 온갖 입자를 들이마신다. 우리의 피부는 옷, 흙, 세균, 바이러스, 타인의 몸을 비롯하여 갖가지 물질과 접촉한다. 우리는 이러한 외부 물질의 공격을 너끈히 받아내지만, 땅콩 알레르기가 있으면서도 땅콩 버터를 참지 못하는 사람이라면 알레르기와의 싸움에 목숨을 걸어야 할지도 모른다.

그렇다면 몸은 왜 어떤 때에는 차이를 알고, 어떤 때에는 모르는 것일까? 그것은 여전히 수수께끼이다. 그러나 한 가지 밝혀진 점은 몸이 이러한 구분을 정확히 연습해야 하며 연습하는 환경이 중요하다는 사실이다. 면역체계의 훈련은 두 단계로—처음에는 자궁 안에서 다음에는 유아기에—시행된다.

갓 생긴 배아는 자궁에 있는 동안 면역세포를 발달시킨다. 이 세포들이 맨 처음 하는 일은 **클론 배제**(clonal deletion)라는 현상에 참여하는 것이다. 클론 배제는 태아의 몸에서 떨어져 나온 작은 단백질 조각을 태아에게서 발달 중인 면역세포에 선보이는 과정이다. 자신의 단백질 조각에 반응하는 면역세포는 제거된다. 면역체계에서 "배제되는" 것이다. 이 과정은 여러 주일에 걸쳐서 진행되는데, 목표는 자기 몸에 반응할 가능성이 있는 면역세포를 모조리 없애는 것이다. 그러고 나서야 면역체계는 작동할 준비가 끝난다.

출생 전에는 면역체계가 작동하지 않아도 무방하다. 자궁이 완벽한 멸균 상태는 아니지만 완벽에 가깝기 때문이다. 이 안전한 환경에서 태아는 자기 면역체계 앞에 덫을 놓는다. 자신의 항원의 작은 조각을 보여주고는 여기에 달려드는 면역세포를 모조리 죽이는 것이다. 그러면 면역체계의 세포들은 외부 세포만 공격하게 된다. 출생 후에 얼마 지나지 않아 이 세포들이 활성화되면 태아는 작디작은 위험으로 가득한 더러운 세상을 맞이할 준비가 된다.

태아는 일단 태어나면 더 힘겨운 과제를 맞닥뜨린다. 아기가 이 지저분한 세상에 던져지면 면역체계는 한번도 보지 못한 항원들의 집중포화를 받는다. 누가 친구이고 누가 적인지를, 그것도 재빨리 알아내야 한다. 신생아의 면역체계는 첫날부터 아직 어떻게 대처해야 할지 모르는 온갖 감염원에 직면한다. 몸은 황색포도상구균 (*Staphylococcus aureus*)의 모든 계통을 무시하면서 오로지 한 계통과만 전력으로 싸워야 한다는 것을 어떻게 알까? 아무도 모른다. 한 가지는 분명하다. 초기의 면역체계는 느리게 반응하며 "관망 (觀望)" 접근법을 취한다.

많은 과학자들은 이것이 면역 훈련 2단계의 열쇠라고 생각한다.

몸은 처음에는 면역반응을 천천히 진행하며 감염이 악화되는지 지켜보면서 어떤 외부 단백질이 위험하고 어떤 것이 무해한지를 알아낸다. 감염이 악화되면 비상이다. 그렇게 되지 않으면 외부 물질은 귀한 선물이다. 극히 드문 감염에 대비하여 맞은 백신이 접종하고 수십 년 뒤까지 효과를 발휘하는 것을 보면 면역체계의 기억력이 얼마나 비상한지 알 수 있다. 그러나 처음에는 누가 친구이고 누가 적인지 배워야 한다. 그러려면 직접 겪어보는 수밖에 없다.

그러나 영아의 느린 면역반응은 정말로 위험한 감염에 유리하게 작용한다. 어느 부모에게 물어보아도 자기 아이가 늘 아프다고 말할 것이다. 아이가 병을 달고 사는 한 가지 이유는 (이를테면 기침 감기와 코감기를 일으키는) 바이러스에 대해서 아직도 면역을 형성하는 중이기 때문이지만, 또다른 이유는 어떤 벌레와 싸워야 하고 어떻게 싸워야 하는지를 면역체계가 배우고 있기 때문이다. 면역체계는 조치를 취하기로 결정하면 매우 단호하게 행동에 돌입하여 늦은 출발을 상쇄한다. 아이들이 어른보다 훨씬 더 높게 열이 오르는 것은 이 때문이다. 한번은 나의 아들이 열이 41도까지 올랐는데 알고 보니 대수롭지 않은 패혈성 인두염이었다(하지만 그때는 처음 부모가 되어서 경황이 없었기 때문에 전염병에 걸린 줄 알았다). 내 체온이 38도를 넘었다면 죽을병에 걸린 줄 알았을 것이다.

중요한 사실은 우리의 면역체계가 이 땅에서의 하루하루를 참아내는 법을 배운다는 것이다. 우리가 숨 쉬는 공기, 우리가 먹는 음식, 우리의 피부에 들어 있는 외부 분자는 대부분 아무런 해가 없다. 절대다수의 세균과 바이러스도 무해하기는 마찬가지이다. 우리의 면역체계는 외부 물질의 끊임없는 포화에 익숙해져서 거기에 대응하지 않는 법을 배운다. 면역체계는 생후 몇 달부터 몇 년에 걸쳐서 무해한 물질을 대부분 접했다고 판단하여 성숙 상태에 안착한다.

그러나 면역체계는 유아 시절의 학습기에서 벗어나면서 달라지기 시작한다. 새로운 외부 물질을 섭할 때에 더 민감해지는 것이다. 알레르기가 추한 몰골을 드러내는 것이 이때이다. 면역체계는 땅콩 기름 같은 무해한 물질이 건강을 전혀 위협하지 않는다는 사실을 배우는 것이 아니라 맞서 싸워야겠다고 판단한다. 노출이 많아질수록 반응은 더욱 격렬해진다. 말하자면 얻어야 할 교훈의 정반대를 얻는 셈이다.

알레르기가 왜 생기는지에 대한 진화적인 설명은 하나도 없으며 모든 동물은 알레르기를 앓을 수 있다. 그러나 자가면역질환과 마찬가지로 인간만큼 알레르기로 고생하는 종은 하나도 없다. 지난 20년간 식품 알레르기와 호흡기 알레르기가 부쩍 늘었으며, 지금은 미국 아동의 10퍼센트 이상이 하나 이상의 식품 알레르기를 겪는다.[3] 내가 초등학교를 다니던 1980년대 초에는 땅콩 알레르기가 있는 학생이 나보다 11학년 위인 나의 누나 말고는 한 명도 없었다. 지금은 나의 아이들 반에서 땅콩이나 그밖의 견과류에 치명적인 알레르기 반응을 보이는 아이들이 해마다 여러 명 있다. 많은 학교와 어린이집에서는 알레르기가 있는 아이들이 견과류를 먹고 아나필

락시스(anaphylaxis, 심한 쇼크 증상처럼 과민하게 나타나는 항원 항체 반응. 알레르기가 국소성 반응인 데에 비하여, 전신성 반응을 일으킨다/옮긴이)를 일으킬까봐 전전긍긍하느니 차라리 식단에서 견과류를 모조리 빼는 쪽을 선택했다. 면역체계가 어떻게 훈련받는지, 무엇이 잘못되면 알레르기가 생기는지 알았으니 이제 지난 20년간 알레르기 발병률이 치솟은 원인이 무엇인지 생각해보자.

가장 그럴듯한 답은 위생 가설(衛生假說, hygiene hypothesis)이다. 1970년대와 1980년대를 시작으로 사람들은 아동, 특히 유아가 병균과 접촉하지 않게 하려고 온갖 호들갑을 떤다. 오늘날 부모들은 젖병을 소독하고 방문객에게 아이를 안거나 쓰다듬기 전에 손을 씻으라고 말한다. 유아를 주로 실내에 있게 하며 맨발로 땅을 밟게 하는 일은 결코 없다. 아기의 배에는 가장 깨끗한 음식과 음료만 넣고 아기의 몸에는 갓 세탁한 옷만 입힌다. 고무젖꼭지가 바닥에 떨어지면 **만지지 마! 당장 소독해야 해!**라고 말한다.

이 모든 조치는 지극히 정당한 의도에서 비롯했으며, 어느 것 하나도 흠잡기가 힘들다. 나는 아이들에게 바닥에 떨어진 것을 절대 먹지 말고 공중 화장실을 쓰지 말고 지하철을 탈 때에는 아무것도 만지지 말라고 똑똑히 가르쳤다. 내가 이렇게 조심하라고 하는 이유는 아이들이 병에 걸리지 않게 하기 위해서이다.

여러분이 감기에 걸렸다면 2주일 된 유아를 안아서는 안 된다는 것은 상식이다. 어린아이의 부모가 신생아를 방문하는 것은 실례라고 생각하는 사람들도 있다. 아이를 집에 두고 가더라도 안 된다.

여러분의 옷과 피부에 병균이 묻어 있어서 유아가 병에 걸릴 수도 있기 때문이다. 다시 말하지만 이것은 지극히 좋은 의도에서 비롯한 부모의 방어적 반응이다.

좋은 의도라는 것은 제쳐두고, 이런 안전 조치가 극단적으로 치달으면 진화가 빚은 면역 발달 과정을 자기도 모르게 망칠 수 있다.

알고 보면 유아를 무균 상태로 유지하는 것이야말로 알레르기 급증의 원인일지도 모른다. 여러 연구에 따르면 유아기에 지나치게 깨끗한 환경에서 자라면 훗날 식품 알레르기가 생길 수 있다. 이것이 위생 가설이다. 그도 그럴 것이 우리가 면역체계에 대해서 아는 한 가지 사실은 면역체계가 제대로 돌아가려면 연습을 많이 해야 한다는 것이기 때문이다. 출생 직후에 (대부분의) 백신을 맞히지 않는 것은 이 때문이다. 그때는 아직 면역체계가 준비되지 않았다. 백신이 유아에게 해를 끼친다는 말이 아니다. 아예 효과가 없다는 것이다. 같은 원리가 반대 방향으로도 작용한다. 항원 노출을 최소화하면 아이의 면역체계가 항원에 익숙해지지 못한다. 우리의 면역체계가 해로운 이물질과 무해한 이물질을 구분하려면 두 가지를 많이 겪어보는 수밖에 없다.

이 가설이 옳다면, 알레르기라는 비교적 사소한 설계 결함을 어마어마한 문제로 키운 것은 우리 자신이다. 이 문제에 대해서는 자연을 원망할 수 없다. 우리 탓이다.

심장의 문제

심혈관 질환은 미국과 유럽에서 (사고를 제외한) 첫 번째 사망 원인이다. 실제로 관상동맥 질환, 뇌졸중, 고혈압은 서구 선진국에서 사망의 근본 원인 중에 약 30퍼센트를 차지한다. 대다수 사망은 심장 자체의 문제 때문이지만, 혈관의 기능 이상 탓일 때도 많다(이를테면 대부분의 신장 질환은 실제로는 신장에서 일어난 순환계통 문제이다. 신장에 혈관이 집중되어 있기 때문이다).

일부 심장 질환은 연령과 관계가 있거나 나쁜 생활 습관의 결과이다. 오래 살거나 건강에 해로운 생활을 하면 이런 심혈관 질환에 걸릴 수 있다. 이것은 엄밀히 말해서 설계 결함은 아니다. 사실 자신 말고는 누구도 원망할 수 없다. 아마도 여러분은 이 주제에 대해서 이미 많은 이야기를 들어서 더 들을 필요가 없을 것이다(깜짝 충고: 몸에 좋은 음식을 먹고 운동을 많이 하시라!).

그러나 심장으로 말할 것 같으면 실제로 유별난 설계 결함이 몇 가지 있다. 이를테면 미국에서만 해마다 2만5,000명가량의 아기가 심장에 **구멍**이 뚫린 채 태어난다.

심장의 구멍은 임상 용어로 **중격 결손**(中隔缺損, septal defect)이라고 한다. 구멍은 좌심방과 우심방 사이에 뚫릴 수도 있고 좌심실과 우심실 사이에 뚫릴 수도 있다. 사이막(중격)에 구멍이 뚫리면, 정상적인 상황에서는 서로 연결되지 않은 두 방 사이로 혈액이 드나든다. 심장이 수축하면 혈액이 구멍을 통해서 심장의 왼쪽 방

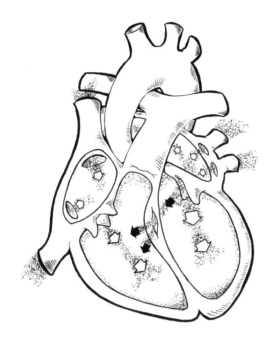

중격 결손이 있는 사람의 심장. 사이막의 구멍 때문에 혈액이 심장 왼쪽에서 오른쪽으로 흘러든다. 이것은 흔하지만 치명적인 선천적 장애로, 인간 심장의 발달에 관여하는 유전자가 정밀하게 조정되지 않았다는 것을 시사한다.

에서 오른쪽 방으로 흐른다. 심장이 쉬고 있을 때에는 혈액이 오른쪽 방에서 왼쪽 방으로 우연히 흘러들 수도 있다. 그러면 정맥혈과 동맥혈이 부적절하게 섞인다.

　정상적인 상황에서는 혈액이 온몸의 조직에 산소를 배달하고 돌아와서 심장의 오른쪽으로 들어간다. 이 혈액은 폐로 뿜어져 들어가서 산소를 싣고 이산화탄소를 내려놓는다. 그런 다음 심장으로 돌아가는데, 이번에는 왼쪽으로 갔다가 압력을 받아서 몸으로 뿜어져 나간다. 이 두 단계 과정이 중요한 이유는 혈액이 높은 압력으로 펌프질되어 몸으로 흘러들어야 하면서도, 조직이 기체 교환을 할 수 있도록 낮은 압력으로 몸을 순환해야 하기 때문이다(기체 교환이야말로 혈액이 달성해야 하는 목적이니까). 펌프질, 기체 교환(폐), 펌프질, 기체 교환(온몸). 이것이 심장의 패턴이다.

그러나 중격 결손이 있으면 두 단계 중간에 혈액이 섞인다. 정상적인 혈액 흐름에 합선이 일어난 셈이다. 처음에는 구멍이 작아서 아무런 차이도 생기지 않지만, 시간이 지나면서 혈류의 마찰 때문에 구멍이 커지기도 한다. 구멍이 커지면 혈류가 뒤죽박죽이 되어서 자궁 안에서나 출생 직후에 목숨을 잃을 수 있다. 적어도 중격 결손으로 인한 비효율 때문에 심장에 무리가 간다. 혈액을 제대로 순환시키기 위해서 심장이 더 열심히 일해야 하는 것이다.

지금은 중격 결손을 가지고 태어난 아이들의 임상 결과가 매우 양호하다. 많은 수의 아이들의 결손은 가만두어도 될 만큼 작다(물론 정기적으로 검사를 해야겠지만). 큰 결손은 수술로 복원해야 하는데, 이것은 1940년대 후반에야 가능해졌다. 격벽(隔壁)은 심방과 심실 안쪽 깊숙한 곳에 있어서 심장 절개 수술을 해야 한다. 이것은 대수술이며 수술 중에 완전한 심장, 폐 우회술을 시행해야 한다. 여기에는 온갖 위험이 따른다. 그럼에도 의사들은 이 수술을 정교하게 발전시켰으며, 선진국에서는 중격 결손을 가지고 태어난 아이들이 거의 전부 생존하여 완벽하게 정상적인 삶을 살아간다.

그러나 수십 년 전만 해도 상황이 전혀 달랐다. 중증 중격 결손은 출생 직후 사망의 주요 원인이었다. 심장에 구멍이 뚫린 아기는 숨을 헐떡이다가 산소를 제대로 순환시키지 못해 서서히 질식하여 몇 시간 만에 죽었다.

물론 대다수 사람은 심장에 구멍이 없지만, 이 발달상의 오류가 곧잘 생기는 것을 보면 심장을 만드는 유전자에 서툰 구석이 있음을 알 수 있다. 중격 발달 결손은 간헐적으로 일어나지만, 이것은 간헐적 **돌연변이** 때문이 아니라 배아의 심장 발달에서 생긴 간헐적 문제 때문이다. 그저 운이 없는 것이다. 그러나 이 불운이 생기는 데에는 다름 아닌 어떤 소인(素因)이 있는 듯하다.

특정한 문제를 겪게 될 소인이 어떻게 생기게 되는지 이해하려면 신발끈을 생각해보라. 신발끈을 제대로 묶으면 100걸음을 걷는 동안 신발끈을 밟을 확률이 매우 낮지만, 그렇다고 해서 0은 아니다. 신발끈이 매우 짧으면 풀렸어도 여전히 신발끈을 밟지 않고 100걸음을 걸을 수 있을 것이다. 설령 신발끈을 밟더라도 많이 밟지는 않을 수 있다. 하지만 긴 신발끈이 풀렸다면 100걸음을 걷는 동안 틀림없이 여러 번 신발끈을 밟을 것이다. 그렇더라도 걸음을 내디딜 때마다 밟지는 않겠지만 말이다.

이 예에서 보듯이 문제—신발끈을 밟는 것—가 생길 확률은 낮을 수도 있고 높을 수도 있으며 이는 여러 요인들에 따라서 달라진다. 신발끈을 한번도 밟지 않는 완벽한 상황은 존재하지 않고, 매 걸음마다 신발끈을 밟는 상황도 존재하지 않는다. 모든 것은 확률의 범위에 속할 뿐이다.

유전자가 발달에 미치는 영향은 신발끈이 신발끈을 밟는 행동에 미치는 영향과 비슷하다. 아기가 심장에 구멍을 가지고 태어날 가능성은 낮지만, 미국에서만 해마다 2,000명의 아기가 심장에 구멍을 가지고 태어나는 것을 보면 우리의 유전적 신발끈이 풀렸음을 알 수 있다. 심장 발달에 관여하는 유전자의 어딘가에 문제가 있는 것이다. 신발끈이 짧을 수도 있지만, 풀린 것은 분명하다.

이것이 기이하게 여겨진다면 이렇게 생각해보라. 어떤 아기는 혈액이 순환계통에서 잘못된 방향으로 흐르는 상태로 태어난다. 이것은 즉시 바로잡아야 하는 심각한 문제이다. 순환은 닫힌 계(系)이므로 이론상으로는 방향이 거꾸로 되어 있어도 혈액은 가야 할 곳으로 갈 것이다. 즉, 폐에서 산소를 공급받아서 조직에 공급하고는 폐로 돌아와서 산소를 새로 공급받을 것이다. 그러나 효과적으로 흐를 수는 없다. 혈관과 심장은 저마다 다른 체계의 필요와 압력에 맞도록 구성되어 있기 때문이다. 심장의 오른쪽은 혈액을 폐에만 펌프질했다가 심장으로 돌려보내도록 만들어졌으며, 혈액을 온몸으로 밀어낼 만큼 강하지 않다. 게다가 혈액을 폐로 보내는 것이 정상인 폐동맥은 혈액을 온몸으로 보내는 것이 정상인 대동맥과 구조가 전혀 다르다. 역할이 바뀌면 둘 다 제 역할을 제대로 하지 못한다.

대혈관 전위(大血管轉位, transposition of the great vessels)라고 불리는 질환을 앓는 아이들의 목숨을 구할 수 있게 된 것은 의학이 거둔 극적인 승리이다. 의사들은 혈관을 여러 조각으로 자르고 위

200

치를 바꾸어서, 혈액이 정확히 흐를 때의 부하를 감당할 수 있도록 근력과 두께와 탄력을 조절한다. 이 수술을 하려면 완전한 심장, 폐 우회술을 시행해야 하기 때문에, 생후 몇 시간이나 며칠밖에 되지 않은 아기에게는 극히 위험하다. 요즘은 대부분의 아이들이 수술 후에 생존하여 비교적 정상적인 삶을 살아간다. 자연이 저지른 실수를 이제는 과학이 고칠 수 있는 것이다.

심장의 구멍과 뒤바뀐 혈관은 치명적이기는 하지만 드물게 나타나는 심혈관계통 결함인 반면에, 더 미묘하기는 하지만 훨씬 흔하며 위험성 면에서도 전혀 뒤지지 않는 기형도 있다. 이를테면 문합(吻合, anastomose)은 매우 큰 동맥이 정맥과 짧은 회로를 이루어서 쓸데없이 혈액을 순환시키는 기묘한 혈관 구조이다. 이 쓸데없는 혈관이 너무 커지면 목숨을 위협할 수도 있다. 문합은 많은 양의 혈류를 무의미하게 받아들이기 때문에 충혈된 혈관에 작은 상처만 생겨도 대량의 혈액이 급속도로 유실될 수 있다.

문합은 대부분 무해하지만 저절로 해결되지는 않는다. 비정상적으로 자라는 문합은 덩어리를 이루어 건강을 심각하게 위협하기 전에 제거해야 한다. 가지를 뻗어서 혈관이 거미줄처럼 꼬이는 것은 가장 위험한 축에 든다. 예전에는 이런 현상이 벌어지면 목숨을 잃을 수도 있었으며 대개 몸이 쇠약해졌다. 문합을 내버려두면 시간이 지날수록 점점 더 커져서 피가 고인 채로 꽉 차 있는 덩어리가 된다. 이 덩어리는 대개 수술로 제거하거나 매우 작을 때에는 방사선으로 파괴한다. 그러나 덩어리가 클수록 치료에 위험이 따른다.

심장 방향

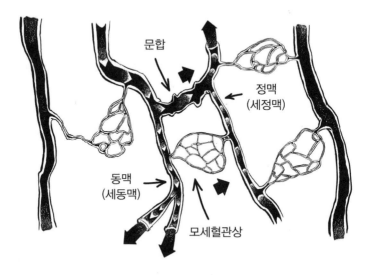

문합

정맥
(세정맥)

동맥
(세동맥)

모세혈관상

문합이 생기면 혈액의 흐름이 바뀌어서 동맥에서 모세혈관상(毛細血管床)을 거치지 않고 곧장 정맥으로 흐른다. 그러면 주변 조직이 산소를 공급받지 못하여 걷잡을 수 없는 문합의 악순환에 빠진다.

혈관을 절개했을 때에 대량의 혈액이 미처 응고되지 않은 채 쏟아져 나오기 때문이다.

이 음흉한 구조는 일단 형성되면 종종 걷잡을 수 없는 성장의 악순환으로 이어진다. 그 이유는 이 무의미한 혈관을 둘러싼 조직이 역설적으로 산소가 풍부한 혈액을 접하지 못하기 때문이다. 정상적인 동맥은 혈액을 심장에서 운반하여 기체가 교환되는 모세혈관으로 배분해서 몸의 각종 조직과 장기에 귀중한 산소를 보낸다. 그러나 문합된 동맥은 또다른 혈관인 정맥에 직접 연결되어 있어서 혈액을 그냥 심장으로 돌려보낸다. 문합은 모세혈관 단계를 건너뛰기 때문에 주변 조직이 산소 결핍을 겪는데—엄청난 양의 혈액이 시시각각 이 조직을 효과적으로 통과하고 있는데도— 이를 저산소증(hypoxia)이라고 한다. 저산소증을 겪는 세포는 이에 대응하여 혈관의 성장을 촉진하는 호르몬을 분비하지만 이는 문합의 성장을 촉진할 뿐이다. 혈관은 점점 커져서 심지어 가지를 뻗는다. 그러면 더 많은 조직이 저산소증에 빠지고 악순환이 되풀이된다.

여러 발달 장애와 마찬가지로 문합이 어떻게, 왜 생기는지는 아무도 모른다. 문합은 그냥 생긴다. 이것은 우리의 발달 유전자와 조직 구조가 부실하게 프로그래밍된 탓이다. 신발끈이 풀린 셈이다.

마무리 : 우리 모두를 노리는 짐승

대부분의 사람은 알레르기가 전혀 없고 심장 발작을 전혀 겪지 않으며 자가면역질환의 공포에 사로잡히지 않지만 암은 우리 모두를 노리는 짐승이다. 여러분이 아주 오래 살면 암에 걸릴 확률은 사실상 100퍼센트이다. 여러분이 다른 병으로 죽지 않는다면 언젠가는 암이 여러분을 따라잡을 것이다.

암 발병률은 무섭게 증가하고 있다. 이유는 간단하다. 사람들이 다른 병으로 죽지 않아서 암에 걸릴 만큼 오래 살기 때문이다(유일한 이유는 아니지만). 게다가 다세포 동물은 모두 암에 걸릴 수 있다. 암은 우리만의 질병이 아니다. 우리는 어떤 동물보다는 암에 많이 걸리지만 또 어떤 동물보다는 적게 걸린다.

달리 말해서 암만 놓고 보자면 예전에 비해서 암에 걸릴 만큼 오래 산다는 것만 빼면 우리에게는 특별할 것이 없다. 그런데 왜 암 이야기를 꺼냈느냐고? 왜 죽상경화증(粥狀硬化症, atherosclerosis)처럼 그냥 넘어가지 않느냐고?

그 이유는 암이 자연의 궁극적인 버그이자 특징이기 때문이다. 유성 생식, DNA, 세포를 가지면서 암을 가지지 않을 수는 없다. 사실 암의 보편성은 이것이 자연의 극단적 결함이라는 점을 시사한다. 이것은 인간뿐만 아니라 수많은 생물이 겪는 설계 결함이다.

자가면역질환과 마찬가지로 암은 세포의 산물이다. 암은 세포가 행동 수칙을 착각하여 제멋대로 자라고 증식할 때에 생긴다. 고형 종양의 경우는 명령을 따르지 않는 세포 덩어리가 정상적인 기능을 하지 못하고 장기를 압박한다. 혈액암(백혈병[leukemia]과 림프종[lymphoma])의 경우에 암세포는 혈액세포와 골수 형성 기관을 몰아내고 자신을 더 많이 만들어낸다. 어느 유형의 암이든 암세포는 대체로 다른 조직에 퍼져서 주도권을 차지함으로써 결국 몸이 제 기능을 하지 못하도록 한다. 따라서 암은 본질적으로 세포의 성장 조절에 문제가 생긴 질병이다.

몸의 대다수 세포는 필요한 경우와 시기에 성장하고 분열하고 증식할 수 있다. 피부, 창자, 골수에 있는 것과 같은 일부 세포는 거의 언제나 자란다. 신경세포와 근육세포처럼 결코 분열하지 않는 것도 있다. 어떤 세포는 늘 분열하지는 않지만 상처를 치유하거나 조직을 조생(부生)하는 동안에는 분열하기도 한다. 따라서 세포는 자신의 증식을 스스로 조절해야 한다. 필요하면 증식하되, 멈출 때가 되면 멈춰야 한다. 세포가 이 규칙을 무시하고 끊임없이 증식하면 암이 시작된다. 이런 의미에서 암은 세포의 타락이다. 암세포는 제 나름의 생명을 얻어서 본래의 자리를 버리고 오로지 자신의 증식과 확산에만 몰두한다.

일전에 비행기를 탔는데 그레고리 모어먼 신부라는 베네딕토회 수도사가 나의 옆자리에 앉았다. 대화를 나누던 중에 나는 암 연구 학회에 참석했다가 집에 돌아가는 길이라고 말했다. 그는 학식이 풍부한 사람이었는데, 흥미가 동한 듯이 나의 연구와 암 자체의 성질에 대해서 많은 질문을 던졌다. 그러더니 암에 대한 자신의 생각을 유창하게 읊기 시작했다. 그의 말을 기억나는 대로 아래에 옮겨 본다.

암은 악마의 궁극적인 생물학적 현현(顯顯)인 것 같습니다. 암은 세균이나 바이러스의 공격으로 인한 결과가 아니며 우리 몸이 외부의 힘에 손상된 결과도 아닙니다. 원인은 우리 자신입니다. 우리 자신의 세포가 마치 사악한 힘에 유혹된 듯이 몸속에서의 본분을 망각하고 자신만을 위해서 살기 시작하는 것이죠. 이 세포들은 이기심의 화신이 되어서 모든 것을 독차지하고 하나도 나누려고 들지 않습니다. 만족을 모른 채 자라고 자라서 다른 영역으로 퍼져서는, 계속해서 자라고 빼

앗고 죽입니다. 우리가 알기로 이 타락한 세포와 싸우는 유일한 방법은 자신을 매우 아프게 하는 것입니다. 암을 공격하는 것은 곧 자신을 공격하는 것이기 때문이죠. 다름 아닌 우리 자신의 살을 점령한 악마와 싸우려면 다른 방법이 없습니다. 제가 종양학자와 암 연구자를 언제나 높이 평가하는 것은 이 때문입니다. 선생은 악에 맞서 싸우는 일에 헌신하고 계시니까요.

나는 수도사의 말에 입을 다물 수 없었다. 그 뒤로 한번도 그의 말을 잊은 적이 없다. 아이러니하게도 암에 대한 논문이나 글의 첫머리는 대개 그의 시적이면서도 극히 간결한 묘사와 똑같은 문구로 시작한다. 표현은 더 임상적이고 덜 흥미롭지만 말이다. 암은 실로 자연의 부실한 설계가 낳은 산물이다. 자신의 세포가 오작동하다가 급기야 유기체 자체를 죽이니 말이다(눈에 띄는 예외로 자궁경부 암은 인간 유두종 바이러스[human papillomavirus] 때문에 발병한다. 그러나 바이러스로 인한 암은 극소수에 불과하다).

암이 이토록 고집쟁이인 데에는 두 가지 이유가 있다. 첫째, 모어먼 신부의 말처럼 암은 외부 침입자가 아니다. 우리의 세포가 잘못된 것이다. 따라서 암세포와 싸우면서 정상 세포를 해치지 않는 약을 개발하기가 힘들다. 둘째, 암은 진행성, 그것도 공격적인 진행성을 가진다. 암세포는 끊임없이 돌연변이를 일으키는데, 이는 시간이 지나면서 다른 질병으로 바뀐다는 뜻이다. 암세포는 증식하고 변신하고 침입하여 결국에는 온몸에 퍼진다. 처음에는 잘 듣던 치료법도 결국은 실패하기 마련이다. 종양에 세포가 1,000만 개 들어 있는데, 의사들이 방사선요법과 화학요법으로 그중 99.9퍼센트를 죽여도 종양은 충분히 다시 자랄 수 있다. 게다가 애초의 치료법에 저항력을 획득하여 더더욱 공격적으로 바뀔 것이다.

인체세포가 제멋대로 자라기 시작하는 원인은 무엇일까? 몸속의 거의 모든 세포는 이따금 돌연변이를 겪는다. 돌연변이란 DNA 염기서열이 무작위로 바뀌는 것을 일컫는다. 이런 변화 중에서 일부는 우리 주위에 널려 있는 독소 때문이지만, 대부분은 세포가 DNA를 복제할 때에 저지른 실수 때문이다. 우리 몸에서는 매일 수십억 번의 세포 분열이 일어나고 매일 수만 개의 오류가 생긴다.

대부분의 암은 이렇게 시작된다. 매일 수천 개의 영구적인 돌연변이가 일어나다가 그중 하나가 정상적인 확산 제어를 담당하는 유전자를 망가뜨려서 암 비슷한 상태로 만드는 것이다. 돌연변이는 무작위로 일어난다. 세포를 돌연변이에 취약하게 만드는 이른바 암 유전자에는 특별할 것이 전혀 없다. 대다수 돌연변이 유전자는 세포를 암으로 몰아가지 않는다. 그러나 그렇게 하는 일부 유전자가 있으며, 그런 암 돌연변이가 일어나면 세포는 걷잡을 수 없이 증식하기 시작한다.

이렇게 되면 자연선택에 의한 진화의 원리가 작동한다. 돌연변이 세포가 이웃 세포들보다 약간 빨리 증식하면 그 후손들이 이웃 세포들의 후손보다 많아진다. 성장이 빨라지면 돌연변이도 가속화된다. DNA 복제가 더 많이 이루어지므로 오류가 일어날 가능성도 커지기 때문이다. 대부분의 오류는 아무런 영향도 미치지 않지만, 이 따금 세포의 증식 속도를 무작위로 끌어올리는 돌연변이가 일어난 다. 그 세포는 더욱 빨리 후손을 낳으며 그 후손들은 다른 세포들보 다 수가 더욱더 많아진다. 암은 돌연변이, 경쟁, 자연선택의 파도가 잇따라 밀려온 결과이다. 종양이 눈에 보이지 않아도 몸에는 이미 문제가 생겼을 수 있다.

암은 세포 분열의 버그이자 특징이기 때문에 모든 다세포 생물의 필연적인 숙명으로 여겨진다. 생물이 단세포에서 벗어나는 순간, 세포의 증식을 조율하는 문제가 발생한다. 세포 분열(과 그에 따른 DNA 복제)은 위험한 도박이다. 하면 할수록 질 가능성이 커진다. 인체가 어떤 식으로든 DNA를 오류 없이 복제할 능력을 얻지 않는 한―생물학적 몽상이라는 것이 있다면 이것이야말로 생물학적 몽 상일 것이다―사람이 오래 살면 언젠가는 암에 걸릴 수밖에 없다.

음울한 아이러니는 암이 어떤 측면에서는 생명의 필수적인 부분 이 낳은 필연적인 부산물이라는 것이다. 진화가 가져다준 위대한 모든 것은 돌연변이에서 비롯했다. 무작위 복제 오류는 다양성과 혁신을 낳는다. 진화의 관점에서 돌연변이는 유전적 다양성을 공급 하는데, 이것은 그 계통의 장기적 생존에 유리하다. 그렇다면 돌연 변이는 일반적으로 궁극적인 특징이자 버그 시스템이다.

따라서 진화는 암과 어색한 균형을 유지했다. 돌연변이는 암을 일으켜서 개체를 죽이지만, 다양성과 혁신을 가져와 집단에 이바지 하기도 한다. 사람과 코끼리 같은 일부 종은 생식을 할 수 있게 되기 전에 오랫동안 성숙기를 거쳐야 하기 때문에, 자신을 암으로부터 적극적으로 보호해야 한다. 그렇지 않으면 자식을 낳기 전에 죽을 테니 말이다. 생쥐와 토끼처럼 단명하는 종은 돌연변이율이 높고 암에 대한 방어 수단이 미흡해도 감당할 수 있다. 결국 암이 모두를 집어삼킬 테지만, 이것은 타협의 산물이다. 진화는 암으로 죽는 개체에 대해서는 별로 신경 쓰지 않는다. 이것은 돌연변이에서 비롯하는 다양성을 얻기 위해서 감수할 만한 희생이다.

하기는 루이스 토머스도 이렇게 말하지 않았던가. "살짝 실수하는 능력이야말로 DNA의 진짜 경이로운 성질이다. 이 특별한 성질이 없었다면, 우리는 여전히 혐기성(嫌氣性) 세균일 테고 음악은 탄생하지 않았을 것이다."

6

뇌의 오류

왜 사람의 뇌는 아주 작은 수만 처리할 수 있을까, 왜 우리는 착시 현상에 쉽게 속아 넘어갈까, 왜 우리의 생각과 행동과 기억은 툭하면 잘못될까, 왜 진화는 청소년, 특히 남자 청소년의 바보짓에 보상을 해줄까 등등

인간의 약함을 논하는 책에서 뇌 이야기를 하는 것이 이상하게 보일지도 모르겠다. 어쨌든 인간의 뇌는 지구상에서 독보적으로 강력한 인지 기계이니 말이다. 컴퓨터가 체스와 바둑에서 우리를 이길 수 있는 것은 사실이다. 그러나 수많은 분야에서 우리는 여전히 기계보다 한 수 위이다. 컴퓨터도 여러 분야에서 인간의 상대가 되지 못한다.

인간의 뇌는 지난 700만 년에 걸쳐서 우리의 가장 가까운 친척들을 뛰어넘어 그야말로 기하급수적으로 발전했다. 우리의 뇌는 침팬지보다 세 배 크지만, 이것은 둘의 차이를 제대로 나타내지 못한다. 인간의 뇌가 커진 부위 중에서 거의 모든 부분이 몇 가지 핵심 영역, 특히 고급 추리가 일어나는 신피질(neocortex)이기 때문이다.

우리의 뛰어난 처리 센터는 어느 종과 비교해도 훨씬 크고 훨씬 많이 연결되어 있다. 현대의 슈퍼컴퓨터조차 인간 뇌의 빠르고 민첩한 능력에 필적하지 못한다.

뇌의 아름다움은 순수한 연산 능력에만 있는 것이 아니라 자기훈련 능력에도 있다. 물론 오늘날 선진국 사람들은 폭넓은 공교육을 받는 것이 사실이지만, 가장 치열하고 인상적인 학습은 교실 바깥에서 이루어진다. 학교에서 배우는 어떤 것보다도 심오하고 미묘한 기술인 언어 습득은 자연스럽게 거의 노력 없이 일어나며, 순전히 정보를 모으고 종합하고 자신의 프로그래밍 속으로 통합하는 뛰어난 뇌의 능력을 바탕으로 삼는다. 기계 학습(machine learning)의 발전은 이러한 성취 수준에 비하면 어림도 없다. 2개국 언어를 구사하는 사람은 (아마도 일반인이 이용할 수 있는 가장 정교한 번역 프로그램인) 구글 번역을 가지고 놀면서 인간의 뇌가 컴퓨터보다 얼마나 똑똑한지를 쉽게 실감할 수 있다. 인간의 뇌는 몇 달만 공부하면 가장 빠른 컴퓨터보다 더 훌륭하게 번역을 할 수 있다.

그러나 뇌는 완벽하지 않다. 인간의 뇌는 쉽게 착각하고 속아넘어가고 다른 길로 빠진다. 낮은 수준의 기술을 익히는 데에도 애를 먹을 때가 있다. 인상적인 솜씨를 가진 분야에서도 터무니없는 실수를 저지르며, 복잡한 세상을 이해하려고 노력—이따금 실패—하다가 괴상한 인지 편향(cognitive bias)과 선입견에 사로잡히기도 한다. 뇌는 어떤 입력에는 지나치게 민감하고 또 어떤 입력에는 지나치게 둔감하다. 초보적인 논리로도 반박할 수 있는 철 지난 교조(敎條)와 미신을 고집하는가 하면—점성가 당신 말이야—단 하나의 사례만 가지고 그 사안에 대한 세계관을 구축하기도 한다.

뇌의 한계 중에서 어떤 것은 순전한 우연의 산물—유한한 능력을 가진 계산 도구의 설명할 수 없는 오작동—이고 또 어떤 것은 뇌의 물리적인 구조에서 직접 비롯된 결과이다. 인간의 뇌가 지닌 능력과 유연성이 진화하는 동안 우리의 조상들은 현대인과 전혀 다른 삶을 살고 있었다. 지난 2,000만 년을 통틀어서 인류 계통은 한갓 유인원 계통에 불과했다. 인류가 지금의 해부 구조에 도달한 것은 고작 20만 년 전이며, 현대적 생활방식으로 돌아선 것은 기껏해야 6만5,000년 전이다. 인류는 문명화된 삶에 정착한 이후로 별다른 유전적 변화를 겪지 않았으므로 우리의 몸과 뇌는 사뭇 다른 세상을 이해하도록 만들어졌다. 우리의 정신 능력은 지금은 철학, 공학, 시를 이해하는 일에 쓰이지만 원래는 전혀 다른 목적을 위해서 진화했다.

인류 진화에서 가장 중요한 시기는 약 260만 년 전에 시작되어 약 1만2,000년 전 마지막 빙기 말까지 이어진 홍적세로, 이따금 문명의 여명기로 불리기도 한다. 홍적세 말에 인류는 지구 곳곳으로 퍼져 나갔고, 주요 인종 집단이 확립되었으며 농업이 여러 지역에서 동시에 발전했다. 그러나 유전자 풀은 지금과 거의 다르지 않았다.

말하자면 인간의 몸과 뇌는 지난 1만2,000년 동안 별로 달라지지 않았다. 즉, 우리는 이 삶에 적응한 것이 아니다. 홍적세의 삶에 적응했다. 이를 가장 잘 보여주는 것은 우리가 주변 세상을 지각하는 방식일 것이다.

빈칸 메우기

착시 현상은 박물관, 서커스, 마술 쇼, 흥밋거리 책, 그리고 (물론) 인터넷에 약방의 감초처럼 등장한다. 이 시각적 속임수가 우리를 현혹하는 이유는 인지 부조화라는 감각을 일으키기 때문이다. 무엇인가가 잘못되었다는 것을 아는데도 뇌가 문제의 해결책을 찾으려고 헛되이 애쓰는 것이다. 이것은 재미있을 수도 있지만 어지러울 수도 있다. 대다수 사람들은 뇌가 너무 오랫동안 혼란에 빠져 있으면 거북함을 느낀다.

물리적으로 불가능한 물체(어느 위치에서 보느냐에 따라서 살이 세 개도 되었다가 네 개도 되었다가 하는 포크), 완벽하게 곧은데도 구부러지거나 꺾어진 것처럼 보이는 직선, 고정된 2차원 그림에서 나타나는 깊이나 움직임, 심지어 눈을 어떻게 움직이느냐에 따라서 나타났다가 사라지는 점이나 이미지에 이르기까지 착시의 종류는 수십 가지에 이른다. 착시의 종류에 따라서 설명 메커니즘이 조금씩 다른데, 대개는 정보가 누락되거나 우리를 오도할 때에 완벽한—부정확하기는 해도—그림을 만들기 위해서 우리의 뇌가 빈칸을 메운다는 식으로 설명한다. 감각들이 (가공되지 않고 거의 이해할 수 없는) 날것의 정보를 보내면 뇌는 이 뒤죽박죽된 정보를 일관된 그림으로 구성해야 한다. 이것은 컴퓨터 모니터에 전달되는 신호와 다르지 않다. 모니터 화면의 신호는 이진수 0과 1을 나타내는 전자의 움직임에 불과하지만 비디오 카드는 흐릿한 형체를 가다

214

들어서 매우 체계적인 영상을 만들어낸다.

그러나 인간의 뇌는 컴퓨터 모니터와 달리 자신이 가진 정보를 토대로 추론하는 매혹적인 능력을 가졌다. 이 추론은 무의식적으로 일어나며 대체로 요긴하다. 이를테면 우리는 얼굴을 알아보는 데에 선수이다. 인류는 얼굴 형태와 구조가 놀랍도록 다양하며 인간의 뇌는 이 미묘한 차이를 즉각적으로 포착한다. 많은 사람들이 이름을 외우느라고 애를 먹지만 얼굴을 잊어버리는 사람은 거의 없다. 상당수는 눈이나 입 같은 이목구비의 일부만 보고도 친구를 알아볼 수 있다. 이것은 언어가 발달하기 전, 오랜 홍적세 시기에 얼굴이 사회성의 핵심이었기 때문이다. 사람은 얼굴을 이용하여 서로를 인식했으며 표정으로 소통했다. 이는 무생물에서도 얼굴을 알아보는 흥미로운 성향을 낳았다.

초기 인류가 생존을 위해서 안간힘을 쓰던 시절에는 불완전한 그림에서 추론을 이끌어내고, 과거 경험을 바탕으로 미래 사건을 예측하고 부분적인 장면만으로 상황을 가늠하는 정신 능력이 무척 효과적이었으며 이것이 종종 생사를 갈랐다. 하지만 뇌의 이러한 인상적인 특징은 우리의 머릿속에 **부정확한** 그림을 만들어서 우리를 혼란에 빠뜨리기도 한다.

착시는 이 정신 능력을 활용한다. 가만히 있는데도 움직이는 것처럼 보이는 그림을 예로 들어보자. 이런 그림은 대체로 가장자리가 뾰족하거나 점차 좁아지는 형태가 번갈아서 나타나거나 맞물려 있다. 착시 효과가 일어나려면 같은 패턴이 서로 반대 방향으로 번

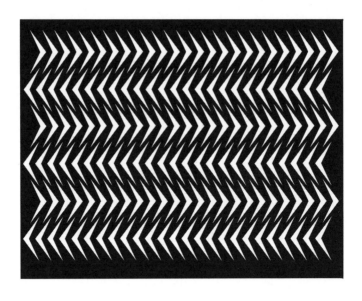

이 그림처럼 형태가 번갈아 나오는 패턴은 인간의 뇌에서 움직임 감각을 불러일으킬 수 있다. 이것은 눈이 포착한 정지 영상을 우리 뇌가 뭉뚱그려서 "동영상"으로 만들기 때문이다.

갈아 놓여야 한다. 이런 패턴은 대조를 부각하여 착시 효과를 이끌어낸다. 우리 뇌는 이런 형태에 움직임을 부여하는데 이것은 많은 동물에게도 있는 기발한 신경학적 혁신의 부작용으로, 시각 정보를 움직이는 물체에 대한 지각으로 "뭉뚱그리는" 것이다.

　망막의 신경세포는 시각 정보를 포착하여 이를 최대한 빨리 뇌로 보내지만, 전달이 즉각적으로 이루어지지는 않는다. 우리가 보는 세상은 지금의 세상이 아니라 약 10분의 1초 전의 세상이다. 이러한 지연은 신경세포가 발화할 수 있는 최대 빈도에서 비롯한다.

　망막에 있는 모든 신경세포를 감안하면—모두가 동시에 정보를 보내므로—최대 발화 빈도로 인해서 점멸, 융합 문턱 값(flicker fusion threshold)이라는 것이 생긴다. 우리 눈은 이 값보다 빠른 빈도의 정보를 처리하지 못한다. 시각 정보가 눈이 감지할 수 있는 것보다 더 빠르게 변하면 뇌는 이 정보를 꾸준히 움직이는 물체에 대한 지각으로 "뭉뚱그린다." 어떤 면에서 우리는 움직임을 실제로 보는 것이 아니라 추론한다. 눈은 스냅숏—흐릿한 조명으로 초당 15장가량—을 찍어서 뇌로 보낸다. 그러면 시각피질이 실제로는 정지 영상으로 이루어진 구식 릴(reel) 필름에서 매끈한 동영상을 만들어낸다.

이것은 한갓 비유가 아니다. 실제로 우리가 경험하는 시각 매체는 대부분 빠른 점멸(點滅)의 방식으로 제시된다. 텔레비전과 영화에는 프레임 률(frame rate)이 있는데, 이것은 화면이 초당 깜박거리는 횟수로 대개 25회에서 50회 이내이다. 프레임 률이 눈의 처리 속도보다 빠르면 뇌는 입력을 뭉뚱그려서 연속적 움직임의 지각을 만들어낸다. 프레임 률이 조금만 느려져도 사람들은 텔레비전 프로그램과 영화를 실제 모습으로, 즉 점멸하는 정지 영상들로 지각한다. 개와 고양이가 텔레비전에 관심을 보이지 않는 한 가지 이유는 녀석들의 망막 신경세포가 우리의 망막 신경세포보다 훨씬 더 빨리 작동해서 동영상이 아니라 점멸하는 정지 영상으로 보이기 때문이다. 그렇기 때문에 영상을 보기가 심히 괴로울 것이다. 새는 점멸, 융합 문턱 값이 포유류보다 대체로 높다. 물고기와 날아다니는 곤충처럼 재빠른 먹잇감을 사냥하는 놀라운 능력은 여기에서 비롯한다. 유인원과 (인간을 비롯한) 영장류는 색각이 뛰어나지만 점멸, 융합 문턱 값이 꽤 느려서 빠르게 움직이는 먹잇감을 주로 사냥하지 않는다(인간은 빠른 동작보다는 끈기와 재간에 더 의존하는 지구력 사냥[persistence hunting]으로 사냥을 한다). 그럼에도 인간의 뇌는 정지 영상을 보면서 움직이는 듯한 착각을 일으킨다. 다른 동물보다 느리기는 하지만 말이다.

그런데 우리가 어떤 패턴을 볼 때에는 연속적 움직임의 지각을 만들어내는 뇌의 기능적인 해부 구조가 종종 오작동한다. 우리 뇌는 특정한 형태의 패턴에만 속아 넘어간다. 체스보드를 보면서 움직임 착시를 일으키는 사람은 없다. 우리의 "움직임 창조" 기능을 써먹는 패턴은 앞으로 밀려나가는 것처럼 끝이 뾰족해야 한다. 사바나의 탁 트인 들판에서는 끝이 뾰족한 물체가 탁 트인 시야로 돌진하는 모습을 보면 그것이 움직인다고 생각하는 것이 합리적이기 때문에 우리 뇌는 여기에 적응되어 있다.

미술가들은 오래 전부터 이런 사실을 알아서, 움직임 착시를 일으키는 뇌의 능력을 종종 작품에 활용했다. 140년 묵은 유화는 결코 동적이라고 할 수 없겠지만, 유명한 "발레 무용수들(Ballet Dancers)"을 비롯한 에드가 드가의 많은 걸작들을 보면 인물들이 움직이고 있다는 느낌을 뚜렷이 받을 수 있다.

우리의 시각 능력이 오류에 취약하기는 하지만, 정신 능력 또한 수많은 결함을 가지고 있다. 심지어 더 심한 것도 있다. 뛰어난 연산 능력을 자랑하는 두뇌는 인간의 독보적인 특징이지만 버그로 가득하다. 인지 편향이라고 불리는 이 버그는 우리를 크나큰 곤경에 빠뜨릴 수도 있다.

편향을 타고나다

인지 편향이라는 용어는 합리적이거나 "정상적인" 의사 결정이 와르르 무너지는 것을 뜻한다. 인간의 의사 결정에 내재한 이 결함은 심리학자와 경제학자를 비롯한 여러 분야 학자들의 지대한 관심사이다. 이들의 목표는 인간의 뇌처럼 기적적으로 뛰어난 것이 어떻게 그토록 자주, 그토록 뻔하게, 그토록 터무니없는 짓을 저지를 수 있는지를 이해하는 것이다.

인간의 뇌는 전체적으로 보면 경이로운 논리, 추리 기계이다. 사람은 어릴 때부터 연역추리를 할 수 있으며 조건 논리의 단순한 규칙을 학습한다. 우리는 수학의 기본적 기술을 타고나는데 수학은 본질적으로 논리 활동이다. 그렇다고 해서 우리가 항상 논리적이라는 이야기는 아니지만 전반적으로 인간은 논리적으로 생각하고 행동한다. 인지 편향이 기묘하고 연구거리인 것은 이 때문이다. 인지 편향은 뇌가 합리적으로 추론하리라는 우리의 기대를 깨뜨린다.

경제학에는 행동경제학(behavioral economics)이라는 분야가 있는데, 생긴 지 수십 년밖에 되지 않은 이 분야는 인지 편향을 탐구한다. 행동경제학의 창시자인 대니얼 카너먼은 이 업적으로 노벨상을 받았으며 대중서 『생각에 관한 생각(*Thinking, Fast and Slow*)』에서 우리가 가진 여러 가지 편향들을 설명했다. 인지 편향은 수백 개가 있는데, 정의가 겹치고 근본 원인이 같은 것들을 묶어서 세 가지 범주로 나눌 수 있다. 첫째는 믿음, 결정, 행동에 영향을 미치는 것이고, 둘째는 사회적 상호작용과 편견에 영향을 미치는 것이고, 셋째는 왜곡된 기억과 관계된 것이다. 인지 편향은 일반적으로 뇌가 지름길을 통해서 세상을 이해하려다가 발생한다. 자신이 처한 모든 상황을 일일이 속속들이 분석하는 일을 피하기 위해서 뇌는 과거의 경험을 바탕으로 빠른 판단을 내릴 수 있는 규칙을 만들어둔다. 시간 절약은 언제나 중요했으므로 뇌는 가능할 때마다 시간을 절약하는 법을 진화시켰다. 심리학자들은 이런 시간 절약 수법을 휴리스틱(heuristics)이라고 부른다.

빠른 판단을 내리도록 생겨먹은 뇌가 곧잘 실수를 저지르는 것은 놀랄 일이 아니다. 서두르면 대충 하게 되는 법이니까. 그런 점에서 우리 뇌가 저지르는 많은 실수를 설계 결함으로 간주하는 것은 부당하다. 대부분의 경우에 뇌는 훌륭하게 작동하니 말이다. 한계는 결함과 같지 않다.

인지 편향을 결함으로 볼 수 있는 이유는 시스템이 혹사당한 결과가 아니기 때문이다. 인지 편향은 저지르고 또 저지르는 실수의 패턴이다. 설상가상으로 인지 편향은 뇌에 깊이 새겨져 있으며, 이것을 바로잡으려는 시도에 저항한다. 사람들은 뇌가 잘못을 저지르는 경향이 있음을 알고 잘못을 바로잡는 데에 필요한 모든 정보를 가졌을 때조차도 계속해서 잘못을 저지른다.

이를테면 우리는 모두 확증 편향(confirmation bias)이라는 잘못을 곧잘 저지른다. 확증 편향은 정보를 공정하고 객관적으로 평가하는 것이 아니라 자신이 이미 참이라고 믿는 것을 확증하는 방식으로 해석하려는 지극히 인간적인 경향으로, 선택적 기억에서 귀납추론의 오류, 모순된 증거의 수용을 대놓고 거부하는 것에 이르기까지 여러 형태가 있다. 이 모든 형태는 정보 처리상의 결함이다. 사람들은 자신의 확증 편향은 알려줘도 보지 못하면서, 남의 확증 편향에는 어처구니없다는 반응을 보인다.

대다수 사람들은 어떤 자료를 접하더라도 정치적, 사회적 정책에 대한 자신의 견해를 바꾸려고 들지 않는다. 고전적인 예를 들자면 사회학자들이 사람들을 임의의 집단으로 나누어서 그들에게 두 (가공의) 연구 결과를 보여주었는데, 하나는 사형제도가 폭력 범죄 예방에 효과적임을 입증하는 (듯이 보이는) 것이었고, 다른 하나는 그렇지 않음을 입증하는 (듯이 보이는) 것이었다. 그런 다음 연구자들은 피험자들에게 각 연구의 타당성과 적절성을 평가해달라고 했다.[1] 전반적으로 참가자들은 자신의 견해를 뒷받침하는 연구에 높은 점수를 주고, 반대 견해를 뒷받침하는 연구에 낮은 점수를 주었다. 심지어 반대 연구의 한계를 구체적으로 지적하기도 했는데, 그 한계는 자신이 찬성하는 연구에도 들어 있는 것이었다! 다른 실험에서는 한 발 더 나아가서 정치적으로 민감한 두 가지 주제인 소수민족 우대 정책과 총기 규제에 대한 가공의 연구를 참가자들에게 제시했다.[2] 이 연구들은 더 종합적이고 더 설득력이 강했으며, 예전의 어떤 진짜 연구보다도 뚜렷한 결론을 내놓았다. 그러나 실험 결과에는 아무런 차이도 없었다. 사람들은 오로지 자신의 견해를 뒷받침하는 연구만을 높이 평가했다(이 연구에서는 확증 편향의 또다른 측면을 볼 수 있다. 확증 편향은 우리의 정치적 토양에 깊이 스며 있기 때문에 페이스북 논쟁으로 생각을 바꾸는 일은 결코 일어나지 않는다).

확증 편향의 또다른 예는 포러 효과(Forer effect)로 불리는 현상이다. 이것은 심리학자 버트럼 포러의 이름에서 따온 것으로, 대학생 집단을 대상으로 (이제는 유명해진) 실험을 실시했다.[3] 포러 교수는 학생들에게 일종의 진단 적성 검사인 매우 길고 복잡한 성격 검사를 실시하면서 그 결과를 이용하여 그들의 성격을 온전하게 서술할 것이라고 말했다. 일주일 뒤에 포러는 각 학생에게 그들의 성격을 묘사한 일련의 진술이 담긴 맞춤형 쪽지를 나누어주었다. 한 학생은 아래와 같은 쪽지를 받았다.

1) 당신은 다른 사람들이 당신을 좋아하고 존경하기를 갈망한다.
2) 당신은 스스로에게 비판적인 성향이 있다.
3) 당신은 활용하지 않는 능력이 많다.
4) 당신은 성격상의 약점이 있지만 전반적으로 그것을 보완할 수 있다.
5) 당신은 성욕을 해소하려다가 난처한 일을 겪은 적이 있다.
6) 당신은 겉으로는 규율과 절제가 있는 것처럼 보이지만 속으로는 근심과 불안을 느낀다.

7) 당신은 이따금 자신이 옳은 결정을 내렸거나 옳은 일을 했는지에 대해서 심각한 의문이 들 때가 있다.

8) 당신은 일정량의 변화와 다양성을 선호하며, 제약과 한계에 얽매이면 불만족스러워 한다.

9) 당신은 독립적으로 사고한다는 것에 대해서 자부심을 느끼며, 타인의 주장이 만족스럽게 입증되지 않을 경우 그것을 받아들이지 않는다.

10) 당신은 자신을 남에게 너무 솔직하게 드러내는 것이 현명하지 않음을 안다.

11) 이따금 당신은 외향적이고 싹싹하고 사교적이지만, 다른 때에는 내향적이고 소심하고 수줍어한다.

12) 당신은 매우 비현실적인 소망을 품는 경향이 있다.

13) 안전한 삶은 당신의 주요 목표 중의 하나이다.

여기에는 반전이 있는데, 학생들이 받은 성격 묘사 쪽지는 전부 똑같은 것이었다. 아무도 그 사실을 몰랐지만. 아니, 모른다는 사실이야말로 실험의 핵심이었다. "개인적"이고 "맞춤형"인 성격 묘사 쪽지를 받은 학생들은 성격 묘사의 정확도에 1부터 5까지의 점수를 매기라는 요청을 받았다. 평균 점수는 4.26점이었다. 여러분이 나와 같다면 위의 인용문이 자신을 꽤 정확하게 묘사한다고 생각했을 것이다. 실제로도 그렇다. 저 묘사가 모든 사람에게 꽤 정확한 이유는 문장이 모호하고 보편적이어서 골수 사이코패스가 아닌 한 누구에게나 들어맞기 때문이다. "안전한 삶은 당신의 주요 목표 중의 하나이다." 아니라고 할 사람이 누가 있겠는가?

자신에게 맞춤형으로 쓰였다고 생각되는 진술을 읽을 때에 우리는 그 진술이 진짜로 말하는 것(또는 말하지 않는 것)을 비판적으로 평가하지 않는다. 오히려 그 진술은 자신에 대한 기존의 생각을 확증하는 것으로 여겨진다. 물론 학생들에게 자신들이 읽고 있는 것이 임의의 성격 특질 목록이라고 알려주었다면, 그들은 몇몇 진술이 자신에게 해당하지 않는다는 점을 알아차렸을 것이다. 하지만 특별히 자신을 위해서 작성된 진술이라는 말을 들었기 때문에 읽은 내용을 믿은 것이다.

우리는 정보 처리 능력의 이러한 오류 때문에 매우 곤란한 상황에 처할 수도 있다. 점성가, 점술가, 무당, 심령술사 등은 포러 효과에 통달한 사람들이다. 조금만 연습하면 사기꾼은 모호한 힌트만 가지고서도 소름 끼칠 만큼 정확하고 꼭 들어맞는 것처럼 보이는 정교한 이야기를 지어낼 수 있다. 요점은 불쌍한 피해자가 자신이 듣는 이야기를 믿고 **싶어하도록** 만들어야 한다는 것이다. 이런 까닭에 포러 효과는 종종 바넘 효과(Barnum effect)로 불리기도 한다. 이것은 "매분마다 한 명씩 호구가 태어난다"라는 명언을 남긴 P. T. 바넘의 이름에서 따왔다. 확증 편향이 얼마나 보편적인지 생각해보면 바넘의 말은 터무니없는 과소평가이다. 현재의 전 세계 출생률을 감안하면 매분마다 **250명씩** 호구가 태어난다. 대략 0.25초당 한 명꼴이다.

기억을 지어내다

인간 뇌의 놀라운 기억 능력은 논리적으로 생각하는 능력 못지않은 기적이다. 7학년 때에 외운 세계 수도에서부터 초등학교 단짝 친구의 전화번호, 그리고 여행지와 영화와 정서적 경험에 대한 생생한 회상에 이르기까지 말 그대로 **수십억 개의 정보**가 여러분의 머릿속을 누비고 다닌다. 그러나 여기서도 놀라운 인간적인 특징은 버그로 가득하다.

우리의 뇌가 기억을 형성하고 저장하고 접근하는 방식에는 온갖 종류의 결함이 있다. 이를테면 대다수 사람들은 생생한 기억을 떠올리고 향유하는 경험을 몇 년간 지속하다가, 나중에 녹음한 것을 듣거나 다른 사람이 쓴 기록을 보고서야 자신의 기억이 터무니없이 부정확했음을 깨닫는다. 이따금 사람들은 자신이 단순한 구경꾼으로 있던 사건을 1인칭 경험으로 기억하기도 한다. 기억을 다른 시간이나 장소로 옮기기도 하고 등장인물을 바꾸기도 한다.

이런 사소한 오류가 무해해 보일지도 모르겠지만 이 때문에 어마어마한 결과가 초래될 수도 있다. 이것을 가장 잘 보여주는 것이 형사 재판이다.

검사가 범죄 목격자를 데려오면 유죄 판결은 따놓은 당상이다. 범죄자를 직접 보았다며 특정인을 지목하는 목격자의 판단이 어떻게 틀릴 수 있을까? 용의자나 피해자를 만난 적이 없다면 그런 거짓말을 할 리는 없지 않은가.

그러나 법정심리학(forensic psychology) 분야의 연구자들은 목격자 증언의 신뢰성과 관련하여 놀라운 사실들을 발견했다. 경찰과 검찰이 증거를 꼼꼼히 수집하고 제출하는 것만 보아서는 상상도 하지 못 할 일이지만, 특히 폭력 범죄의 경우에 목격자의 지목이 극단적으로 편향되고 종종 착오를 일으킨다는 것을 입증한 연구의 역사가 30년을 넘는다.

심리학자들은 모의실험을 통해서 기억이 사후에 얼마나 쉽게 왜곡될 수 있는지 밝혔으며, 이는 많은 목격자의 뇌에서 무엇이 잘못 돌아가는지를 이해하는 데에 실마리를 던진다. 한 연구에서는 자원자를 모집하여 그들을 임의의 두 집단으로 나누었다. 두 집단은 가상의 폭력 범죄 동영상을 고정되고 제한된 시점에서—마치 구경꾼처럼—시청했다. 그 뒤에 두 집단은 가해자의 신체적 특징을 묘사하라는 요청을 받았다. 그런데 연구자들은 한 집단은 한 시간 동안 그대로 내버려둔 반면에, 다른 집단에는 용의자 라인업(범인 색출을 위해서 경찰이 줄 세워놓은 용의자의 열/옮긴이)을 보여주면서 가해자를 알아볼 수 있겠느냐고 물었다. 그러나 라인업에는 약간의 트릭이 있었다. 실제로는 누구도 가해자가 아니었지만, 키와 체격, 인종 면에서 각 목격자의 대략적인 신체 묘사에 들어맞는 사람이 딱 한 명 있었다. 목격자는 대체로 그 사람을 가해자로 지목했으며 대부분의 경우 자신의 판단이 옳다고 "매우 확신했다."

물론 심란한 결과이지만, 이 실험에서 가장 심란한 부분은 따로 있다. 잠시 뒤에 두 집단은 범죄 가해자를 묘사하라는 요청을 다시 받았다. 라인업을 보지 못한 집단은 가해자를 예전과 거의 똑같이 묘사했다. 하지만 다른 집단은 대부분 훨씬 더 자세하게 묘사했다. 라인업을 보면서 가해자에 대한 기억이 "향상된" 것이다. 그들이 제시한 세부 묘사는 자신이 목격한 실제 범죄 가해자가 아니라 **라인업**에 있는 배우와 늘 일치했다. 연구자들이 목격자들에게 범죄 기억을 캐물어서 확인했을 때, 목격자들은 자신의 기억을 최대한 솔직하게 보고하고 있었다. 왜곡된 것은 그들의 기억이었다.

이 연구는 여러 흥미로운 방식으로 확장되었으며, 미국의 대다수 주에서 라인업을 실시하는 절차에 영향을 미쳤다. 목격자의 기억을 전문적으로 연구하는 사람들은 라인업을 실시할 때에 유일하게 타당한 방법은 (용의자와 들러리를 포함한) 라인업의 한 사람 한 사람이 목격자가 제시한 신체적 특징 묘사의 모든 항목과 맞아떨어지도록 하는 것이라고 말한다. 목격자의 묘사가 용의자와 완벽하게 일치하지 않으면—이런 일이 비일비재하다!—들러리는 목격자의 묘사가 아니라 용의자의 실제 모습과 일치해야 한다. 게다가 라인업 대상자들은 두드러진 특징과 (심지어) 복장까지도 최대한 비슷해야 한다. 흉터와 문신은 가려야 한다. 목격자가 가해자의 목에 문신이 있었다고 기억하는데, 라인업에서 목에 문신이 있는 사람이 한 명뿐이라면 목격자는 그 사람을—설령 무고한 사람이더라도—지목할 가능성이 크기 때문이다. 새로운 얼굴이 끼어들면 목격자의 범죄 기억이 소급적으로 편집될 수 있다. 심지어 복장도 뇌의 기억 편집에 영향을 미칠 수 있는데, 이런 일은 언제나 당사자가 의식적으로 자각하지 못하는 사이에 일어난다. 가짜 기억은 진짜 기억만큼이나 생생하다. 아니, 더 생생하다!

구경꾼으로서의 기억은 불량하지만, 자신의 경험에 대한 기억은 더더욱 불량하다. 이를테면 개인적인 트라우마도 기억 왜곡에 취약한 것으로 드러났다. 이러한 경우로는 성폭행 같은 한 번의 트라우마적 사건도 있고, 전쟁 참전처럼 여러 유형의 트라우마가 결부된 지속적인 스트레스도 있다. 트라우마와 관련하여 가장 흔히 관찰되는 기억 왜곡은 자신이 실제로 느낀 것보다 더 큰 트라우마를 겪었다고 기억하는 성향이다. 이것은 시간이 지남에 따라서 기억된 트라우마가 점차 커지면서 더 심각한 외상 후 스트레스 장애(posttraumatic stress disorder) 증후군으로 발전한다.

이로 인해서 트라우마와 연관된 고통이 더 깊어지고 길어지는 것은 놀랄 일이 아니다. 이를테면 연구자들은 "사막의 폭풍" 작전에 참여한 군인들에게 임무가 종료되고 한 달 뒤와 두 달 뒤에 트라우마적 경험(저격수의 총격을 피해서 달아난 경험, 죽어가는 병사 옆에 있던 경험 등)에 관해서 질문을 던졌다. 참전 군인의 88퍼센트는 적어도 한 사건에 대해서 답변이 달라졌으며, 61퍼센트는 둘 이상의 사건에 관해서 달라졌다. 중요한 사실은 대부분의 변화가 "아니요, 그 사건은 제게 일어나지 않았습니다"에서 "네, 그 사건이 제게 일어났습니다"로 바뀌는 식이었다는 것이다. 이 과잉기억(overremembering)은 외상 후 스트레스 장애 증후군의 증가와 상관관계가 있었다.[4]

존 제이 칼리지의 동료 데린 스트레인지가 이끄는 연구진은 기발한 실험을 통해서 이런 기억 왜곡을 보여주었다.[5] 그들은 실제로 일어난 대형 교통사고 장면을 적나라하게 담은 짧은 동영상을 자원자들에게 보여주었다. 동영상은 일련의 장면으로 나뉘어 있었으며 각 장면 사이에는 빈 화면이 재생되었다. 빈 화면은 삭제된 장면 대신에 삽입되었다. 삭제된 장면 중에는 트라우마적인 것(이를테면 아이가 부모를 보면서 비명을 지르는 장면)도 있었고, 그렇지 않은 깃(이를테면 구조 헬리콥터가 도착하는 장면)도 있었다. 24시간 뒤에 참가자들이 돌아와서 자신들이 본 동영상에 대한 기억과 그 동영상에 대한 생각과 회상을 점검하는 깜짝 테스트를 받았다.

참가자들은 실제로 본 장면을 인식하는 능력에서는 높은 점수를 받았다. 하지만 그들은 네 번에 한 번꼴로 실제로 보지 않은 장면을 보았다고 "인식했다." 트라우마적이지 않은 장면보다 트라우마적인 장면을 과잉기억할 가능성이 훨씬 더 컸으며, 그들은 확신을 가지고 대답했다.

게다가 일부 참가자는 외상 후 스트레스 장애와 비슷한 증상을 호소하기도 했다. 그들은 의도하거나 원하지 않은 때에도 트라우마적 장면을 생각하게 된다고 보고했으며 동영상을 떠올리게 하는 것을 피한다고 말했다. 흥미롭게도 외상 후 스트레스 장애와 비슷한 증상을 겪는 사람들은 실제로 보지 않은 트라우마적 장면을 과잉기억할 가능성이 다른 사람들보다 컸다. 이것은 외상 후 스트레스 장애 증후군과 기억 왜곡의 연관성을 입증하는 추가 증거이다.

기억 형성에 이토록 일관된 하자가 있다는 것은 설명이 필요한 현상이다. 뛰어난 인지능력을 갖춘 뇌가 왜 과거의 트라우마를 과장하여 자신에게 피해를 입히는 것일까? 이것은 단순한 오류에 불과할까? 인간의 뇌가 이런 복잡한 인지 기능을 진화시킨 것은 최근 일이므로, 커다란 정서적 스트레스를 받게 되면 감당하지 못해서 서툰 실수를 저지르는 것일까?

그럴지도 모르지만, 어쩌면 더 흥미로운 설명이 있을지도 모른다. 가짜 기억이 형성되는 이러한 과정은 실제로 적응적일 수 있다. 과장된 트라우마 회상의 이점으로 생각해볼 수 있는 것은 위험한 상황에 대한 공포를 강화할 수 있다는 것이다. 공포는 효과적인 동기부여 요인이며 위험을 피하는 매우 중요한 조건화 메커니즘이다. 정상적인 상황에서는 위험한 상황에 반복적으로 노출되지 않을 경우 그에 대한 공포와 회피가 점차 사그라든다. 시간이 지남에 따라서 트라우마적 사건을 더 트라우마적으로 기억하는 이 기이한 현상은 공포가 사그라드는 정상적 경향에 대처하기 위한 것인지도 모른다. 과잉기억 또한 우리의 버그이자 특징이다. 특징이자 버그인지도 모르겠지만 말이다.

도박장이 늘 이긴다

사람은 과거에 일어난 사건을 정확히 기억하는 일에 서투르지만, 현재 경험하는 일을 평가하는 데에는 더더욱 젬병인지도 모른다. 이것은 매우 뜻밖이다. 이 기초적인 기술은 인류의 생존과 안녕에 필수적이기 때문이다.

우리는 인생을 살아가면서 주변 세상으로부터 끊임없이 정보를 입력받으며, 이 감각 폭풍우를 헤쳐나가는 방법은 무수한—종종 매우 빠른— 결정을 내리는 것뿐이다. 물론 나쁜 결정보다는 좋은 결정을 내리는 쪽이 바람직하다. 그러려면 여러 사물, 사람, 생각, 결과에 가치를 부여해야 한다. 그러면 여러분의 뇌는 다양한 결과에 대한 가치 평가로 가치를 없애기보다는 더하거나 유지하는 결정을 내린다.

심리학자와 경제학자에 따르면, 사람들이 도박장에서 보이는 행동은 가치 평가, 특히 돈의 가치에 대한 평가에서 무엇이 잘못될 수 있는지를 가장 뚜렷이 보여준다. 대다수 사람은 돈 문제에 그다지 예리하지 못하다. 돈을 매우 빠르고 쉽게 따고 잃을 수 있다는 점에서 도박은 우리의 가치 평가에 대한 심오한 진실을 탐구하기에 매우 효과적인 방법이다. 많은 심리학, 경제학 연구는 사람들이 도박에서 어떤 결정을 내리는지에 초점을 맞춘다.

이것은 학계의 관심사만이 아니다. 그밖의 여러 분야에서도 도박에서 보이는 행동이 관찰된다. 애석하게도 도박장에서의 의사 결정과 관련해서 연구자들이 얻은 교훈은 사람들이 살아가는 방식에 대해서도 종종 일반화할 수 있다.

우선 대다수 사람들은 도박의 기본 논리에 무지하다. 물론 도박이라는 산업 자체가 애초에 비논리적이다. 도박장이 언제나 유리하기 때문이다. 사람들도 안다. 자신이 손해를 입는 만큼 카지노가 돈을 번다는 사실을. 그런데도 그들은 도박을 한다. 그것은 도박 경험의 희열이 자신에게 가치가 있기 때문일 것이다. 그들은 도박 경험에 **가치**를 부여하며 도박을 골프나 영화 같은 취미로 간주한다. 도박장에서 잃은 돈이야 입장료로 치면 별것 아니다. 그들은 이 사실을 처음부터 알고 있으며, 큰 보상을 기대하여 모험을 걸 때에 느끼는 희열을 만끽한다.

그러나 도박은 여느 오락과 결정적인 차이점이 하나 있다. 그것은 사람들이 극적으로 그리고 꾸준하게 과도한 비용을 지불한다는 것이다. 카지노에 가는 절대다수의 사람들은 애초 계획보다 더 많은 돈을 잃고서 퇴장한다. 개장 시각에 도박꾼들에게 얼마까지 잃을 각오가 되어 있느냐고 물은 뒤에 폐장 시각에 얼마나 잃었느냐고 다시 물으면, 대부분이 원래 예상했던 것보다 더 많이 잃었음을 알 수 있다. 사실 개장 시각에 그들이 잃을 실제 금액을 알려준다면 대부분은 카지노에 들어가지 않을 것이다. 사람들이 정말로 도박 자체를 즐기는지도 모르지만 돈을 잃은 뒤에 내놓는 설명은 자신이 잘못된 선택을 했음을 — 심지어 자신에게도 — 부인하려는 사후 정당화이다.

사람들이 도박장에서 내리는 잘못된 결정은 인간 심리의 몇몇 결함을 보여준다. 가장 흥미로운 것은 — 또한 가장 언급할 가치가 큰 것은 — 일상생활의 여느 측면과 일맥상통하는 것들이다.

많은 도박꾼들은 잃어도 되는 금액을 정해두고 도박을 시작한다. 한 도박꾼이 100달러를 상한선으로 정했다고 가정하자. 그는 최소

베팅 금액이 5달러인 블랙잭 테이블에 앉을 경우 칩을 대개 한두 개 건다. 그는 어떤 때는 따고 어떤 때는 잃는다. 그런데 그가 돈을 따기 시작하면 종종 이상한 일이 일어난다. 판돈을 올리는 것이다. 이것은 우리가 할 수 있는 가장 비논리적인 행위이다. 50달러를 벌었다고 해서 평상시의 베팅 금액인 5달러 대신 20달러를 걸기 시작하면, 두세 번만 패가 나빠도 열 번에 걸쳐서 딴 금액을 전부 잃을 수 있다. 명심하라. 시간이 오래 지나면 결국 도박장이 이긴다. 상승세일 때에 판돈을 올리는 것은 자신이 딴 돈을 도박장에 돌려주는 시기를 앞당기는 것에 불과하다.

꽤 많은 금액을 땄을 때에 자신의 행운을 축하하는 방법은 판돈을 키우는 것이 아니라 **줄이는** 것이다. 그러면 돈을 잃지 않고 집에 갈 가능성이 있다. 물론 확실하게 이기는 방법은 땄을 때에 그만두는 것이지만 그렇게 할 수 있는 사람은 거의 없다. 논리의 지배를 받는 사람이라면 애초에 도박장에 가지도 않을 테니까 말이다.

카지노는 이 사실을 잘 안다. 누군가가 대박을 터뜨리면 도박장에서는 어떻게 할까? 뜻밖에도 무료 음료를 가져다준다. 계속 따면 프리미엄 뷔페 쿠폰을 준다. 행운이 달아나지 않으면 호텔 무료 투숙권을 준다. 더 많이 딸수록 객실이 점점 더 좋아진다. 카지노는 거물 도박꾼을 딜럭스 스위트룸에 모셔서 그가 자신을 힘 있고 중요한 사람으로 여기도록 하고 싶어한다.

왜 카지노는 방금 거액을 딴 사람에게 그렇게 성대한 선물을 안겨주는 것일까? 그가 일어나지 못하게 하기 위해서이다. 선물을 많이 줄수록 도박꾼을 오래 머물게 할 수 있으며, 그가 오래 머물수록 딴 돈을 토해낼 가능성이 커진다. 도박꾼은 잠시나마 지갑에 돈을 쓸어 담으며 자신이 습득한 기술을 과신하기 때문에, 애초에 돈을 따지 못했을 때보다 더 많은 금액을 잃고 만다.

처음에는 아무리 신중하고 단호하더라도 일단 돈을 따기 시작하면 판단력이 흐려진다. 마치 딴 돈을 돌려주겠다고 단단히 마음먹은 것처럼 보일 정도이다. 하기는 사실이 그렇다.

이 같은 행동 결함은 일상생활에서도 관찰할 수 있다. 사람들은 돈이 생기면 덜 신중해지는데, 이것은 그 돈을 잃는 확실한 방법이다. 누구나 늘 돈에 쪼들리는 사람이 주변에 한 사람은 있을 것이다. 학생이거나 월급이 적거나 가족 부양과 생활비 지출로 부담을 겪는 등 다들 이유는 그럴듯하다. 그러나 이 가난한 사람들이 소액을 손에 넣으면 어떻게 할까? 대개는 재빨리 날려버린다.

왜 그렇게 할까? 오래된 빚을 갚거나 더 좋은 자동차나 아파트로 바꾸거나 꼭 필요한 물건을 사거나 합리적인 투자를 할 법도 하지만 그들은 고급 의류, 값비싼 저녁, 거나한 술판에 돈을 써버린다. 이것은 합리적인 행동이 아니다. 이런 화려한 지출에서 얻는 즐거움은 찰나이지만 쌓이는 빚은 오래간다. 대다수 사람은 절약할 수밖에 없을 때는 절약을 잘하지만 그런 압박이 없을 때는 절약을 선택하는 일에 서툴다. 우연히 손에 들어온 작은 횡재를 장기적인 효과가 있고 (심지어) 돈을 절약하게 해줄 수도 있는 현명한 구매에 쓸 수도 있으련만, 대다수의 사람들은 그런 상황에서 적절한 선택을 내리지 못한다.

이보다 더 보편적인 심리적 결함으로 도박사의 오류(gambler's fallacy)가 있는데, 이것은 카지노에서 특히 뚜렷이 드러난다. 도박사의 오류란 임의의 사건이 한동안 일어나지 않았을 때에 임의의 사건이 발생할 확률이 더 커진다거나, 방금 일어난 임의의 사건이 당분간은 일어나지 않으리라고 믿는 것이다. 사건들은 서로 연관되어 있지 않기 때문에 이것은 순전한 착각이다. 도박에서는 삶의 여느 상황과 마찬가지로 과거와 현재 사이에 아무런 연관성도 없다.

내가 카지노에 갔을 때—나는 완벽하게 합리적인 사람이 아니므로 누구나 그렇듯이 이따금 카지노에 간다—에 즐겨 하는 행동은 룰렛 주위에 모여 있는 사람들을 관찰하는 것이다. 룰렛 판을 한 번 돌렸을 때에 구슬이 (이를테면) 00에 멈추었다고 해도, 바로 다음번에 다시 00에 멈출 확률은 조금도 낮아지지 않는다. 확률은 돌릴 때마다 정확히 똑같다. 반대로 여러 번 돌리는 동안 한번도 맞지 않은 숫자가 있더라도 미래에 그 숫자가 맞을 확률은 과거보다 결코 크지 않다. 이것은 기초적 논리이지만, 도박꾼들을 관찰하면 00에 걸어서 돈을 딴 사람은 다음번에는 다른 숫자에 거는 것을 볼 수 있다. 아니면 이 숫자가 오랫동안 맞지 않았으면 회를 거듭할수록 여기에 더 많은 금액이 걸리기도 한다. 마침내 이 숫자로 이기면 도박꾼은 그 즉시 다른 숫자를 찾기 시작한다. 이번에도 그가 찾는 것은 오랫동안 맞지 않은 숫자이다. 카지노는 그동안 룰렛 판에서 나온 숫자를 기꺼이 공개한다. 그들은 과거의 숫자가 아무런 상관이 없음을 알지만 호구와 같은 불운한 도박꾼들은 상관이 있다고 생각한다.

왜 사람들은 이런 속임수에 넘어가는 것일까? 그들은 구슬이나 원반이 예전 판에서 어떤 숫자가 나왔는지 알며, 그래서 다음 판에서는 다른 결과가 나온다고 믿는 것일까? 물론 사람들이 의식적으로 이렇게 생각하지는 않는다. 그러나 우주가 순수하게 임의적이지는 않다고 생각하기는 한다. 사실 도박사의 오류는 인간 심리에 깊이 자리잡고 있으며, 때로는 직감의 탈을 쓰기도 한다. 누군가가 딸 셋을 연달아 낳으면 많은 사람들은 다음 아이가 아들일 것이라고 확신한다. 만일 아들이 태어나면 그들의 직감은 확증된다. 만일 딸이 태어나면 그들은 이렇게 외친다. "와, 또 딸이잖아! 확률이 무척 희박할 텐데!" 물론 확률은 약 50퍼센트이다. 아기로 자랄 난자를 향해서 질주하는 3억5,000만 마리의 정자는 예전에 여자아이 세 명이 그곳을 지나갔다는 사실을 꿈에도 모른다. 각각의 출생은 동전 던지기와 같다. 동전은 전에 어느 면이 나왔는지 전혀 알지 못한다. 열 번 연속으로 앞면이 나올 수도 있다. 열한 번째로 동전을 던졌을 때에 앞면이 나올 가능성은 여전히 50 대 50이다.

도박사의 오류는 왜 생길까? 물론 진화 때문이다. 우리 뇌는 휴리스틱이라는 프로그램을 주로 돌리도록 진화한 컴퓨터와 비슷하다. 휴리스틱은 (바라건대) 바람직한 결정을 내릴 수 있도록 세상을 재빨리 파악하기 위해서 뇌가 정해둔 규칙이다. 우리는 무엇인가를 관찰하면 무의식적으로 그것을 더 큰 패턴으로 번역하여 자기가 본 것이 더 큰 진실의 일부라고 가정한다. 물론 이 방법은 예나 지금이나 무척 요긴하다. 우리의 조상들 중에서 한 명이 빽빽한 덤불 속에 숨어 있는 사자를 보았다면, 그는 빽빽한 덤불이 사자가 있을 만한 장소라고 추론하여 미래에는 그런 장소를 피하려고 조심할 것이다. 그는 한 번의 경험에서 더 큰 진실을 추론해냈으며, 어쩌면 그 덕분에 목숨을 건졌을지도 모른다.

휴리스틱이 요긴하기는 하지만, 경계가 없는 데이터 집합을 맞닥뜨리면 정신적인 지름길이 우리를 속일 수도 있다. 그 이유는 인간의 뇌가 무한을 이해하도록 생겨먹지 않았기 때문이다. 우리는 유한한 산술의 한계에 갇혀 있다. 이를테면 우리는 동전 던지기를 할 때에 결과가 50 대 50으로 나타나야 한다는 것을 안다. 그래서 네 번 연속으로 앞면이 나오면 그는 이 관찰을 유한한 데이터 집합에 적용한다. 그의 무의식적 추론은 이런 식으로 전개된다. 앞면만 네 번 연속으로 나왔으니까, 50 대 50 비율을 맞추려면 뒷면이 조금 나와야겠군. 이처럼 작은 숫자로 생각하는 것은 우리 조상들이 패턴 인식과 패턴 학습을 발달시킬 때에는 유용했을 테지만, 현대에는—특히 확률과 큰 수의 계산을 맞닥뜨렸을 때에는—온갖 방식으로 오작동을 일으킨다.

우리의 도박꾼에게 돌아가보자. 돈을 땄을 때 그만두지 못하는 것만 해도 안타까운 일인데, 사람들은 이미 수렁에 깊이 빠지고 나서도 좀처럼 그만두지 못한다. 이런 말을 많이 들어보았을 것이다 (혼잣말을 했을 수도 있고). "한 판만 더 하면 만회할 수 있어." 심지어 이런 터무니없는 논리가 등장하기도 한다. "몇 판을 도박장이 땄으니까 이제는 내 **차례야.**" 마치 장부가 기록되고 있고 카드(나 주사위나 룰렛 구슬)가 과거의 손실이 만회되도록 행동해야 마땅하다는 식이다. 이보다 진실에서 멀어질 수는 없다. 잇따라서 지고 있을 때에는 운이 좋아지기보다는 그대로일 가능성이 좀더 크다는 것을 기억하기 바란다. 늘 그렇듯이 운은 늘 도박장 편이니까.[6]

돈을 잃었을 때에 그만두지 못하는 것은 도박사의 오류와 관계가 있는—아마도 직접 연관된—매몰 비용(sunk cost)의 오류 때문이다. 사람들이 블랙잭 테이블에서 돈을 잃은 뒤에 포기하지 못하는 이유 중의 하나는 게임을 계속하면서 돈을 되찾지 못하면 잃은 돈이 "낭비된다"고 생각하기 때문이다. 물론 이것은 오류 중의 대(大)오류이다. 이번 판에 무슨 일이 일어나더라도 다음 판의 확률은 달라지지 않기 때문이다. 그러나 사람들은 그렇게 생각하지 못한다. 매몰 비용 오류는 종종 현명하고 타당한 투자 행위로 둔갑하기도 한다. 돈을 써야 돈이 벌린다느니 하는 미래 보상에 대한 헛소리들이 이런 부류이다.

명심하라. 돈을 쓴다고 해서 전부 투자는 아니다. 어떤 돈은 그냥 없어지기도 한다. 그 돈을 찾겠다며 패배가 예상되는 상황에 머물러 있는 것은 결코 현명한 일이 아니다. 딜러에게서 블랙잭이 나왔다고 해서 도박장이나 우주가 여러분에게 빚진 것은 털끝만큼도 없다. 다음번에 여러분이 이길 가능성은 조금도 커지지 않는다. 좀더 가난해졌을 뿐, 여러분은 방금 전과 정확히 똑같은 처지이다. 딜러에게서 블랙잭이 열 번 연속으로 나오더라도 미래에 다시 블랙잭이 나올 확률은 여전히 같다. 여러분이 아무리 많이 졌어도 미래에 이길 확률이 높아지지는 않는다. 잃은 돈은 없어진 돈일 뿐이다.

매몰 비용 오류는 카지노뿐만 아니라 인간 활동의 모든 영역에서 찾아볼 수 있다. 이를테면 많은 아마추어 투자자들—거의 모두가 퇴직금으로 투자하는 사람들이다—은 주식을 팔지 말지 결정하기 전에 자신이 얼마를 쏟아부었는지를 계산하는데, 이것은 무의미하기 짝이 없는 짓이다. 주식을 매도할지 보유할지 결정할 때에 고려해야 할 유일한 요인은 미래의 실적에 대한 믿음이다. 그 주식을 하루 전에 샀는지, 한 달 전에 샀는지, 1년 전에 샀는지, 10년 전에 샀는지는 아무런 상관이 없다. 주식을 보유할 수 있는 기간에 주가가 오르리라는 생각이 들면 보유하라. 내리리라는 생각이 들면 매도하라. 간단하다.

물론 주가가 떨어지는 주식을 보유해야 할 그럴듯한 이유가 있을 수도 있다. 그 회사에 대한 투자자들의 근거 없는 불안 때문이든, (진정될 가능성이 있는) 일시적인 시장 침체 때문이든, 주가가 인위적으로 낮게 유지될 수 있으니 말이다. 그것은 타당한 이유이다. 그러나 처음에 주식을 얼마 주고 샀느냐는 매도 결정과 아무런 상관이 없다. 그런데도 사람들은 그것을 가장 많이 고려한다. 사실 대부분의 주식 관리 프로그램이 이런 행동을 유도하는 셈이다. 현재 가격 바로 옆에 매수 가격을 표시하기 때문이다. 이것은 과거에 얼마를 잃었거나 벌었는지가 미래의 행동을 결정하는 데에 중요하다는 통념을 부추기는 악습이다. 주가가 꾸준히 하락했다는 것은 매도할 때라는 신호이다. 하지만 사람들은 상승장에 주식을 팔거나 적어도 손실을 만회할 수 있을지 보려고 불가피한 결정을 미룰 때가 허다하다. 그러나 기다리는 동안에도 주가는 계속 떨어지고 그들은 더 많은 돈을 잃는다.

주식 시장만 그런 것이 아니다. 매몰 비용 오류는 많은 재정 결정에도 영향을 미칠 수 있는데, 대개는 나쁜 쪽으로 영향을 미친다. 이를테면 자산을 팔 때가 되었을 때에 사람들은 손해를 보고 팔기를 무척 꺼린다. 주택이나 그밖의 부동산을 계속 가지고 있으면서 시장이 회복되어 손실을 만회할 수 있을 때까지 기다린다. 바람직한 재정 행위처럼 들릴지도 모르겠지만, 부동산을 보유하는 데에는 비용이 든다. 매년 세금도 내야 하고 공과금에다가 유지, 보수 비용도 든다. 하지만 주택을 필요 이상으로 오래 보유하면서 이런 비용을 감안하는 경우는 드물다. 게다가 부동산을 주거 용도나 수익 창출에 이용하지 않는다면 다른 곳에 쓸 수 있는 자본을 그냥 묵히는 셈이다.

매몰 비용 오류는 개인의 결정뿐만 아니라 집단의 결정에도 악영향을 끼친다. 미국이 이라크를 침공한 직후에 이라크에 대한 군사 점령을 계속하는 것이 누구에게도 이롭지 않다는 것이 분명해졌다. 미군은 후세인 정권을 무너뜨리고 무장 해제를 시킴으로써 전쟁에서 "승리했지만", 그 여파로 불안정, 만연한 폭력, 테러, 혼란이 득세했다. 미국이 점령을 계속하면서 내건 명분은 반란군을 몰아내고

이라크에 안정을 가져다주겠다는 것이었다. 하지만 결국은 미군의 계속된 주둔이야말로 불안정의 요소이자, 급진화와 테러범 충원의 주범이었다. 이 암담한 현실을 모두 인정하기 시작한 뒤에도 이라크 철수에 대해서는 반발이 만만치 않았다. 정치 논쟁이 벌어지면 "잃은 목숨"과 "투입된 자금"이 으레 언급되었다. 이미 손해가 막심해. 이것을 전부 없던 일로 할 수 없어! 이라크 사람들을 도와야 한다는 도덕적 책임감을 미국이 느끼는지도 모르지만 그것은 군사적 해법으로는 풀 수 없는 문제이다.

사람들이 무엇인가에 시간이나 노력이나 돈을 투자했고, 그 희생이 무위(無爲)로 돌아가는 것을 원하지 않을 때면 언제나 매몰 비용 오류가 고개를 쳐든다. 물론 이해할 수 있다. 그러나 그것은 논리에 정면으로 반한다. 경우에 따라서는 얼마나 투자했는지가 전혀 중요하지 않을 때도 있다. 실패한 계획을 고집하면 비용만 더 들어갈 뿐이다. 이런 경우에 자신이 고집을 부리고 있음을 꿰뚫어보기란 여간 힘든 일이 아니지만, 더 이상의 손실이 생기지 않도록 막는 것이 현명할 것이다.

가격이 옳지 않아

도박사의 오류와 매몰 비용 오류는 돈이나 그밖의 자원과 관련하여 우리의 삶을 망치는 두 가지 원인이지만, 가치가 있는 사물의 경우에 우리는 훨씬 근본적인 오류를 저지르기도 한다. 애초에 가치를 부여하는 과정에서 우리는 툭하면 바보짓을 저지른다.

소매상이 가격표를 가지고 장난질 치는 것이 얼마나 효과적인지를 생각해보라. 이를테면 많은 연구에서 드러났듯이 소비자는 실제 최종 가격이 얼마든 할인 표시가 붙은 물건에 끌린다. 20달러짜리 셔츠는 가격을 40달러로 매기고 50퍼센트 할인했을 때에 훨씬 더 잘 팔린다. 우리 인간은 가치를 절대적 기준이 아니라 상대적 기준으로 평가한다.

우리에게는 기준점 편향(anchoring bias)이라는 것도 있다. 사람들은 최초로 얻은 정보에 그 신뢰도와 상관없이 많은 가치를 부여한다. 이 때문에 그 뒤의 모든 정보는 엄밀한 기준에서가 아니라 원래 정보와 비교되어 평가된다. 셔츠의 예를 다시 들면, 최초의 정보는 셔츠의 원래— 뻥튀기된—가격이다. 이렇게 하면 20달러의 판매가가 상대적으로 훨씬 더 낮아 보인다.

연봉 협상이나 주택 구입도 마찬가지이다. 맨 먼저 숫자를 말하는 사람이 늘 기준을 정하며, 나머지 협상 참가자들은 이후의 모든 역(逆)제안을 애초의 입찰에 견주어서 인식—또한 평가—한다. 연봉 협상에 잔뼈가 굵은 사람은 언제나 첫 요구액을 희망 연봉보다 높여서 부른다. 이러면 회사 측에서 5퍼센트에서 10퍼센트의 인하를 "협상 성공"으로 느끼리라는 것을 알기 때문이다. 이 금액이 회사 측에서 생각하던 것보다 높은데도 말이다.

이 인지 편향은 인간의 사회적 심리에 단단히 뿌리 박혀 있어서 사람들이 여기에 의문을 제기하는 일조차 드물다. 나는 태양광 발전기를 설치하려고 회사들로부터 견적을 받으면서 이를 몸소 체험했다. 돌이켜서 생각해보니 나는 모든 견적을 최초의 견적과 비교하고 있었던 것이다. 최초의 견적은 꽤 부풀려진 것이었다. 그 회사는 내가 바라는 시스템을 설치한 전력이 없어서 기본적으로 이 거래에 심드렁했기 때문이다. 낮은 견적을 몇 번 받고 보니 태양광 패널 설치비가 저렴하다는 느낌이 들었다! 사랑하는 배우자와 견적을 상의한 뒤에야 이 금액들이 내가 애초에 계획한 것보다 훨씬 더 크다는 사실을 깨달았다.

왜 첫 번째 회사 사람들은 견적을 고사하지 않고 터무니없는 금액을 제시했을까? 자신들이 해보지 않은 분야여서 금액을 높여 부르지 않으면 설치 비용을 감당하지 못할 것이라고 생각했는지도 모르겠다. 그러나 더 그럴듯한 가설은 매우 높은 견적가를 제시함으로써 자신들이 태양광 업계의 캐딜락과 같은 고급 회사라는 인상을 내게 남기려고 했다는 것이다. 이 수법은 효과를 발휘했다! 몇 주일 뒤에 친구에게 이렇게 말하고 있었으니까. "예산을 감당할 수만 있다면 최고의 회사는 말이지……." 내가 무슨 소리를 하고 있는 거지? 나는 그 회사든 어떤 회사든 기술력에 대해서는 전혀 아는 바가 없었다. 내가 아는 것이라고는 **견적**뿐이었으나 그것으로 충분했다. 회사들은 가격을 뻥튀기함으로써 나로 하여금 자기네 회사가 탁월하다고 확신하게 했으며, 나는 기꺼이 그들의 무급 대변인 노릇을 했다.

값 매기기 편향(baluation bias)은 판촉 및 영업 전문가들에게 잘 알려져 있다. 음료 산업을 비롯한 수많은 경제 부문에서 이런 전문가들이 과학 연구를 제품 판촉에 활용하고 있다. 이를테면 사람들은 가격이 너무 저렴하게 매겨진 포도주는 맛이나 품질이 별로라고 생각하여 사지 않는다고 한다. 블라인드 테스트를 해보았더니, 포도주 병에 가짜 가격표를 달자 사람들의 인식이 정말로 달라졌다. 고가의 가격표를 가짜로 붙이면 포도주 맛이 좋다고 느꼈고, 저가의 가격표를 가짜로 붙이면—실제로는 값싼 포도주가 아니었지만—콧방귀를 뀌었다. 가격표가 가짜였다는 사실을 알려주자 많은 참가자들은 당혹스러워 하면서 고가의 가격표가 붙은 포도주가 실제로 더 맛있었다고 고백했다. 연구자들에게 환심을 사려는 감언이설이 아니었다. 거짓된 값 매기기는 실제로 맛을 비롯한 지각에 영향을 미친다.

포도주 영업사원이라면 알고 있겠지만 값 매기기 편향은 반대 방향으로도 작동한다. 다음번에 근사한 포도주 매장에 가거든 가격표를 살펴보라. 종종 값비싼 포도주 한 병이 중간 가격의 병들 사이에 놓여 있는 것을 볼 수 있을 것이다. 이것은 중간 가격의 포도주들을 상대적으로 저렴해 보이도록 하려는 수법이다. 심지어 그 포도주 한 병의 실제 가격은 그만큼 비싸지 않을지도 모른다. 매우 값싼 병에 엄청나게 부풀린 가격표를 붙였을 수도 있다. 어차피 보여주기용이니까!

마찬가지로 싼 가격표가 붙은 포도주를 가운데에 두면 나머지를 더 고급스럽게 보이도록 할 수 있다. 이 수법에서도 거짓 가격을 써먹을 수 있다. 포도주 판매상은 어떤 종류의 포도주가 마지막 한 병 남으면, 종종 더 싼 가격표를 붙여서 판매가 신통하지 않은 다른 포도주들을 돋보이게 한다. 한 병도 팔리지 않은 10달러짜리 메를로(merlot) 열 병이 있다고 해보자. 그런데 판매상이 바로 옆에 있는 포도주에 6달러 가격표를 붙이는 순간 메를로가 좋아 보이기 시작한다. 물론 6달러짜리를 팔아치우고 싶으면 그 가격표 위에 15달러 가격표를 붙이고 커다랗게 'X' 표시를 하면 된다. 그러면 금세 팔려나간다.

지금쯤 여러분은 사람들에게 흔히 보이는 인지 편향과 오류의 상당수가 돈을 다루는 문제에서—도박이든 판촉이든 재무 계획이든—가장 뚜렷이 드러난다는 사실을 알아차렸을 것이다. 물론 화폐는 자연에서 직접적인 대응물을 찾을 수 없는 인간의 발명품이며, 인류 역사를 통틀어서 경제는 실제 물건—자의적 가치 표상이 아니라 그 자체로 유용한 물건—의 교환으로 이루어졌다. 따라서 우리가 화폐를 다루는 인지능력을 진화시키지 못한 것은 놀랄 일이 아니다. 화폐는 생물학적 토대가 전혀 없는 순전한 개념적 구성물이며, 집을 사고 차를 렌트하는 것이 아니라 차를 사고 집을 임차하는 사람이 그토록 많은 것이 이 때문이다.

그러나 돈 자체는 비교적 새롭다고 해도 우리가 돈을 제대로 다루지 못하는 것은 인류의 정신 회로에 오래된 결함이 있음을 보여준다. 인간의 인지능력이 진화하던 세상에 화폐가 존재하지는 않았지만 자원은 엄연히 **존재했고**, 따라서 가치 개념과 이것이 결정에 미치는 영향도 틀림없이 존재했다는 점을 감안하면 이 주장은 그다지 놀랍지 않다. 사람들은 늘 재화, 용역, 부동산과 관계를 맺었으며, 이것들은 소유자에게 가치를 선사하는 유형의 물건이다. 재화는 식량, 연장, 심지어 장신구 같은 것을 뜻한다. 용역은 협력, 동맹, 털 고르기, 산파 일(그렇다, 산파는 아주 오래 전부터 있었다!) 같은 것을 뜻한다. 부동산은 천막, 보금자리, 사냥용 엄폐물 등을 짓는 장소 중에서 다른 곳보다 선호되는 곳을 뜻한다. 말하자면 경제적 요인은 화폐가 등장하기 오래 전부터 우리 곁에 있었다.

인류가 가치 있는 자원과 맺고 있는 지금의 관계를 과거와 비교하기는 힘들지만, (측정할 수 있는 분야에 한정하자면) 다른 동물들도 우리와 같은 실수를 많이 저지른다. 이를테면 많은 동물들은 먹이나 선물을 내세워서 교미 기회를 얻는다. 어떤 펭귄은 교미의 대가로 둥지 재료를 얻는다(호기심이 동하는 사람들이 있다면 나의 책 『동물에게서 찾은 인간 본성[*Not So Different*]』에서 한 절을 할애하여 동물의 매춘을 설명했으니 참고하시기를). 조류 군집에서는 둥지의 위치와 서열 사이에 상관관계가 있으며, 북적거리는 부동산 시장과 비슷한 부분이 있고, 퇴거와 무단 점유 시도가 종종 벌어진다. 자연에서는 동물이 번영과 번식에 필요한 것 이상의 자원을 손에 넣으려고 애쓰는 광경을 많이 볼 수 있다. 탐욕과 질투는 인간 고유의 형질이 아니다. 인류가 화폐를 발명했을지는 몰라도 거래라는 경제 행위에 종사한 것은 우리가 처음이 아니다. 따라서 경제심리학의 문제들을 처음 맞닥뜨린 것도 우리가 처음은 아니다.

영장류 사촌에 대한 연구를 통해서 우리의 경제적 사고에 자리잡은 결함이 다른 동물들과 얼마나 비슷한지가 똑똑히 드러나고 있다. 동물행동학자이자 진화심리학자 로리 산토스 박사는 "원숭이 경제학(monkeynomics)"이라는 분야를 정립하는 데에 오랜 세월을 바쳤다. 그가 사용한 방법은 꼬리감는원숭이(capuchin monkey)가 화폐를 이용하고 이해하도록 훈련시키는 것이다.[7] 이 매혹적인 연구에 대한 산토스의 많은 논문에서 얻을 수 있는 가장 중요한 교훈은 원숭이가 자원과 관련하여 사람과 똑같은 여러 비합리적인 행동을 저지른다는 것이다. 원숭이는 위험 회피형인데, 이는 이미 얻은 "돈"을 잃게 생겼을 때에 (같은 금액을 벌기 위해서는 감수하지 않을) 어리석은 위험을 감수한다는 뜻이다. 또한 우리와 마찬가지로 순전히 상대적 잣대로 가치를 측정하기 때문에, 포도주 가게에서 우리가 그랬듯이 가격 조작으로 선택을 바꾸도록 유도할 수 있다.

원숭이가 우리와 같은 인지적 결함을 많이 가지고 있다는 사실은 우리의 경제적 심리에 내재한 결함에 더 뿌리 깊은 진화적 진실이 담겨 있음을 암시한다. 틀리고 비합리적이라고 치부되는 행동—이를테면 확증 편향에 빠지거나 매몰 비용 오류를 토대로 선택을 결정하는 것—은 농업 이전의 우리 조상들에게 유리하게 작용했을지도 모른다. 그때는 룰렛이나 해변 콘도미니엄 같은 것들이 아직 없었으니 말이다. 마찬가지로 사회적 지위나 안녕이나 권력을 위해서가 아니라 순전히 생존을 위해서 자원을 쓸 때면, 가치를 순전히 상대적 잣대로 평가하는 체계가 타당했을 것이다.

게다가 야생동물에게는 그런 행동에 중대한 결과—따라서 진화적 압력—가 결부되었으며 그것은 우리의 조상도 다르지 않았다. 현재 대부분의 선진국 국민에게 돈을 잃는다는 것은 대체로 지출 규모를 조금 축소해야 할지도 모른다는 뜻이다. 그러나 홍적세에서 자원을 잃는다는 것은 굶주림을 뜻했을 것이다. 따라서 손실을 극단적으로 회피하려는 성향은 일리가 있었다. 거의 확실한 죽음이 걸려 있다면, 위험을 감수하는 것이 그리 어리석어 보이지 않는다. 필사적인 시기에는 필사적인 조치가 요구되는 법이다.

이렇듯이 우리의 경제적 사고에 있는 결함은 진화적 목적에 부응했다. 그러나 포도주 판매상과 카지노 업계를 비롯한 수많은 경제적 기회주의자들이 잘 알고 있듯이 이 특징은 심각한 버그이다.

일화의 힘

인간 비합리성의 또다른 형태는 일화(逸話)의 영향에 대한 극도의 민감성에서 찾아볼 수 있다. 우리는 삶에서 일어난 특정 사건이나 (심지어) 다른 사람이 해준 이야기를 그 현상에 대해서 자신이 알고 있는 다른 모든 것보다 중시할 때가 많다. 이 효과를 비롯한 폭넓은 오류를 확률 무시(neglect of probability)라고 한다.

언젠가 친구의 자동차를 얻어 탄 적이 있는데, 그 일은 도심의 도로에서 고속도로로 진입하려던 순간에 벌어졌다. 친구가 고속도로에 들어서기 직전에 갑자기 속도를 줄이더니 차를 완전히 세우고는 우리 쪽으로 질주하는 차량들을 어깨 너머로 바라보는 것 아닌가. 나는 어안이 벙벙하여 고함을 질렀다. "무슨 짓이야?" 그러자 그가 대답했다. "고속도로에 진입하다가 사고가 난 적이 있어. 그래서 이 제는 차가 한 대도 없을 때까지 기다렸다가 고속도로에 들어선다고."

내 친구는 일화의 힘에 굴복한 것이다. 운전을 배워본 사람이라 면 누구나 알겠지만—교통법규도 마찬가지이다—진입로에서 차 량 행렬에 합류할 때에는 계속해서 움직이는 것이 더 안전하고 효 율적이다. 고속도로에서 달리는 차량들 사이에는 끼어들 공간이 충 분히 있다. 오히려 멈추는 것이 **위험하다**. 진입로에서 고속으로 따 라오던 차가 미처 정차하지 못하고 내 차를 들이받을 수 있기 때문 이다. 내 친구는 나를 비롯한 운전자가 고속도로에 안전하게 진입 하는 것을 여러 번 보았을 것이다. 그런데도 한 번의 불운한 사건이 그의 생각과 행동을 변화시켜서, 더 **안전하게** 운전하려다가 오히려 더 **위험하게** 운전하는 꼴이 되었다.

물론 대규모의 데이터 집합은 낱낱의 일화를 모은 것에 불과하지 만, 규모야말로 데이터가 가진 힘의 원천이다. 연구자들은 다양한 데이터를 취합하고 분석함으로써 개인들이 한정된 경험만으로는 보지 못할 통계적 패턴과 숨겨진 진실을 발견할 수 있다. 그러나 통계는 우리를 설득하지 못해도 일화는 설득할 수 있다. 우리의 마 음을 움직이는 것은 데이터가 아니라 이야기이기 때문이다. 일반화 된 통계보다 이야기가 더 큰 힘을 발휘하는 이유는 우리가 이야기 의 주인공에게 공감할 수 있기 때문이다. 데이터에 공감하는 사람은 없다.

복권을 사는 것은 통계보다 일화를 숭배하는 또다른 사례이다. 나의 부모님은 내가 기억하는 한 언제나 복권을 샀다. 두 분은 스크래치형 복권이나 숫자 서너 개 맞추기처럼 당첨금이 적은 복권에 돈을 허비하지 않는다. 두 분이 사는 것은 인생 역전을 할 수 있는 거액을 약속하는 대형 복권이다. 오랜 세월 동안 부모님은 요긴하게 쓸 수도 있었을—두 분은 복권 말고는 돈을 결코 허투루 쓰는 법이 없는 깍쟁이이다—수만 달러를 내다버린 셈이다. 내가 이 이야기를 꺼낼 때마다 어머니는 당신이 사는 것은 "꿈과 희망"이라는 상투적이고 어설픈 변명을 내세운다. 꿈과 희망은 공짜일 텐데 말이다.

복권을 사는 사람 모두가 그렇듯이 나의 부모님도 간호사가 100만 달러에 당첨되는 이야기를 들으면 솔깃해한다. 두 분은 텔레비전에서 사람들이 수표를 받는 장면을 보면서 저 당첨자가 나였으면! 하고 생각한다. 그러나 복권을 산 수백만 명이 전부 몇 달러만큼 더 가난해졌다는 사실은 알지 못한다. 일화의 힘은 모든 것을 능가한다.

일화의 힘과 확증 편향을 결합하면 어떤 사회 문제에 대해서도 자신의 입장을 옹호할 수 있다. 여러분이 정부 복지를 낭비라고 생각하는 사람이라면, 자신의 견해를 입증하는 예가 당장 머릿속에 떠오를 것이다. 산업이 환경 파괴를 외면한다고 생각한다면, 못된 기업들이 일으킨 재앙을 줄줄 읊을 수 있다. 정확히 왜 아무개가 내셔널 풋볼 리그 최고의 쿼터백인지도 확실하게 말할 수 있다. 이 중에서 대규모 데이터와 통계 분석만 한 증거력을 가진 것은 아무 것도 없지만 논쟁에서는 훨씬 더 큰 설득력을 발휘한다. 정말이지 터무니없다.

다시 말하지만, 일화가 데이터보다 훨씬 더 큰 힘을 가지는 이유 는 우리의 마음이 유한한 산수와 작은 숫자의 세계에 갇혀 있기 때 문이다. 우리 뇌가 진화하는 동안 인류는 평생 접하는 사람의 수가 200명을 넘지 않았다. 남들이 보고 배운 것에서 결론을 이끌어내는 것은 중요한 능력이었다. 모든 교훈을 스스로 얻을 수는 없었기 때 문이다. 정부 정책이 수백만 명에게 어떻게 영향을 미치는지의 문 제는 인류가 형태를 갖추어가던 시기에는 한번도 대두되지 않았다. 오늘날 우리는 종이와 연필을—또는, 음, 컴퓨터를—이용하여 큰 숫자를 계산할 수 있지만, 머릿속에 그 숫자를 담지는 못한다. 1,000만 곱하기 3,000억을 암산할 수는 있을지 몰라도 무엇인가가 1,000만 개 있다는 것을 진짜로 이해할 수는 없다.

초기 인류 사회는 결코 200명을 넘지 않았으므로 그보다 큰 수학 적 관념을 이해할 필요가 전혀 없었다. 따라서 그런 능력은 진화하 지 않았다. 심지어 인간의 뇌가 하나, 둘, 많음이라는 세 가지 숫자 만 이해하도록 생겨먹었다고 주장하는 사람도 있다. 남아메리카 피 라항족의 언어에 숫자를 일컫는 단어가 앞의 세 가지뿐이라는 발견 이 이를 뒷받침했다. 인간이 숫자에 대한 관념을 얼마만큼 타고나 는지를 놓고 열띤 논쟁이 벌어지고 있으나, 인간의 뇌가 수학을 처리하기에 얼마나 형편없이 설계되었는지에 대해서는 논란의 여지가 거의 없다.

도박 중독의 경우에는 말 그대로 그에 대한 대가를 치른다. 그러나 또다른 인지 결함의 대가는 도박보다 훨씬 더 크다.

탕진하니까 젊음이다

"탕진하니까 젊음이다"라는 명언은 널리 알려져 있다. 나이 든 사람들은 천천히 조심조심 운전하며 늘 안전띠를 매지만, 젊은 사람들은 운전대 앞에서 무모해지고 방심한다.

위의 문장은 너무 자명하기 때문에 우리는 이것이 얼마나 역설적인지 종종 잊어버린다. 젊은 사람들은 살아갈 날이 살아온 날보다 많으므로, 자신이 이제껏 접해본 것들 중에서 가장 위험한 기계를 조종할 때에 더 신중해야 마땅하지 않을까? 이에 반해서 나이 든 사람들은 귀한 시간이 얼마 남지 않았으므로 목적지에 얼른 도착하고 싶어해야 마땅하지 않을까?

그러나 이 역설은 단순한 통념이 아니다. 데이터가 이를 뒷받침한다. 젊은 사람들은 정말로 가장 위험한 운전자이다. 안전띠를 맬 가능성이 가장 낮고 차를 살 때에도 안전성을 별로 고려하지 않는다. 젊은이의 무모한 운전은 미숙함에서 비롯한 것이 아니다. 연구에 따르면 나이 들어서 운전을 시작한 초보 운전자들도 경험 많은 운전자 못지않게 사고율이 낮기 때문이다. 운전대 앞에서 신중해지도록 하는 것은 운전 경력이 아니라 연령이다. 렌터카 회사들은 이 사실을 오래 전부터 알고 있었다. 그들은 스물다섯 살 미만인 운전 자에게는 차를 빌려주지 않으려고 할 때가 많다. 만일 경험이 문제라면 운전 경력이 8–9년 미만인 운전자를 배제해야겠지만, 그렇게는 하지 않는다. 렌터카 업체가 경계하는 것은 미숙함이 아니라 젊음이다.

물론 이 현상은 운전에 국한되지 않는다. 젊은 사람들은 온갖 방면에서 위험을 더 많이 감수한다. 위험한 불법 약물을 복용하는 비율이 훨씬 높고, 성관계를 할 때에도 보호 장구를 이용하는 경우가 훨씬 드물다. 번지 점프, 스카이다이빙, 암벽 등반, 베이스 점프(건물이나 절벽에서 뛰어내리는 스포츠/옮긴이) 같은 극한 스포츠를 즐길 가능성도 훨씬 더 크다. 이런 스포츠는 안전 대책이 마련되어 있어도 매우 위험하다. 참가자들은 위험을 **지각하는**데, 이것이야말로 극한 스포츠가 스릴을 선사하는 한 가지 이유이다. 심리학자들은 습관적인 스릴 탐닉을 곧잘 중독으로 분류한다. 위험에 따르는 아드레날린 분출에 중독되었다는 것이다.

젊은 사람들은 위험을 정말로 **즐기는** 것처럼 보인다. 이 현상을 보여주는 예로 흡연이 있다. 젊은 사람들은 담배가 몸에 해롭다는 것을 알면서도 흡연자가 된다. 사실 흡연의 첫 경험은 매우 **불쾌하**다. 내가 처음 담배를 배웠을 때가 생각난다. 연기를 들이마시자마자 목이 따갑고 기침이 나왔다. 니코틴 때문에 머리가 어지럽다가 끝내 구역질이 났다. 생전 처음으로 담배를 "즐기다가" 토하는 사람들도 있다. 그러나 나는 불쾌감을 느끼고서도 그만두지 않았다. 나는 담배에 중독되려고 적극적으로 **노력했다**. 피울 때마다 담배가 조금씩 편해지더니 마침내 구역질이 사라지고 포근한 안락감이 찾아왔다. 이 지경이 되자 나는 담배에 단단히 중독되었으며, 금연에 성공하기까지는 20년이 걸렸다. 금연 6년 차인 지금까지도 왜 담배를 배웠을까 하고 스스로를 원망한다.

스물다섯 살까지 담배를 배우지 않은 사람이 그 뒤에 흡연을 시작할 확률은 0에 가깝다. 스물한 살이 되었을 때까지 담배를 피우지 않은 사람에게는 비흡연자라는 딱지가 붙는다. 성숙하여 지혜로워진 사람들은 흡연 같은 멍청한 습관에 이끌리지 않는다. 게다가 첫 경험이 그토록 끔찍한데도 계속 담배를 피울 만큼 비합리적인 사람이 어디 있겠는가? 음, 나를 비롯한 수백만 명의 청소년이 있다. 그렇다면 문제는 **누가**가 아니라 **왜**이다.

위험한 행동을 이해하는 열쇠는 또다른 기본적인 사실에서 찾을 수 있다. 그것은 위험한 행동이 젊은 사람들뿐만 아니라 남성에게서 우세하다는 것이다. 청년 남성은 가장 위험한 인구 집단인데, 그러는 이유는 위험한 행동 자체보다 더 한심하다. 그들이 바보짓을 하는 이유는 남에게 감명을 주기 위해서이다.

젊은 사람들이—주로 남성이지만 전부는 아니다—어리석은 위험을 감수하는 것은 자신의 "적합도(fitness)"를 광고하기 위한 것이다. 적합도가 반드시 신체 능력에 대한 것일 필요는 없지만 현실에서는 전부 신체 능력의 과시로 나타난다. **적합도 과시는 동물 행**

동 연구에서 비롯한 용어로, 동물이 잠재적 짝과 잠재적 경쟁자에게 자신이 만만한 존재가 아님을 알리는 수단을 일컫는다. 내가 얼마나 튼튼한가 하면 이렇게 위험한 짓을 하고도 멀쩡하다고 말하는 셈이다.

이를테면 흡연에는 이런 메시지가 담겨 있다. 내가 얼마나 건강한가 하면 이렇게 건강에 해로운 짓을 하고도 멀쩡하게 살고 있다고. 젊은 사람들이 이런 위험을 감수하는 이유가 순전히 자신의 스릴을 위한 것이라면 혼자 있을 때에도 위험을 감수할 테지만, 그러지는 않는다(흡연의 경우 니코틴 중독은 별개 문제이다). 바보짓은 늘 공공연히 저질러진다. 보는 눈은 많을수록 좋다.

적합도 과시는 진화적으로 오랜 역사가 있으며 형태도 여러 가지이지만, 우리에게 중요한 것은 생물학자들이 "값비싼 신호(costly signal)"라고 부르는 범주이다. 자연에서 관찰되는 성 선택의 두드러진 사례 중에도 값비싼 신호에 해당하는 것이 있다. 이를테면 공작의 거대한 꼬리나 수사슴의 우람한 뿔은 짝의 관심을 끄는 것 말고는 아무짝에도 쓸모가 없다. 게다가 비용도 많이 든다. 거추장스러운 것을 달고 다니느라고 열량이 많이 소비될 뿐만 아니라 속도와 민첩성도 감소하기 때문이다. 뿔 달린 포유류 중에서 일부가 그들끼리 싸울 때에 뿔을 이용하는 것은 사실이지만, 대부분은 결코 또는 거의 그렇게 하지 않는다. 뿔과 꼬리는 주로 과시를 위한 것으로 자신이 얼마나 강한지를 암컷에게 보여주는 수단이다. 커다란 꼬리로 어떻게 힘을 과시하느냐고? 저 거대한 물건을 끌고 다니면서도 굶주려 죽거나 살해당하지 않으려면 어때야겠는가?

핸디캡 원리(handicap principle)에 따르면, 성 선택은 이따금 수 컷이 힘을 과시하는 용도로만 존재하는 터무니없는 장애를 진화시 킨다. 이 무모한 선택의 사례들은 종의 전반적인 건강과 활력에 거 의 보탬이 되지 않는다. 그런데도 순전히 과시용으로 저 거대한 뿔 을 달고 다니는 이유가 무엇일까? 효과가 있으니까! 암사슴은 크고 복잡한 뿔에 혹한다. 크기는 중요하다. 공작의 꼬리도 마찬가지이 다. 암공작은 거대한 꼬리를 보면 정신을 차리지 못한다.

핸디캡 원리를 행동에 적용할 때에는 조심해야 하며 인간에 적용 할 때에는 더더욱 조심해야 한다. 그러나 이를 뒷받침하는 탄탄한 증거가 있다. 위험한—특히 뛰어난 신체 능력을 요하는—행동을 과시하는 남성들에게 젊은 여성들이 더 강한 성적 매력을 느낀다는 연구 결과가 있다. 젊은 여성들은 동일한 남성이 피아노를 연주할 때보다 미식축구를 할 때에 더 매력적이라고 평가한다.

더 의미심장한 사실은 남성이 위험을 감수하는 동료 남성에게 감 명을 받는다는 것이다. 자동차 경주, 절벽 다이빙, 흡연 같은 행동 은 남성 친구를 사귀는 데에 도움이 된다. 진화의 관점에서 이것은 남성 대 남성의 동맹이며, 인간을 비롯한 사회적 종의 지배 서열에 서 윗자리를 차지하는 데에 매우 중요한 역할을 할 수 있다. 여러분 이 남성이라면, 지배 서열에서 높은 자리를 차지할수록 번식에 성 공할 가능성이 커진다. 우리 인간은 자신이 이렇게 속물적이지 않 다고 생각하고 싶어하지만, 고등학교를 무사히 졸업한 사람이라면

이 절의 모든 사례가 친숙할 것이다.

이에 반해서 젊은 남성은 위험을 적게 감수하는 여성에게 성적으로 더 많이 끌리는 경향이 있다. 남성이 여성에 비해서 위험에 더 많이 끌리는 것은 이 때문인지도 모른다. 남성에게는 잠재적인 보상이 있지만 여성에게는 없으니 말이다. 또한 이것은 포유류에서 각각의 수컷은 있어도 그만, 없어도 그만인 존재인 것에 반해서, 암컷은 종의 생존과 성공을 좌우하는 요인이라는 관념을 뒷받침한다. 이런 관점에 따르면 각각의 암컷은 귀한 존재이며, 수컷은 조심성과 돌봄의 신호를 보이는—따라서 새끼를 무사히 키울 수 있는—암컷에게 대체로 끌린다. 그러나 암컷은 짝을 고를 때에 조심성을 눈여겨보기보다는 새끼에게 좋은 유전자를 물려주고 싶어한다.

물론 이것은 지나친 일반화이지만 나이와 위험 회피에 대한 통념처럼 그 밑바탕에는 일말의 진실이 있다. 고등학교에서 운동부 아이들이 여자아이들을 차지하고, 책벌레는 찬밥 신세라는 것은 만고의 진리이다. 진짜 세상에서 성공할 가능성이 큰 것은 후자인데도 말이다. 그때가 되면 상황이 역전되지만, 이미 너무 늦었다. 많은 남녀가 이미 생식을 끝낸 뒤이기 때문이다. 최근에 사람들의 첫 생식 연령이 증가했으므로, 젊은 남성들의 값비싼 적합도 과시가 줄어들 것이라고—또한 똑똑하고 섬세한 젊은 남성이 또래들에게 더 매력적으로 보일 것이라고—생각할 법도 하지만, 그런 효과가 금세 나타날 가능성은 희박하다. 그런 진화적인 변화가 일어나려면 위험 감수파와 안전 지향파 사이에 유전적인 차이가 있어야 하며,

여러 세대에 걸쳐서 선택압이 작용해야 한다. 이런 요인이 없으면 청소년들은 앞으로도 여전히 바보짓을 할 것이다.

우리 뇌의 이런 버그가 시사하는 중요한 사실은 흡연, 음주, 마약 복용 등의 위험한 행동을 겨냥하여 인식을 제고하려는 사업이 완전히 헛다리를 짚고 있는지도 모른다는 것이다. 고등학생에게 마약의 위험성을 설명하는 것은 마약을 멀리하도록 하는 논리적인 방법처럼 보이지만 사실은 정반대 효과를 낼 수도 있다. 마약이 위험하다고 설명하면 마약은 청소년, 특히 남자 청소년에게 더 매력적으로 보일 것이다. 사실 이것은 또다른 옛 격언에 담긴 지혜이다. 관심을 유도하는 가장 좋은 방법은 금지하는 것이라는 격언 말이다. 남자 청소년의 영장류 뇌는 마약이 위험하고 불법적이라는 정보를, 마약을 하는 사람은 정말로 강하고 용감하다는 뜻으로 해석한다. 이보다 더 뚜렷한 인지적 결함이 어디에 있겠는가?

마무리 : 성자와 죄인

인간이 이토록 짧은 시간 동안 우리의 가장 가까운 친척들보다 훨씬 더 똑똑해진 비결은 진화의 가장 큰 수수께끼 중의 하나이다. 높은 지능이 생존에 유리하고 (따라서) 자연선택에서 선호되리라는 것은 분명하지만, 지능의 진화는 가능성이 매우 희박한 사건이다.

무엇보다도, 똑똑해지도록 진화하려면 두개골이 팽창하고 뇌 자체가 커지고 뇌 영역의 연결이 증가하는 등 여러 돌연변이가 질서 정연하게 일어나야 한다. 둘째, (적어도 포유류에서는) 암컷의 생식 관련 해부 구조가 분만 시에 두개골 팽창을 감당할 수 있도록 달라져야 한다. 셋째, 뇌는 에너지에 굶주린 장기이므로 이를 지탱할 충분한 열량을 얻는 것은 여간 까다로운 문제가 아니다. 이를테면 인간의 뇌는 인체의 하루 에너지 소비량에서 약 20퍼센트를 차지하는데, 이는 어떤 장기보다도 많은 양이다. 상어, 투구게, 거북처럼 오랫동안 이어져온 계통이 많지만 어떤 종도 큰 뇌를 진화시키지 못했다는 점은 이것이 얼마나 힘들고 부담스러운 일인지를 잘 보여준다.

그러나 인간은 이런 비용과 해부학적 제약을 이겨내고 크고 똑똑한 뇌를 진화시켰다. 따라서 이것은 설계의 결함이라기보다는 대성공으로 보아야 마땅할 듯하다. 하지만 자세히 들여다보면 우리의 크고 강력한 뇌야말로 무엇보다 커다란 하자인지도 모른다.

대다수 인류학자들은 인간 지능이 맨 처음 확장된 시기를 우리가 침팬지 계통에서 갈라진 직후의 400-500만 년간으로 꼽는데, 이때 우리는 더 크고 더 정교하게 협력하는 사회적 집단을 형성했다. 우리의 조상들은 두 발로 선 채 무성한 우림과 사바나 풀밭의 경계에서 근근이 살아가면서 폭넓은 생존 기술을 창의적으로 숙달하기 시작했다. 그들의 인지능력이 확장되어야 했던 것은 이 복잡한 기술을 **수행하기** 위해서였을 뿐만 아니라 **학습하기** 위해서이기도 했다. 인류는 미리 프로그래밍된 행동과 기술에서 벗어나서 학습된 행동과 기술을 점차 발전시켰다. 학습은 대부분 한 사람이 다른 사람을

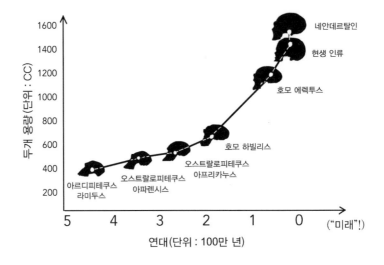

우리 조상들의 두개(頭蓋) 용량은 지난 500만 년간 조금씩 증가하다가 마지막 150만 년 사이에 급증했다. 이 극적인 변화는 새로운 반(反)사회적 경쟁 전략의 발달을 의미하는지도 모른다.

가르치는 사회적 방식으로 이루어졌다. 따라서 기술과 사회적 상호 작용은 서로 연결되고 함께 진화했으며 이 덕분에 인간의 능력은 점점 커져만 갔다.

우리의 조상은 직립보행으로 자유로워진 손을 가지고 물건을 나르고 연장을 만들었으며, 뇌와 집단 규모가 커지면서 사회적 학습이 가능해져 더 복잡한 형태의 소통과 협력이 발생할 수 있는 완벽한 환경이 조성되었다. 협력은 조망 수용(perspective-taking, 타인의 관점에서 보는 것/옮긴이)과 공감의 능력을 필요로 한다. 내가 여러분과 진정으로 협력하려면 여러분의 관점에서 사건이 어떻게 전개될 것인지 상상할 수 있어야 한다. 사람들이 집단적 행동을 효과적으로 수행하려면 다른 구성원이 무엇을 보고 생각하고 느끼는지를 각 구성원이 어느 정도 파악할 수 있어야 한다. 우리의 조상들은 협력과 사회성을 새로운 경지로 끌어올렸으며, 여기에는 이들의 강력한 지능이 핵심적인 역할을 했다. 그러다가 어느 순간……

약 150만 년 전에 인류 계통에서 뇌의 크기 증가가 극적으로 가속화되었다. 인간의 뇌는 단 100만 년 만에, 그 이전의 500만 년보다 두 배 이상 커졌다. 이 급격한 변화는 어떻게 일어났을까?

최근 연구에 따르면, 우리 조상들의 뇌가 급격히 커진 것은 경쟁이 더 치열해졌기 때문일 가능성이 있다. 이 시기에는 여러 종의 사람족이 비슷한 서식처와 자원을 놓고 경쟁했다. 심지어 같은 종 안에서도 영역이 겹칠 경우에는 서로 다른 사회적 집단들이 경쟁을 벌였다.

물론 동물 집단이 경쟁하는 것은 새로운 일이 아니지만, 우리의 조상들은 극적으로 새로워진 인지능력을 경쟁에 동원했다. 분위기가 무척 음산해지는 것은 이 지점에서이다.

인간이 벌이는 경쟁 행위는 순전히 마키아벨리적이다. 우리는 조종하고 속이고 꼬드기고 위협한다. 이를 위해서 우리는 조망 수용, 타인의 행동 예측 등 협력을 할 때와 똑같은 능력을 동원한다. 말하자면 인류의 진화사를 통틀어서 우리는 막강한 인지능력을 좋은 일에 썼지만 결국 어두운 쪽으로 돌아선 것이다. 「스타워즈(Star Wars)」에서 아나킨 스카이워커가 진정으로 강해진 뒤에 악당 다스 베이더가 되었듯이 우리도 우리가 **진정으로** 강해진 뒤에 어두운 면을 가지게 되었다.

이 적응이 남긴 진화적 유산이 궁금하다면 오늘의 뉴스 헤드라인을 보라. 인간은 이루 말할 수 없는 폭력을 서로에게 저지를 수 있다. 우리는 무자비한 교활함을 동원하고 타인의 고통을 완전히 무시한 채 서로를 상대로 모략을 짠다. 놀라운 사실은 우리 조상들이 이토록 냉혹해지는 와중에도 협력적이고 친사회적이고 (심지어) 이타적인 본성을 버리지 않았다는 것이다. 그들은 두 가지 면을 다 간직했다. 일종의 지킬 박사와 하이드 씨가 된 것이다.

인간 본성의 양면성은 독보적인 인간 경험이다. 우리는 한없는 사랑과 위대한 자기희생에서 한순간 냉혹한 살인과 (심지어) 집단 살해로 돌아설 수 있다. 몇 세대 전만 해도 미국을 비롯한 여러 나라의 많은 남성들은 자식에게는 사랑하는 아버지였고 아내에게는 자상한 남편이었으나, 다른 인간을 잔인하게 노예로 부려서 부자가 되었다. 듣기로는, 아돌프 히틀러 역시 수백만 명을 무차별적으로 학살하라는 명령을 내리는 순간에도 에바 브라운에게는 너그럽고 다정한 애인이었다고 한다.

이토록 극악무도한 잔혹성과 숭고한 애정이 어떻게 한 종(種)에게—한 개인은 말할 것도 없고—공존할 수 있을까? 그것은 우리의 조상 중에서 여건에 따라서 협력과 경쟁을 능란하게 넘나드는 사람들이 진화적으로 선호되었기 때문이다. 우리는 매우 사회적이고 협조적이고 이타적이면서도 무자비하고 계산적이고 무정하도록 진화했다. 우리의 자랑인 거대한 뇌를 진화시킨 것은 후자의 형질인 듯하다. 그러니 다음번에 누군가의 지성을 찬양하려거든 그가 그토록 똑똑해지기 위해서 무엇을—또는 누구를—희생해야 했을지 잠시 생각해보기를 바란다.

후기 : 인류의 미래

왜 인류는 (여러분이 무슨 이야기를 들었든) 여전히 진화하고
있을까, 왜 우리 자신의 문명을 비롯하여 모든 문명은 끝없이 파
괴되었다가 재건될 운명일까, 왜 우리는 머지않은 미래에 영원
히 건강하게 살 수 있게 될까, 왜 기술 발전은 자기파괴의 가능
성을 증가시키는 동시에 이를 피할 수단을 선사했을까 등등

지금까지 설명한 인간의 결함은 새 발의 피이다. 그밖에도 많은 편
향과 무수한 DNA 결함, 쓸데없는—또는 쓸데없이 복잡하거나 쉽
게 부서지는—신체 부위 등 이 책에서 언급하지 않은 사소한 결함
은 얼마든지 있다. 인간의 모든 흠을 다루려면 책이 이것보다 훨씬
두껍고 훨씬 더 비싸져야 할 것이다.

그렇기는 하지만, 결함이 많다고 해서 스스로에게 실망할 필요는
없다. 어쨌거나 진화는 무작위 돌연변이를 통해서 이루어지며, 완
벽한 것이 아니라 **적합한 것**이 생존하니 말이다. 이런 마구잡이식
접근법으로 완벽을 달성하는 것은 **불가능하다**. 모든 종은 긍정적인
측면과 부정적인 측면이 균형을 이루고 있다. 인간이 위대하기는
하지만 예외일 수는 없다.

그러나 불완전하기로 말할 것 같으면 인류의 이야기는 단연 독보적이다. 우리는 다른 어떤 동물보다 더 결함투성이인 듯하다. 그 이유는 역설적이게도 우리가 환경에 훌륭히 적응했기 때문이다. 이를테면 여느 동물이 한 가지 먹이만 먹고도 살 수 있는 반면에 우리가 다양한 음식을 먹어야만 건강을 유지할 수 있는 이유는 우리의 조상들이 주식에 의존하는 단조로운 식단에서 벗어나 뛰어난 인지능력을 활용하여 다양한 서식처의 온갖 식량 공급원에서 영양소를 찾고 사냥하고 채집하고 파내고 얻을 수 있었기 때문이다. 듣기에는 **좋은** 일 같지만, 문제는 머리가 좋아지면서 몸이 게을러졌다는 것이다. 풍성한 식단을 향유하게 되면서 우리 조상들의 몸은 (예전에는 직접 만들던) 많은 영양소를 굳이 만들려고 들지 않았다. 이 때문에 풍성한 식단은 **혜택**에서 **족쇄**로 바뀌었다. 식단의 변화는 우리에게 불운을 가져다주었다. 게걸스러운 잡식동물이 되는 것은 처음에는 틀림없이 유리했으나 이내 제약으로 작용했다.

인간의 해부 구조와 생리 구조에도 대체로 같은 논리가 적용된다. 인류의 신체 형태는 진화가 우리를 모든 면에서 다재다능해지도록 빚어내면서 받아들인 타협의 산물이다. 사람보다 빨리 달리는 종, 높이 오르는 종, 깊이 파는 종, 세게 때리는 종이 있지만, 우리는 달리고 오르고 파고 때리는 것을 모두 할 수 있다는 점에서 독보적이다. **못 하는 것이 없지만 잘하는 것도 없다**는 표현은 우리에게 꼭 들어맞는다. 지상에서의 삶이 올림픽이라면 인간이 이길 수 있는 유일한 종목은 10종 경기이다(만일 체스가 올림픽 종목이 되지 않았다면 말이다).

우리가 몸으로 경험하는 또다른 문제들은 우리의 조상들이 진화한 환경과 우리가 살아가는 환경이 여러 가지 측면에서 다르다는 것에서 비롯한다. 비만, 죽상경화증, 제2형 당뇨병과 같은 이른바 불합 질병(不合疾病, mismatch disease)이 이러한 차이 때문에 생긴다. 환경적 불합의 문제들 중에서 상당수는 우리 조상의 식단과 우리의 식단이 다르다는 데에서 비롯하지만, 우리 조상들이 석기시대 초기에 살았던 방식과 우리가 살아가는 방식에 또다른 커다란 차이가 있는 이유는 기술과 관계가 있다. 기술 덕분에 우리는 신체의 한계를 넘어설 수 있었으니 이것은 전적으로 유익한 일처럼 보일지도 모른다. 그러나 우리가 몸에 덜 의존할수록 적응과 진화의 압박이 줄어든다. 수많은 문제를 생물학 대신 기술로 해결하는 지금, 우리의 몸이 최상의 형태가 아니라는 것은 놀랄 일이 아니다.

물론 인간이 기술을 쓰는 유일한 종은 아니다. 이 책에서는 기술을 어떤 작업을 수행하는 데에 쓰이는 방법이나 체계, 장치로 정의하는데, 이런 폭넓은 정의에 따르면 많은 동물이 기술을 활용한다. 짧은꼬리원숭이는 돌로 견과류를 깨고, 침팬지는 나뭇가지를 작대기로 만들어서 흰개미를 사냥한다. 인류가 초기에 사용한 것도 단순한 돌연장에 불과했다. 그러나 짧은꼬리원숭이와 침팬지가 수백만 년 전과 똑같은 연장을 아직까지 쓰고 있는 데에 반해서 인간의 돌연장 발명은 새로운 종류의 진화를 알리는 서막이었다. 이로써 우리는 지구상의 모든 동물과 갈라졌으며 돌아갈 길은 사라졌다.

그것이 바로 문화적 진화(cultural evolution)이다.

문화적 진화는 세대에서 세대로 전달되는 사회적 관습, 지식, (심지어) 언어를 일컫는다. 동물도 서로에게서 무엇인가를 배우기는 하지만, 인간은 문화 개념을 극한까지 밀어붙였다. 우리가 살아가면서 행하고 경험하는 거의 모든 것이 문화의 산물이며, 이것은 매우 오래된 일이다. 현생 인류가 돌을 갈고 거주지를 짓고 마침내 작물을 심기 시작하면서 생물학적 특징이 아니라 문화적 요인이 이들의 성패를 좌우하기 시작했다.

어떤 면에서 우리는 진화의 주인이 되었다. 하지만 우리에게 정말로 권한이 있을까? 기술과 문화가 계속 발전해나가면 우리에게 남은 변화는 무엇일까? 우리의 신체와 문화가 어떻게 진화했는지 이해했으니 우리는 이를 마음대로 조작하여 인류의 운명을 의도적이고도 계획적으로 빚어낼 수 있을까? 아니면 지난 700만 년간 그랬듯이 똑같이 무작위적이고 닥치는 대로 나아갈까? 한마디로 인류의 미래는 어떻게 전개될까?

진화는 끝났을까?

데이비드 애튼버러 경을 비롯한 몇몇 학계의 저명인사들은 인류의 문명과 기술이 충분히 발전하여 진화의 힘으로부터 완전히 벗어났다고 단언했다. 그들에 따르면 우리는 더 이상 진화하지 않으며, 인류의 생물학적 구조는 의도적인 조정을 제외하면 앞으로도 대체로 똑같을 것이다.

이 말에 일말의 진실이 있을지도 모른다. 존재론적 난관은 진화론의 특징이자 다윈을 위대한 발견으로 이끈 핵심적인 관찰 중의 하나이다. 그러나 오늘날 우리는 수천 세대 전에 비해서 이런 난관을 거의 맞닥뜨리지 않는다. 오늘날은 출생자의 절대다수가 생식 연령까지 생존한다. 굶주림은 (적어도 선진국에서는) 드문 일이 되었다. 상해와 질병은 현대 의술로 하나하나 극복되고 있다. 죽을 때까지 싸우는 일도 드물어졌다. 살인은 처벌을 받는다. 심지어 전쟁도 부쩍 줄었다. 오늘날을 살아가는 대다수 사람들은 오래도록 근사한 삶을 누릴 것이 분명하다.

게다가 생식 경쟁은 예전만큼 치열하지 않다. 빼어난 근력과 지구력을 가진 사람이 더 탐나는 짝을 얻을지는 모르지만, 대체로 자식을 더 많이 낳지는 않는다. 지능이나 엄격한 노동 윤리, 훌륭한 외모도 마찬가지이다. 홍적세에는 시력, 민첩성, 속도, 지구력, 지능, 인기, 건강과 활력, 지배 서열, (심지어) 매력이 자식의 수와 성공에 직접적인 영향을 미쳤다. 하지만 오늘날은 사회적으로든 직업적으로든 인생에서 성공했다고 해서 자식을 더 많이 낳지는 않는다. 조금 있다가 설명하겠지만, 실은 덜 낳는지도 모른다! 심지어 중대한 의학적 문제와 한계가 있어도 자식을 낳아서 성공적으로 기를 가능성이 무조건 감소하지는 않는다. 자연선택의 일반적인 힘은 대부분 무력화되었다.

자연선택이 더는 우리를 빚어내지 않을지도 모르지만 진화는 여전히 작동하고 있다. 진화란 시간의 흐름에 따른 종의 모든 유전적인 변화를 일컫는 말에 불과하다. 생존과 번식을 통해서 승자와 패자를 가려내는 자연선택은 종이 진화하는 방식 가운데 하나일 뿐이다. 진화라고 하면 자연선택이 떠오르기는 하지만 그밖의 진화적 요인들도 그에 못지않은 힘을 발휘할 수 있다. 그러니 인류가 자연선택의 손아귀에서 벗어난 것은 사실일지도 모르지만, 그렇다고 해서 반드시 진화가 끝난 것은 아니다.

번식이 비(非)무작위적으로 이루어지면 종은 진화할 수 있다. 특정 집단이 다른 집단보다 더 많이 번식하면 그 집단은 다음 세대의 유전자 풀에 더 많이 기여한다. 그 집단 고유의 특징 중에서 유전적 요소가 있다고 가정하면, 이 인구학적 변화가 점진적인 유전적 변화를 종에 도입함으로써 필연적으로 진화가 일어난다.

이런 일이 정말로 일어나고 있다는 사실을 우리가 아는 것은 일부 집단이 다른 집단보다 실제로 더 많이 번식하기 때문이다. 첫째, 선진국은 출생률이 매우 낮으며 그마저도 계속 떨어지고 있다. 일본은 인구가 감소하고 있다. 이탈리아, 프랑스, 오스트리아 같은 서유럽 나라들도 이민을 제외하면 인구가 감소할 것이다. 이 말은 일본인과 (민족적) 중유럽인, 서유럽인이 미래의 인류 유전자 풀에 기여하는 몫이 점점 줄고 있다는 뜻이다.

둘째, 선진국이든 저개발국이든 한 나라 안에서도 어떤 사람들은 다른 사람들보다 더 많이 번식한다. 이것은 무작위적인 현상이 아니다. 사회경제적 지위가 높은 사람은 교육 수준이 높고 더 많은 산아 제한 수단을 가지고 있는데, 이는 둘 다 작은 가족 규모와 상관관계가 있다. 자식을 아예 낳지 않기로 마음먹는 사람도 많다. 그러면 사회경제적 지위가 낮은 사람들이 부유하고 고학력인 사람들보다 자식을 더 많이 낳게 된다. 이 또한 일종의 진화로 볼 수 있다.

경제적 지위 말고도 종교, 학력, 직급, 가족 배경, (심지어) 정치적 신념이 모두 자녀 수에 영향을 미친다. 서구에서는 자녀 수에 영향을 미치는 많은 요인이 다양한 인종, 민족 집단에 골고루 퍼져 있지 않은데, 그 이유는 오랜 인종 억압의 역사와 지금의 사회적, 정치적 구조가 불평등을 심화하기 때문이다. 이 때문에 북아메리카와 서유럽에서는 아프리카계와 라틴계 사람들이 비(非)이민 백인에 비해서 자녀를 더 많이 낳는 경향이 있다. 하지만 이 추세조차 일관되지는 않으며 지역적으로 큰 편차가 있다. 그러니 이 진화적 압력이 인류를 어느 방향으로 인도하는지를 예측하기란 불가능에 가깝다. 심지어 추세 자체도 유동적이다.

아시아에서도 지역에 따라서 생식 패턴 차이가 폭넓게 나타난다. 중국, 일본, 인도, 대다수 동남아시아 지역에서는 대가족을 찾아볼 수 없는 데에 반해서 파키스탄, 이란, 아프가니스탄 같은 나라에서는 출생률이 하늘을 찌른다.

시간이 지나면 이러한 출생률 차이로 인해서 인류의 민족적 구성이 달라질 것이다. 또한 이는 이 다양한 민족 집단의 생식 성공률이 무작위적이지 않음을 입증하는데, 이것은 진화의 전제 조건이다. 생존의 차이가 (적어도 서구 선진국에서는) 주요 현상이 아니라는 점은 사실이지만, 생식의 차이는 분명히 주요 현상이다. 이 차이가 생식과 관련한 의식적 선택의 결과인지는 중요하지 않다. 중요한 것은 생식 성공률이 여전히 불균등하다는 사실이다. 그것이 진화의 원동력이다.

이 모든 현상은 어떤 결과를 낳을까? 속단하기는 힘들지만, 대체로 고립되어 있던 인종, 민족 집단이 유례없이 접촉하고, 인종, 민족 간의 결혼이 점차 증가하고 있다는 사실은 주목할 만하다. 이렇게 되면 인류가 하나의 상호교배 집단(interbreeding population)으로 돌아갈 수 있다. 이것은 20만 년 전 아프리카의 작은 구석에서 인류가 출현한 이후로 한번도 없었던 현상이다.

그 가능성을 제외하고 확실하게 **말할 수 있는** 것이 한 가지 있으니, 생명에서 변하지 않는 유일한 것은 변한다는 사실이다. 믿기지 않으면 끊임없이 변하는 천체를 보라.

우리는 "정말로" 자연의 최선일까?

엔리코 페르미는 현대 핵물리학에서 가장 중요한 인물 중의 한 명이다. 그가 관여한 많은 연구들 중에서 맨해튼 프로젝트(Manhattan Project)가 있는데, 여기서 그는 원자폭탄의 핵심 요소인 지속적인 핵반응(sustained nuclear reaction)의 조건을 확립하는 데에 기여했다. 로스앨러모스를 방문한 페르미는—이곳에서 최초의 원자폭탄이 제작된 지 10년이 채 되지 않은 때였다—에드워드 텔러를 비롯한 과학자들이 점심 테이블에서 담소를 나누는 자리에 합석했다. 당시는 1950년대로 우주 경쟁의 절정기였는데, 그들은 아광속(near light speed) 여행의 물리적, 기술적 장벽에 대해서 논의하고 있었다. 그런 고속 운송 수단이 언젠가 발명되리라는 데에 마침내 대부분 동의하자, 인간이 이렇게 빠른 속도를 달성할 수 있을 것인지가 아니라 그것이 언제일 것인지에 대한 추측으로 논의가 옮겨갔다. 점심 테이블에 앉은 대다수 사람들은 수백 년이 아니라 수십 년이면 가능하리라고 예상했다.

그 순간 페르미가 재빨리 냅킨에다가 계산을 하더니 은하계에 지구와 비슷한 행성 수백만 개가 있음을 입증했다. 그러더니 갑자기 성간 여행(interstellar travel)이 이론적으로 가능하다면 "외계인은 다들 어디에 있는가"라고 말했다.

그날 페르미가 점심 대화에서 깨달은 충격적인 사실은 으스스하게도 우주에서 비(非)자연적인 무선 신호를 찾아볼 수 없다는 것이었다. 그를 비롯한 과학자들은 여러 해 동안 우주 전역의 전자기파를 분석하고 있었다. 그들은 매우 멀리서—수백만, 수십억 광년 떨어진 곳에서—온 신호를 검출해냈다. 그러나 그들이 들은 것은 항성(恒星)을 비롯한 천체들에서 온 규칙적이고 반복적인 신호뿐이었다. 통신의 형태라고 할 만한 것은 아무것도 듣지 못했다.

그로부터 60년이 지난 지금까지 우리는 여전히 항성, 행성, 퀘이사, 성운의 배경 잡음 말고는 어떤 소리도 듣지 못하고 있다. (우리가 아는 한) 외계 생명체의 방문을 받은 적도 없다. 여기서 거북한 물음이 제기된다. 우리가 우주에서 유일한 지적 생명체라는 것이 드러난다면 이는 생명에 대해서 무엇을 의미할까? 또한 우리에 대해서 무엇을 의미할까?

페르미가 알고 있었듯이 우주의 나이는 수십억 년이며 그 속에는 수십억 개의 은하가 있다. 평범한 나선 은하인 우리 은하에만 해도 항성이 수억 개가 있는데, 각 항성의 궤도를 돌고 있는 행성들 중 하나에 지적 생명체가 살고 있을 가능성이 있다. 게다가 화석 기록으로 보건대 지구에서는 우호적인 조건이 갖추어지자마자 생명이 탄생했다. 지구의 온도가 식고 나서 머지않아 생명이 바글거리며 복잡한 유기체로 진화했다. 이는 기온과 화학 조성이 적절하다면 생명 없는 행성에서 생명이 진화할 수 있을 뿐만 아니라 반드시 **진화하리라는** 주장을 뒷받침한다.

우주의 광대함에 감명받은 프랭크 드레이크 박사는 우주에 얼마나 많은 문명이 존재하는지 추산하는 수식(지금은 드레이크 방정식[Drake equation]이라고 부른다)을 정립했다. 드레이크 방정식에는 여러 가지 변수들이 있는데, 그것은 우주에 있는 은하의 개수, 각 은하에 있는 항성의 개수, 항성이 새로 생기는 속도, 행성이 있는 항성의 비율, 그 행성들 중에서 생명체의 거주 가능 영역(habitable zone, 액체 상태의 물이 존재할 수 있는 곳)에 속하는 것의 비율, 생명이 생길 확률, 생명이 우주에 신호를 보낼 정도의 지적 능력을 진화시킬 확률 등이다. 이 변수들은 모두 현재의 지식과 확률 법칙으로 추정할 수 있지만 완벽하게 밝혀진 것은 하나도 없다. 드레이크 방정식의 쓸모에 대해서는 논의가 분분하지만, 일부 추산에 따르면 우주에는 7,500만 개의 문명이 있는 것으로 예측된다. 물론 우주에 대한 지식이 발전함에 따라서 추산은 끊임없이 달라진다.

그러나 드레이크 방정식이 제시되기 전에도 페르미는 수많은 항성과 행성이 있는 것으로 보건대 우주는 틀림없이 생명으로 가득할 것이라고 추론했다. 게다가 외계 문명은 기술 발전의 측면에서 우리보다 훨씬 더 앞서 있을 가능성이 있었다. 대다수 SF 영화는 외계인이 지금의 우리보다 수백 년은 더 앞섰을 것이라고 상상하지만, 우주의 나이는 거의 140억 년에 이르며 그 대부분의 기간에 항성과 행성이 존재했다. 우리 태양계의 나이는 46억 년으로 젊은 축에 든다. 우리보다 **수십억 년** 앞선 기술을 가진 문명이 있을 수도 있다. 그들은 어마어마한 거리를 마치 우리가 이 도시 저 도시로 다니듯이 여행할 수 있을지도 모른다.

엔리코 페르미의 물음—훗날 페르미 역설(Fermi paradox)로 알려졌다—은 이렇게 요약할 수 있다. "이처럼 오래되고 광대한 우주에서 왜 우리는 외계 생명체의 소식을 한번도 듣지 못했을까?" 이 물음에 대한 답을 아직 얻지 못했지만, 가능한 답은 여러 가지가 있다.

한 가지 설명은 외계 문명이 자신의 존재를 우리에게 숨기고 싶어한다는 것이다. 이 설명의 극단적인 형태는 천체투영기 가설(planetarium hypothesis)로 우리 주위로 일종의 보호막이 쳐져 있어서 외계 문명의 잡음은 걸러내고 우주의 배경 신호만 들여보낸다는 것이다.

그러나 설령 고등한 외계 문명이 자신들의 존재를 우리에게 숨길 능력과 의향이 있더라도 그들이 우리의 소리를 들을 수 있으리라는 것은 분명하다. 어쨌든 우리는 1930년대 이래로 끊임없이 우주에 전파를 보내고 있다. 이 전파는 광속으로 사방에 퍼져서 두어 시간 안에 태양계를 벗어나 수십 년에 걸쳐서 항성과 그 산하의 행성에 도달한다. 지구에서 10광년 이내에 있는 항성이 적어도 9개이며 지구에서 25광년 이내에 있는 항성이 적어도 100개이다. 우리의 신호는 그곳에 도달했을 즈음에는 매우 약해졌을 테지만, 고등한 문명은 주변의 항성과 은하에서 오는 신호를 감지하는 능력을 갖추었을 것이다. 그들은 우리가 존재한다는 점과 우리에 대한 꽤 많은 사실을 알 것이다(그래서 아무도 오지 않는 것인지도 모르겠다).

또다른 설명은 우리의 가정이 틀렸으며 생명은 우주에서 극히 드문 현상이라는 점이다. 어쩌면 지구에서 생명이 빠르게 발생한 것은 가능성이 엄청나게 희박한 행운이었을 수도 있다. 지구만큼 운 좋은 희귀한 행성들은 우리의 무선 신호가 도달하지 못할 만큼 멀리 떨어져 있는지도 모른다. 그러나 지구에서와 같은 화학 조성을 유지하는 데에 필요한 최적 기온 범위에 있는 행성이 우리 은하에만 해도 수십만 개나 된다. 우주에는 지구와 화학 조성이 같고 기온 범위가 거의 같은 행성이 매우 흔하다. 그런 행성이 어떻게 생겼을지 판단하기에는 정보가 충분하지 않지만, 생명이 출현했을 때에 지구가 어떤 식으로든 특별했으리라고 생각할 이유는 전혀 없다.

가능한 설명 중에서 가장 재미없는 것은 SF 소설과 영화가 전부 틀렸으며 지금의 성간 여행 장벽은 넘어설 방법이 없다는 주장일 것이다. 항성들은 서로 까마득히 떨어져 있고, 현재로서는 빛의 속도를 넘어설—또는 근처까지 갈—도리가 없다. 사실 그날 대화의 주제는 광속에 도달할 수 있는 운송 수단을 10년 안에 만들어낼 확률이었다. 페르미는 10퍼센트라고 추측했다. 그로부터 65년이 더 지난 지금까지도 우리는 광속 근처에 조금도 접근하지 못했다. 해결책은 전혀 없고 일반적인 제트 추진을 하는 것이 최선이라면, 우주에 흩어진 많은 문명들은 영영 고립된 채로 남을 운명일 것이다. 우리가 지루하고 외롭게 별들을 바라볼 때, 그들도 우리를 마주 보고 있을 테지만, 우리는 결코 만나지 못할 것이다.

그렇다고는 해도 신호조차 들리지 않는 것은 왜일까?

여기에는 또다른 설명이 있는데, 나를 비롯한 많은 과학자들이 이 암울한 가능성을 우려하기 시작했다. 그것은 생명의 출현이 우주에서 비교적 흔한 현상일지도 모르나 헤아릴 수 없이 거대한 시간 간격을 두고 나타났다가 사라지므로 겹칠 가능성이 희박하다는 것이다. 말하자면 고등한 외계 문명이 우리가 발견해주기를 기다리지 않는 것은 그들이 더는 존재하지 않기 때문이다. 그들이 맞은 운명을 우리 또한 십중팔구 맞을 것이다. 그것은 바로 발전으로 인한 붕괴(developmental implosion)이다.

생각해보라. 인류는 자신의 문명과 충돌을 피할 수 없다. 우리는 재생 불가능한—또는 매우 느리게 재생되는—자원을 지속 불가능한 속도로 소비하고 있다. 석탄, 석유, 가스는 유한한 자원이다. 아무리 많이 남아 있더라도 그 양은 **무한하지** 않다. 우리가 들이마시는 산소의 대부분을 만들어내고 우리가 내뱉는 이산화탄소의 대부분을 흡수하는 우림이 경작지나 주거지로 바뀌고 있다. 인구가 어찌나 빨리 증가하는지, 모든 인구를 먹여 살릴 능력이 (지구를 아무리 쥐어짜더라도) 한 세대 안에 심각한 지경에 이를 것이다. 한편 기후 변화가 주요 연안 거주지를 위협하고 일부 해양 생태계가 전멸하고 있으며 지구 전체의 종 다양성이 급감하고 있다. 우리는 대량 멸종의 한가운데에 있으며, 이는 거의 전적으로 우리가 자초한 일이다. 우리가 밑바닥에 도달하기 전에 얼마나 나쁜 일들이 벌어질지는 아무도 모른다.

심지어 이것은 최악의 비극도 아니다. 대량살상무기는 상호확증파괴의 공포를 불러일으켰으며, 이로 인한 억지력도 오래가지 않을지 모른다. 급진파 메시아주의, 종말론 지도자들은 고집불통이며, 궁극적인 무기가 언젠가 그들의 손에 들어가는 것은 필연적인 듯하다. 무슨 수로 그 무기를 쓰지 못하게 할 수 있을까? 또한 전 세계 자원이 희소해지면 분쟁이 빈발할 것이다. 분쟁은 우리에게 잠재한 최악의 본성을 끌어내며, 경제 전쟁과 냉전이 벼랑 끝 열전으로 치달으리라는 것은 거의 확실해 보인다.

이런 위험과 더불어 유행병이 언제든 창궐할 가능성이 매우 크다. 인구 밀도가 너무 높아서 감염병이 일단 발발하면 들불처럼 번질 것이다. 게다가 나라 간의 이동이 수월해진 것을 고려하면 최후의 날 시나리오를 떠올리기란 힘든 일이 아니다.

이 모든 요인이 서로 상승 작용을 일으켜서 언젠가 이런저런 비극이 일어날 위험이 증폭된다. 경작지가 사라지면 식량 가격이 상승한다. 에너지원이 부족해지면 **모든** 가격이 인상된다. 물가가 오르면 분쟁과 불안이 생기고, 이는 독재자의 출현 가능성을 높인다. 지구 온난화는 저개발 지역을 가장 세게 강타하여 그들의 문제를 악화시킬 것이다. 우림이 끊임없이 침범당하면서 휴면 중이던 바이러스가 깨어나 밀집한 숙주를 새로운 보금자리로 삼을 것이다. 이 모든 예측을 한데 모으면 암울한 그림이 드러난다. 우리는 자멸이 자명한 길에 서 있는 것일까?

다음 세기에 인류가 어마어마한 시련을 겪게 될 시나리오는 말 그대로 수천 가지가 있지만, 현 시점에서 호모 사피엔스가 멸종할 가능성은 매우 희박하다. 인간이 기본적으로 지구 어디에나 살고 있는 것을 감안했을 때, 어떤 위기가 찾아오더라도 이를 헤쳐나갈 선견지명과 끈기와 행운을 갖춘 사람들은 언제나 있을 것이다. 물론 지금의 추세를 완전히 바꾸지 않으면 심각한 경제적, 정치적 붕괴가 일어날지도 모른다. 그러나 나는 파괴적 붕괴로 인해서 대량 사망과 재해가 일어나고 기술과 발전이 훌쩍 퇴보하게 되더라도, 누군가는 종말론적 시나리오에서 살아남아서 인류를 존속시킬 것이라고 거의 의심하지 않는다.

인류가 맞닥뜨린 위험—전적으로 우리의 야심에서 비롯한 위험—은 어쩌면 우주의 정상적인 작동방식인지도 모른다. 다른 행성에서 생명이 탄생했더라도 자연선택은 우리를 만든 것과 대동소이한 방식으로 생명을 빚어낼 것이다. 이것은 자연선택이 단순한 논리의 연장이기 때문이다. 자연선택은 훌륭히 생존하고 번식하는 개체가 그러지 못한 개체보다 더 많은 자식을 낳는 것에 불과하다. 다른 행성에서라고 해서 생명이 다른 식으로 작동하리라고 상상하기는 힘들다(그 행성의 표면에서 모든 것과 모든 존재가 아무리 달라 보이더라도 말이다). 그러나 우리는 규율된 자제력, 장기적 선견지명, 숭고한 이타심, 너그러운 자기희생, (심지어) 단순한 의지력이 진화하는 것을 한번도 보지 못했다(애석하지만 결코 예측할 수도 없었다). 진화는 한두 세대 앞서서 계획하는 능력을 한번도 보여주지 않았다.

진화는 우리를 완전히 이기적인 존재로 만들었다. 물론 우리가 사회적 종으로서 자아 개념을 확장하여 자녀, 형제자매, 부모 등 자신과 가까운 모든 사람을 포함한 것은 사실이다. 우리가 자녀를 위해서 희생하는 것은 그들을 "우리"의 일부로 여기기 때문이다. 그러나 이런 확장된 자아 개념에는 한계가 따른다. 형제자매와 (심지어) 친구가 "우리"일 수는 있을지라도, 낯선 사람 중에서 일부는 그렇지 않다. 범위를 넓혀서 인종이나 종교, 국가가 같은 사람들을 "우리"에 포함할 수도 있겠지만, "그들"은 여전히 남아 있다. 인간은 부성애와 모성애를 느끼도록 진화한 것과 같은 방식으로 "우리"가 아닌 자들을 미워하거나 두려워하도록 진화했다. 모든 사회적 포유류가 마찬가지인 것을 보면 다른 행성의 생명체도 똑같은 논리를 따르리라고 믿을 근거는 충분하다.

우리가 외계인을 보거나 그들의 소리를 듣거나 그들과 접촉하지 못한 것은 그들의 문명이 스스로의 이기심, 기술 발전, 그밖에 무수한 악화 요인의 무게에 짓눌려서 자신들의 태양계를 벗어날 능력을 얻기도 전에 붕괴했기 때문인지도 모른다. 우리는 우주여행의 비밀을 풀고 태양의 무한한 에너지를 활용하고 자신의 몸을 영원히 건강하게 유지하는 능력을 얻기 일보 직전이지만, 그에 못지않게 파국적 붕괴를 맞이하기 일보 직전일 수도 있다. 우주의 역사를 통틀어서 새로 시작하는 똑같은 시나리오—문명이 번영에 필수적인 다음 단계들을 취하려는 찰나, 농업시대로 퇴보하여 (운이 좋다면) 끝없는 호황, 불황 순환을 처음부터 새로 시작하는—가 반복되고 있는지도 모른다.

우리의 진화적 설계를 보건대 임박한 붕괴는 불가피할 수 있다. 우리의 욕구, 본능, 충동은 자연선택의 산물인데, 자연선택은 장기적인 계획을 세우지 않는다. 혼란, 죽음, 파괴는 우주와 (우리를 비롯한) 모든 종의 진정한 자연 상태인지도 모른다. 전설적인 SF 작가 아서 C. 클라크의 말을 빌리자면, "가능성은 두 가지이다. 우주에 우리뿐이거나 우리뿐이 아니거나. 둘 다 끔찍하기는 마찬가지이다."

불멸은 가능할까?

죽음은 모든 살아 있는 존재의 숙명이며 인간도 예외가 아니다. 그럼에도 인류는 유사 이래로 죽음의 문제, 그리고 죽음을 막는—또는 적어도 늦추는—문제에 집착했다. 세계에서 가장 오래된 서사시인 『길가메시 서사시(*The Epic of Gilgamesh*)』는 주인공이 영생을 추구하는 이야기이다. 현자의 돌, 젊음의 샘, 성배(聖杯) 같은 서양 전설의 중심에는 불멸의 비밀이 있다. 힌두교의 암리타(Amrita), 중국의 영지버섯, 조로아스터 교의 하오마(Haoma)를 비롯한 동양의 여러 창조 설화도 영생을 약속하는 주술을 중심 테마로 삼는다. 심지어 신들의 음료에 대한 전설에서 온 그리스어 단어 넥타르(nektar)는 말 그대로 죽음(넥)을 극복한다(타르)는 뜻이다.

설령 죽음을 막지 못하더라도 망각되는 것을 피할 수는 있다. 대다수 신화와 종교는 내세를 내세우는데, 이것은 이승의 삶이 전부이고 사랑하는 망자를 다시는 보지 못하리라는 믿음을 거부하는, 지극히 인간적인 바람이 추상화된 개념이다. 그러나 아이러니하게도 내세에 대한 믿음이 널리 퍼져 있었음에도 사람들은 여전히 영생을 추구했다(폰세 데 레온이 영생을 약속하는 가톨릭의 독실한 신자였음에도 불구하고 그가 젊음의 샘을 찾고자 했다는 것이 의아하지 않은가?).

예전의 의술과 연금술, 현대의 공학과 전산학 같은 인간의 기술은 생명을 연장하는 일에 심혈을 기울였다. 불멸은 늘 최고의 목표였으며 헤아릴 수 없을 만큼 많은 예언자, 왕, 영웅, 신, 모험가가 불멸을 찾으려고 어마어마한 위험을 무릅썼다. 오늘날, 비로소 처음으로 영원한 삶의 가능성이 현실로 다가왔다.

과학은 노화의 기본 메커니즘을 밝히려고 노력했다. 생물학의 여느 분야와 마찬가지로 노화 과정은 우리가 생각하는 것보다 훨씬 더 복잡하다. 초기 노화 연구에서는 DNA와 단백질의 무작위적인 손상이 누적되어서 노화가 일어난다는 암울한 진실을 밝혀냈다. 이것이 암울한 이유는 무작위적인 손상을 방지하기가 무척 어렵기 때문이다. 손상된 조직을 현대 의술로 복구하는 능력은 몸의 자가 치유 능력에 비하면 웃음거리밖에 되지 않는다. 우리 몸이 분자적 손상의 누적적인 공격을 막아내지 못하는데, 우리의 뇌라고 무슨 뾰족한 수가 있겠는가? 손상은 마이크로 규모가 아니라 나노 규모에서 일어나며, 우리의 뭉툭한 도구로는 손상을 복구하는 것은 고사하고 관찰하는 것조차 쉽지 않다.

그럼에도 생명을 연장하는 전혀 다른 전략이 등장하고 있다. 하나만 예로 들자면 세포 손상을 의사가 복구할 수 있으리라는 희망을 버리는 현명한 선택을 한 것이다. 그 대신 줄기세포가 어떻게 작용하는지 이해하고 어떻게 활용할지 판단하는 일에 노력이 집중되었다. 줄기세포는 인체에 내장된 조직 재생 시스템이다. 줄기세포는 개수는 적지만 대다수 장기에 전략적으로 분포하며, 요청이 있을 때까지 대체로 잠들어 있다. 부상이나 질병, 돌연변이로 특화 세포(specialized cell)가 손실되면 줄기세포는 행동에 돌입하고 증식함으로써 대체 세포를 만드는데 이 세포들은 특화 세포로 분화하여 기능을 담당하기 시작한다.

과학자들은 모든 조직에서 줄기세포를 발견하고 있으며, 인체의 자기재생 능력은 예전에 생각했던 것보다 더 뛰어난 것으로 밝혀지고 있다. 내가 알던 정설(定說)은 모든 사람이 자신이 평생 쓸 신경세포를 가지고 태어나며, 나이가 들면서 발생하는 신경세포의 점차적인 유실은 필연적이고 불가역적이라는 것이었다. 그러나 뇌에 신경줄기세포가 있어서 특정한 상황에서는 손실되거나 손상된 신경세포를 대체할 수 있다는 사실이 드러났다. 손실된 신경세포에 저장된 정보는 영영 사라지겠지만 뇌는 새로운 신경세포를 성장시킬 수 있는 듯하다.

따라서 줄기세포는 생체의학자들이 인간의 생명을 무한히 연장하기 위해서 탐구하는 분야 중의 하나이다. 인간 줄기세포를 세포 손상과의 경주에서 지지 않도록 강화하는 방법이 발견된다면, 훨씬 더 오래 살 가능성이 현실이 될 것이다.

그밖에도 SF에서 아이디어를 얻은 생명 연장 시도들이 진행 중이다. 조직 및 장기 이식 관련 기술이 급속히 발전하고 있으며, 조만간 인간 머리의 이식이 시도될 것이다. 사실 이 말은 앞뒤가 바뀌었다. 개인의 성격, 기억, 의식은 전적으로 뇌에 담겨 있기 때문에 이 시술은 몸 이식으로 불러야 옳다. 이식이 성공하고 뇌 조직을 재생하고 재활성화하려는 시도가 성공하면, 사람은 자신의 머리를 이 몸에서 저 몸으로 이식하면서 영원히 살 수 있을 것이다(몸을 어디에서 조달할지는 지금 고민하지 말자).

더 미래주의적이면서도 어쩌면 더 현실적인 가능성이 있는 것은 생체 이물 이식(xenobiotic implant)과 인조 생체 이식(synthetic bionic implant)이다. 고대에 말총으로 상처를 봉합하고 중세에 갈고리와 의족으로 팔다리를 대신한 것에서 보듯이 인류는 오래 전부터 생물학적 한계를 인공적 대체물로 극복하고자 했다. 최근에는 제 기능을 못하는 심장 판막을 돼지 판막으로 교체하는 수준에서, 환자보다도 수명이 긴 인공 판막을 이용하는 수준으로 발전했다. 사실 과학자들은 생물학적 심장을 완전히 대체할 수 있는 인공 심장을 개발했다.

현재는 인공 심장에 한계가 있어서 환자들이 더 영속적인 이식 방안을 기다려야 하지만, 좌심실 보조 장치라는 기계는 몇 년 전부터 심장의 펌프 기능을 거의 완전히 대신했다. 몇십 년 전만 해도 심장의 기능을 거의 잃은 환자가 아무런 증상 없이 천수를 누릴 수 있으리라고 누가 생각했겠는가? 전 미국 부통령 딕 체니도 심장 이식을 받아서 건강하게 살고 있다.

지금의 생체 이식 수단들은 내가 1980년대에 읽은 SF 소설을 연상시킨다. 달팽이관 이식은 흔한 일이 되었으며, 동맥 내관, 인공 고관절과 인공 무릎, 그리고 혈당 측정기와 인슐린 펌프도 마찬가지이다. 「스타 트렉 : 더 넥스트 제너레이션(Star Trek : The Next Generation)」의 조르디 라 포지처럼 인공 눈이 시각 정보를 직접 뇌에 전달할 날도 머지않았다. 조직 재생에 대한 이해와 나노 기술이 결합되면 엄청난 혁신이 일어날 것이다. 작은 나노봇을 이용하여 장기에서 노화 세포를 제거하고 신선한 줄기세포로 대체하는 데에 필요한 수단과 지식은 이미 거의 갖추어져 있다. 실용화는 시간문제이다.

심지어 나중에는 이 모든 수고를 들일 필요가 없어질지도 모른다. 크리스퍼/카스9(CRISPR/Cas9)라는 신기술은 살아 있는 세포의 DNA를 안전하게 편집할 수 있다. 최근까지만 해도 유전자 치료의 약속은 현실적인 장벽을 넘지 못하고 있었다. 소박한 시도조차 불가능해 보였으며 안전하지 않은 것으로 판명되었다. 그러나 크리스퍼가 모든 것을 바꿔놓았고, 머지않아 유전체를 잘라 붙이는 수단이 등장할 것이다. 분야를 막론하고 생체의학자들은 크리스퍼를 이용하여 질병을 치료하고 손상을 복구하고 조직을 재생할 수 있는지의 여부—아니, 방법—를 앞다투어 연구하고 있다.

유전자 검사와 상담은 이 점에서 인간의 진화에 이미 영향을 미쳤다. 유전병 내력이 있는 가족이나 민족에 속한 많은 사람들이 유전자 상담을 선택하고 있다. 두 사람 모두 심각한 유전병 보인자로 밝혀진 커플은 헤어질 수도 있고, 생물학적 자녀를 두지 않기로 결정할 수도 있으며, 양수 검사를 통해서 태아에게 질병이 있는지 알아볼 수도 있다. 그 결과 인구 집단 내에서 이러한 유전병의 비율이 감소하고 있다. 크리스퍼는 이 현상에 일조할 것이다. 자녀를 가지고 싶은 커플은 정자와 난자를 분석하는 데에 그치지 않고 언젠가는 수정하기 전에 복구할 수도 있을 것이다. 크리스퍼를 이용하여 유전자에서 질병을 일으키는 부위를 잘라내어 건강한 버전으로 대체하면 그만이기 때문이다. 여기에 필요한 기술은 이미 존재하며, 머지않아 불임 클리닉에서 검증이 이루어질 것이다.

더 놀라운 사실은 크리스퍼를 이용하여 유전병을 고칠 수 있을 뿐만 아니라 정자와 난자의 유전자를 바꾸어서 자녀의 수명을 쉽게 늘릴 수도 있다는 것이다. 노화의 유전적 메커니즘이 밝혀지면서 과학자들은 언젠가 미래 세대의 유전자를 조정하여 아예 늙지 않도록 할 수 있을지도 모른다.

물론 앞에서 말했듯이 진정한 목표는 불멸이다. 세포 노화와 조직 재생의 메커니즘이 완전히 밝혀지면, 몸이 노화하기 전에 크리스퍼 나노봇을 보내서 손상된 세포를 고칠 수 있을지도 모른다. 이것은 허황된 상상이 아니다. 이를 위한 예비 단계들이 이미 동물 모델에서 가시화되고 있다. 물론 첫 시도는 소박할 테지만, 만일 성공한다면 누구도 이 성과를 과거로 되돌릴 수 없을 것이다.

여기서 설명한 모든 기술은 이미 완성 단계에 있으며 수십 년 안에 임상에서 쓰일지도 모른다. 생명 연장을 위한 의료 기술은 통상적인 기준에 비추어도 빠르게 발전하고 있으며, 이러한 새 방법들이 도입될 때까지 살아남는 사람들은 시간의 화살을 멈추거나 (적어도) 느리게 할 수 있을 것이다. 생명 연장 기술이 발전함에 따라서 노화의 효과가 (멈추는 데에 그치지 않고) 역전되어 사람들이 영원히 20대로 살 수 있을지도 모른다. 나를 비롯하여 인생의 중반에 이른 사람들은 여기에 희망을 걸고서 건강을 유지하고 (2004년에 출간된 책의 예언적인 부제처럼) "영원히 살 수 있을 만큼 오래 살고자" 노력하고 있다.[1]

이 모든 불사신들을 어떻게 수용할지는 별개의 문제이지만, 서로를 대량으로 학살하는 인류의 성향으로 보건대 자원이 희소해지면 문제가 저절로 해결될지도 모른다. 또다른 가능성은 우리 태양계나 이웃 태양계의 행성과 위성을 식민지로 만드는 것이다. 항공우주 기술이 생체의학 기술만큼 빠르게 발전하지 않았기 때문에 아직 요원한 일처럼 보일지도 모르지만 우리는 이 분야에서도 분수령을 향해서 다가가고 있는 듯하다.

결론은 이것이다. 결함을 극복할 수 있는 과학이나 인류의 능력을 절대 과소평가하지 말라. 사실 많은 인류학자들은 인류의 지능이 부쩍 발달한 것이 지난 200만 년간 아프리카, 유럽, 중앙아시아에서 일어난 극적인 기후 변화 때문이라고 생각한다. 인류는 생물학적 수단만 가지고서는 결코 빙기를 넘기지 못했을 것이다. 슬기도 필요했다. 오늘날 우리에게도 슬기가 절실히 필요하다. 어쩌면 어느 때보다 더 말이다.

마무리 : 칼이냐 쟁기냐?

인류의 미래가 어떤 모습일지 분명히 아는 사람은 아무도 없지만, 과거를 보면서 실마리를 얻을 수는 있다. 우리는 아름답지만 불완전한 종이다. 우리의 과거를 규정한 것이 우리의 미래를 규정할 것이다. 과거는 고난과 고통을 승리와 번영으로 바꾼 이야기로 가득하므로 우리의 미래도 마찬가지일 것이라고 희망을 품을 만하다. 고난은 분명하다. 인구 증가, 환경 파괴, 천연자원의 부실한 관리가 번영을 위협한다.

고난에 대한 답은 무엇일까? 어떻게 하면 임박한 운명을 승리자의 평화로 바꿀 수 있을까? 간단하다. 우리가 과거의 난제를 해결한 바로 그 도구와 절차, 애초에 우리에게 번영과 풍요를 가져다준 바로 그 수단을 쓰면 된다. 그것은 바로 과학이다.

이런 생각이 들 수도 있다. 어쩌면 과학 자체가 문제인지도 몰라. 과학과 기술에 의존하는 것이 우리의 궁극적인 결함일 수도 있지. 그렇게 의심할 만도 하다. 그러나 나는 그런 의심이 참이라고 생각지 않는다.

과학이 진보하면서 석탄과 석유 기반의 에너지 산업이 발달하여 대기의 탄소 균형을 무너뜨리고 있는 것은 사실이다. 그러나 과학은 태양 에너지, 풍력, 수력, 지열 같은 해결책도 제시했다. 농업과 섬유 기술로 인해서 숲이 대규모로 파괴되고 공장식 농장에서 엄청난 오염이 발생한 것은 사실이다. 하지만 과학은 청정 작물과 합성섬유도 만들어냈다. 이를 통해서 언젠가는 오염을 유발하는 과거의 기술에서 벗어날 수 있을 것이다. 석탄 기반의 증기기관을 만든 과학적 탐구는 이제 태양 에너지 기반의 항공기를 만들었다. 지금껏 제조된 모든 플라스틱이 매립지에 묻혀 있거나 묻힐 운명이지만, 화학자들은 생분해가 가능한 플라스틱을 발명했으며 생물학자들은 플라스틱을 먹는 세균을 만들었다. 과학이 일으킨 모든 문제는 과학이 해결할 수 있다.

지나치게 낙관적인 소리로 들린다면 이것을 생각해보라. 에너지 자립형 건물이 곳곳에 들어서고 있으며, 우리는 에너지와 재료 수

요를 충족하는 방법을 점차 지속 가능하고 환경 친화적으로 바꾸고 있다. 일반적인 미국 가정이 해마다 쓰는 단위 면적당 전기는 25년 전에 비해서 절반에도 미치지 못한다. 신형 자동차는 평균적으로 35년 전에 비해서 같은 연료로 두 배의 거리를 갈 수 있다. 주택에서든 자동차에서든 태양 에너지를 비롯한 탄소 중립적 에너지원 덕분에 연소 기반 에너지원의 수요가 감소하고 있다. 여러 유럽 나라들은 탄소 중립이라는 목표 달성을 눈앞에 두고 있다. 남반구 나라들만큼 햇볕의 혜택을 누리지 못하는데도 말이다.

더 나은 미래는 우리의 손이 닿는 곳에 있다. 문제는 잡을 수 있느냐이다. 달리 말하면, 우리의 높은 지능은 최대의 자산으로 드러날까, 최대의 결함으로 드러날까?

인류를 자신으로부터 구할 수 있는 과학은 이미 우리 손에 있다. 우리에게 필요한 것은 의지뿐이다. 너무 늦지 않게 의지력을 발휘하여 전 세계적인 파국을 막지 못한다면, 그것은 우리의 부실한 설계를 입증하는 궁극적인 증거가 될 것이다.

감사의 글

이 책에는 많은 이들의 노고가 담겨 있습니다. 그들의 이름은 표지에 실려야 마땅합니다. 말리 루소프, 당신은 이 집필 계획에 생명을 불어넣었습니다. 타라 밴티머런은 우리가 함께 작업한 전작들에서처럼 이 책의 모든 문장을 가장 먼저 확인했습니다. 그녀가 초고를 빚고 다듬은 뒤에야 다른 사람들에게 보여줄 용기를 낼 수 있었습니다. 처음 조찬 모임을 했을 때부터 당신이 "적임자"임을 알았습니다. 그래서 염두에 두고 있던 다른 저작권 대리인들을 당장 머릿속에서 지워버렸죠. 당신은 나의 두서없는 생각을 일관된 원고로 정리하도록 도와주었습니다. 브루스 니콜스와 알렉산더 리틀필드, 당신들은 엄청난 통찰력을 지닌 편집자였습니다. 덕분에 이 책이 열 배는 좋아졌습니다. 나의 집필 계획을 신뢰하고, 근사한 아이디어를 완성된 책으로 바꾸는 데에 필요한 솜씨와 전문성을 발휘한 네 분의 빼어난 편집자에게 감사드립니다. 트레이시 로도 찬사를 받아야 마땅합니다. 그녀는 집필 막바지에 원고를 다듬어서 이루 말할 수 없을 만큼

291

글을 개선해주었습니다. 이 책은 공동 작업의 결과물이며, 저는 이 토록 지적인 사람들과 함께 일하면서 겸손을 배웠습니다.

보기 좋으면서도 충실한 삽화로 페이지를 빛내준 엄청난 재능의 삽화가에게도 감사를 표해야겠군요. 저의 모호한 주문과 쓸데없는 간섭에도 돈 갠리가 멋진 삽화를 그려내는 것을 보노라면 저는 무척 흡족했습니다. 그의 그림은 정말이지 이 책에 생명을 불어넣었습니다. 여러분이 이 삽화들을 찬찬히 살펴봐주시면 좋겠습니다. 하나하 나가 오랜 시간을 들여서 여러 번 수정한 결과물이니까요. 27쪽 두 개골 윗입술의 음영을 마무리하는 데에만 세 시간이 걸렸습니다. 이것은 그가 그린 삽화 중에서 최고로 꼽을 만합니다.

제가 지도하는 학생과 친구, 가족에게 감사합니다. 당신들은 제 가 오랫동안 이 주제를 곱씹을 수 있게 해주었습니다. 제가 늘 추구 하는 글쓰기 방식은 친구와 즐거운 대화를 나누는 것처럼 쓰는 것 입니다. 말하자면 저는 당신과 이야기하듯이 쓰려고 합니다. 당신 이 이 책의 주제들 중에 어느 것에 대해서든 저와 대화를 나눈 적이 있다면 제가 이 책을 쓰는 데에 본의 아니게 이바지한 것입니다. 이 점에 대해서는 아무리 감사를 드려도 모자랍니다.

제가 하는 일이 다 그렇듯이 가족의 지지 없이는 이 책을 쓸 수 없었을 것입니다. 인류 중에서 결함이 가장 많은 축에 드는 제가 이 원고를 쓴 몇 년 동안 가족들의 인내심은 충분히 입증되었습니 다. 오스카, 리처드, 얼리샤, 그리고 (물론) 브루노, 내게 힘을 주어 서 고맙습니다. 사랑합니다.

주

1. 쓸데없는 뼈를 비롯한 해부학적 오류

1. Seang-Mei Saw et al., "Epidemiology of Myopia," *Epidemiologic Reviews* 18, no. 2 (1996): 175–87.

2. Thorsten Ritz, Salih Adem, and Klaus Schulten, "A Model for Photoreceptor-Based Magnetoreception in Birds," *Biophysical Journal* 78, no. 2 (2000): 707–18.

3. Julie L. Schnapf and Denis A. Baylor, "How Photoreceptor Cells Respond to Light," *Scientific American* 256, no. 4 (1987): 40.

4. Mathew J. Wedel, "A Monument of Inefficiency: The Presumed Course of the Recurrent Laryngeal Nerve in Sauropod Dinosaurs," *Acta Palaeontologica Polonica* 57, no. 2 (2012): 251–56.

5. 일본의 어부들이 돌고래를 잡았는데 : Seiji Ohsumi and Hidehiro Kato, "A Bottlenose Dolphin (*Tursiops truncatus*) with Fin-Shaped Hind Appendages," *Marine Mammal Science* 24, no. 3 (2008): 743–45.

2. 부실한 식사

1. Morimitsu Nishikimi and Kunio Yagi, "Molecular Basis for the Deficiency in Humans of Gulonolactone Oxidase, a Key Enzyme for

Ascorbic Acid Biosynthesis," *American Journal of Clinical Nutrition* 54, no. 6 (1991): 1203S-8S.

2. Jie Cui et al., "Progressive Pseudogenization: Vitamin C Synthesis and Its Loss in Bats," *Molecular Biology and Evolution* 28, no. 2 (2011): 1025-31.

3. V. Herbert et al., "Are Colon Bacteria a Major Source of Cobalamin Analogues in Human Tissues?," *Transactions of the Association of American Physicians* 97 (1984): 161.

4. 이 절은 나의 첫 책 *Not So Different: Finding Human Nature in Animals* (New York: Columbia University Press, 2016) 8장의 구절을 다듬은 것이다.

5. Amy Luke et al., "Energy Expenditure Does Not Predict Weight Change in Either Nigerian or African American Women," *American Journal of Clinical Nutrition* 89, no. 1 (2009): 169-76.

3. 유전체의 정크 DNA

1. David Torrents et al., "A Genome-Wide Survey of Human Pseudogenes," *Genome Research* 13, no. 12 (2003): 2559-67.

2. Tomas Ganz, "Defensins: Antimicrobial Peptides of Innate Immunity," *Nature Reviews Immunology* 3, no. 9 (2003): 710-20.

3. Jan Ole Kriegs et al., "Evolutionary History of 7SL RNA-Derived SINEs in Supraprimates," *Trends in Genetics* 23, no. 4 (2007): 158-61.

4. 호모 스테릴리스

1. All statistics from Central Intelligence Agency, *The World Factbook*

2014-15(Washington, DC: Government Printing Office, 2015).

2. Biruté M. F. Galdikas and James W. Wood, "Birth Spacing Patterns in Humans and Apes," *American Journal of Physical Anthropology* 83, no. 2 (1990): 185-91.

3. Lauren J. N. Brent et al., "Ecological Knowledge, Leadership, and the Evolution of Menopause in Killer Whales," *Current Biology* 25, no. 6 (2015): 746-50.

4. 이 주장은 논란의 여지가 있다. 영장류와 일부 포유류의 포획 개체군에서 생식 노화가 보고되었기 때문이다. 그러나 이 고립된 사례들은 보편적이고 시기가 정교하게 조정된 인간 폐경의 성질에 미치지 못한다.

5. 신이 의사를 만든 이유

1. Norman Routh Phillips, "Goitre and the Psychoses," *British Journal of Psychiatry* 65, no. 271 (1919): 235-48.

2. 이것이 백신의 메커니즘이다. 죽거나 손상된 바이러스를 주입하면, 면역체계는 어떻게 싸워야 할지를 배운다. 매사가 순조롭게 돌아가면, 면역체계는 다음번에 항원을 맞닥뜨릴 경우―이를테면 실제로 독성 바이러스에 노출되었을 때―그 바이러스를 처음 보았을 때보다 수백 배 더 빠르고 격렬하게 반응한다.

3. Susan Prescott and Katrina J. Allen, "Food Allergy: Riding the Second Wave of the Allergy Epidemic," *Pediatric Allergy and Immunology* 22, no. 2 (2011): 155-60.

6. 뇌의 오류

1. Charles G. Lord, Lee Ross, and Mark R. Lepper, "Biased Assimilation

and Attitude Polarization: The Effects of Prior Theories on Subsequently Considered Evidence," *Journal of Personality and Social Psychology* 37, no. 11 (1979): 2098.

2. Charles S. Taber and Milton Lodge, "Motivated Skepticism in the Evaluation of Political Beliefs," *American Journal of Political Science* 50, no. 3 (2006): 755-69.

3. Bertram R. Forer, "The Fallacy of Personal Validation: A Classroom Demonstration of Gullibility," *Journal of Abnormal and Social Psychology* 44, no. 1 (1949): 118.

4. Steven M. Southwick et al., "Consistency of Memory for Combat-Related Traumatic Events in Veterans of Operation Desert Storm," *American Journal of Psychiatry* 154, no. 2 (1997): 173-77.

5. Deryn Strange and Melanie K. T. Takarangi, "False Memories for Missing Aspects of Traumatic Events," *Acta Psychologica* 141, no. 3 (2012): 322-26.

6. 카지노에서 이 공식이 통하지 않을 수도 있는 유일한 경우는 블랙잭이다. 그림 카드(킹, 퀸, 잭)가 몇 장 되지 않아서 숫자를 추측할 수 있기 때문이다. 숫자 카드가 잇따라서 나오면 슈(카드 통)에 들어 있는 나머지 카드 중에 그림 카드가 있을 확률이 실제로 커진다. 물론 이것은 도박꾼뿐만 아니라 딜러에게도 유리할 수 있으며, 컷 카드(끝나는 시점을 알려주는 카드)에 도달하여 그 슈의 마지막 패를 놓기 전에 손해를 메운다는 보장은 없다. 그럼에도 숙련된 카드 도박사는 도박장보다 약간 우위에 설 수 있으며, 오랫동안 하면 금전적인 수익을 거둘 수도 있다. 그러나 카지노는 카드 도박사를 가려낼 방법이 있어서 슈의 컷 카드를 매우 얕게 놓아서 패 읽기를 무력화한다. 그렇게 해도 안 되면 카지노 매니저가 도박사를 내보낼 것이다. 도박장이 늘 이긴다.

7. M. Keith Chen, Venkat Lakshminarayanan, and Laurie R. Santos, "How Basic Are Behavioral Biases? Evidence from Capuchin Monkey Trading Behavior," *Journal of Political Economy* 114, no. 3 (2006): 517-37.

후기 : 인류의 미래

1. Ray Kurzweil and Terry Grossman, *Fantastic Voyage: Live Long Enough to Live Forever* (Emmaus, PA: Rodale, 2004). 한국어판은 『노화와 질병』(이미지박스, 2006).

역자 후기

역발상이 이렇게 흥미진진한 결과를 낳을 줄 누가 알았을까! 진화를 지구상의 생명체가 이룬 위대한 업적으로 찬미하는 책은 차고 넘치지만 진화가 우리에게 남긴 오류와 결함을 이렇게 집요하게 파고든 책은 처음 본다. 하지만 역설적이게도 이 온갖 결함이 우리의 위대함을 입증한다. 우리는 이 모든 결함에도 불구하고, 또한 이 모든 결함 때문에 인간이다.

또한 진화 과정의 오류는 우리가 신의 섭리에 따라서 창조된 존재가 아님을 보여준다. 실제로 지적 설계론을 내세우는 단체에서 저자와 이 책을 여러 차례 비판한 적이 있는데, 이는 이 책이 지적 설계론과 창조론을 효과적으로 반박했다는 반증이다(저자의 홈페이지에 들어가면 지적 설계론 진영의 비판에 대해서 저자가 재반박한 글을 읽을 수 있다).

인간은 신의 형상을 닮은 완벽한 존재가 아니다. 끊임없는 시행착오를 겪으며 조금씩 나아진, 어쩌면 조금도 나아지지 않은 결과물이다. 얻는 것이 있으면 잃는 것이 있는 법이다. 어떤 결함들은 다른 어떤 이로움을 얻기 위해 치른 대가이다. 누군가를 사랑한다는 것은 그의 장점뿐만 아니라 결점까지 사랑하는 것이듯 우리는 지금의 결점투성이 모습을 달갑게 받아들여야만 한다.

물론 유전자 편집 기술이 새로 등장하면서 인류는 무작위 돌연변이에 의한 점진적 진화의 한계를 뛰어넘을 수단을 손에 넣었다. 과연 우리는 대가를 치르지 않고 이익만 챙길 수 있을까? 저자가 후기에서 말하듯이 인류가 막강한 힘을 손에 넣은 지금 인류의 종말이 눈앞으로 다가왔다. 저자는 이 모든 문제를 일으킨 과학이 문제를 해결할 것이라고 낙관하지만, 인류의 생존은 거저 주어지는 선물이 아니다. "너무 늦지 않게 의지를 발휘해야 한다."

이 책은 까치글방과 작업한 첫 책이다. 처음 원서를 받았을 때는 딱딱한 정통 과학 책인 줄 알았는데 번역을 시작하면서 저자의 기발한 아이디어와 유머 감각에 감탄사를 연발했다. 번역자에게 재미있고 유익했던 이 책이 여러분에게도 재미있고 유익하기를 바란다.

역자 노승영

찾아보기

각기병 70-72
갈레노스 Galenos 32
감염 106-107
갑상샘 자극 호르몬 179
값비싼 신호 255
거짓 가격 245
골다공증 65, 82
골반 잔여물 53
광수용체 19-24
괴혈병 61, 63-65, 84, 93, 104-105
구루병 65, 68, 93
굴로 유전자 62-64, 104-108
그레이브스 병 178-181
근시 17
금속 이온 80, 88
기대수명 162, 185
기억: 가짜 기억 형성 230; 목격자 증언 226; 트라우마 228, 230; 기억 225-231; 꼬리뼈 50-51

나트륨 80-81
난자 102, 120-121, 133-134, 137-138, 140-143, 155-156
난포 163-165
낫형적혈구병 109-115, 117
낭성 섬유증 63, 115
노동 분업 166
노안 17
뇌: 기억 225-230; 언어 습득 212; 의사결정 219, 231; 인지능력 29, 230, 245, 259, 261, 266; 일화의 영향 248; 자기훈련 능력 212; 진화 258-263; 착시 214-216, 218; 휴리스틱 220, 236-237

눈 16-24; 광수용체 19-24; 근시 17; 기능적 문제 17, 20; 두족류 22; 망막 11, 17, 19- 24, 60, 128-129, 216-217; 맹점 24; 물리적 설계 17, 20; 시신경 23; 시신경 원반 23; 점멸, 융합 문턱 값 217-218; 착시 214- 216, 218
뉴클레오타이드 96-97, 99

다리: 무릎 39-44; 발목 44-45, 49; 뼈 52; 아킬레스 건 44, 49; 전방십자인대 41-44
도박 208, 23-232, 235
도킨스 Dawkins, Richard 126
돌연변이 104; 무작위 돌연변이 53; 암 207; 유익한 128; 자연선택 109, 111, 113
두개골 24, 29, 51
두발걸음 40
드가 Degas, Edgar 218
드레이크 Drake, Frank 274
드레이크 방정식 274-275
등뼈 45-47
DNA: 뉴클레오타이드 96; 도약 123-127; 레트로바이러스 119; 바이러스 119-122; 복제 오류 13, 100, 102; 비기능 95- 130; 손상 101- 102; 전이유전자 123- 124, 126-127

라인업 226-227
레온 Léon, Ponce de 282
레트로바이러스 119-124
루푸스 176, 181-186
류머티즘성 관절염 175-176, 185
리놀렌산 78-79

리버먼 Lieberman, Dan 93n

말라리아 112-115
망막 11, 17, 19-24, 60, 128-129, 216-217
매몰 비용 오류 238
매클린톡 McClintock, Barbara 123
면역반응 188-189, 192
면역억제제 175, 178, 181, 184
면역체계 173; 발달 195; 알레르기 187-
 190, 193-195, 203; 자가면역질환 173-176,
 178-179, 181-182, 184-188, 193; 항체 172-
 174, 177-179, 182, 189-190; 훈련 190
멸종 52, 86, 278-279
모성 사망률 152
모어먼 Mohrman, Gregory 205-206
목격자 증언 226
무기질 58-59, 75, 79-80; 결핍 81-88; 나
 트륨 80; 철분 83-88; 철분 결핍 83, 85-
 88; 칼륨 80-81; 칼슘 81
무릎 39, 42-45, 52
문합 201, 203
문화적 진화 268
미래 235, 237-240
미주신경 31-32

바넘 Barnum, P. T. 224
바이러스 96, 119-122; 루푸스 185; 암 205-
 206
반회후두신경 30-34
발목 44-45, 49
발암물질 102
배란 140-142
볼트 Bolt, Usain 138
부비동 24-25, 27, 29
분만 후 가임 지연 기간 150
분수공 37
불멸 282, 283, 287
불임 134-140; 남성 138-140; 여성 140-141
브라운 Braun, Eva 262
B 세포 183
비타민 59-62, 64-65, 66-69
비타민 A 60-71
비타민 B 57, 60, 68-72

비타민 B_1, B_{12} 68-72
비타민 C 59-62, 64-65, 71, 73, 76, 84,
 104
비타민 D 60, 65-68, 81-82
비타민 E 60
비타민 K 60, 69
빈혈 68-69, 83-87
뼈: 골다공증 65, 82; 구루병 65, 68; 꼬리
 뼈 50-51; 두개골 24, 29, 51; 발목뼈 49-
 50; 손목뼈 50; 여분의 뼈 49, 53; 팔뼈
 49

사망률 137, 145-147
산토스 Santos, Laurie 247
삼색형 색각 129-130
상기도 감염 26
색각 20, 128, 130, 218
생명 연장 282-288
생식 131-170; 거짓 임신 142; 경쟁 269;
 난자 102, 120-121, 133-134, 137-138,
 140- 143, 155-158, 160, 163-164; 난포
 163- 165; 배란 140-142; 분만 133, 136,
 145- 147, 15-155, 160, 168; 불임 133-
 145; 비무작위 270, 272; 성 성숙 135,
 137; 영아 사망률 145-147, 151; 영향을
 미치는 요인 271; 임신 기간 148; 자궁
 외 임신 155- 157, 160; 정자 102, 120-
 121, 124-125, 133-134, 136-143, 155-
 156, 158, 160, 236, 286-287; 착상 144-
 145; 출생률 224, 270- 271; 터울 150; 폐
 경기 161-170
생활방식 67, 72, 75, 89, 91
생활조건 172
성간 여행 273, 277
성 선택 255-256
성 성숙 135, 137
세타 디펜신 106-107
세포들 96; B 세포 183; T 세포 120; 세포
 손상 283-284; 암 204-209; 줄기세포
 283-284
세포 외 기질 61
소득: 번식 270-271; 비만 89-93; 빈혈
 85; 식단 67, 75-78

손목 48
스트레인지 Strange, Deryn 228
시력: 근시 17; 색각 20, 128, 130, 218; 야간 시력 19; 점멸, 융합 문턱 값 217-218; 착시 214-216, 218
시신경 23
시신경 원반 23-24
식물: 선사시대 식단 85; 자급자족 74-75; 철분 추출 85
식사 57-93; 가난 77, 84-85; 고기 85; 무기질 80, 82, 87; 비만 89-93; 선사시대 78; 아미노산 73-79; 지방산 78; 철분 흡수 84- 85, 88
신경: 미주신경 31-32; 반회후두신경 30-34; 상후두신경 32
심장: 뒤바뀐 혈관 201; 문합 201, 203; 반회후두신경 30-34; 보호 34; 인공 285; 좌심실 보조 장치 285; 중격 결손 196, 198; 진화 33-34
심폐계통 35
심혈관계통 173, 201
심혈관 질환 196; 뒤바뀐 혈관 201; 문합 201, 203; 중격 결손 196, 198

아미노산 73-78
아킬레스 건 44, 49
알레르기 28, 187-190, 193-195
알루 124-130
알파리놀렌산 78-79
암 102, 173, 203-209
애튼버러 Attenborough, David 268
앤절로 Angelou, Maya 100
어류: 등뼈 45-47; 반회후두신경 30; 순환계통 32; 철분의 공급원 85
얼굴 18, 175
AO-4 53-55
mRNA 99
여성: 사춘기 136; 생식계통 160-161; 성선택 255-256; 폐경기 169-170
열성 형질 112
염색체 98
염증 188-189
영아 39; 감염 192; 무력함 148-149; 열 192
영아 사망률 145-147, 151
영아의 열 192
영양소: 무기질 58-59, 75, 79-80; 아미노산 73-78
옵신 유전자 129-130
완전채식 68, 76
외계 생명체 274-275
외상 후 스트레스 장애 228-229
우울증 175-176
우주의 생명체 274-277
원시 17
위유전자 62; 감염 106; 굴로 62-64, 104-108, 130; 돌연변이율 104-105, 128, 209; 부활 108, 154
위장염 171-172
유산 142
유인원 29, 38, 40, 43
유전병 108-119; 열성 111-112; 우성 돌연변이 116- 117; 유전자 검사와 상담 286; 헌팅턴 무도병 116-118
유전자: 7SL 124-125; 굴로 유전자 62-64, 10-108; 기능 99; 영향 200; 오류 101; 중복 129
유전체: 돌연변이 62; 레트로바이러스 119-124; 변화 101; 복제 100; 염기서열 101
의사 결정 219, 231
이형접합자 우세 112, 115
인간: 다재다능 266; 멸종 86, 278-279; 미래 287-288; 사냥 218; 원시 17; 위생 가설 194-195; 저산소증 203; 헌팅턴 무도병 116- 118
인간면역결핍 바이러스(HIV) 106-107, 120
인간 본성의 양면성 262
인간 유두종 바이러스 206
인간융모생식샘 자극 호르몬 144
인대 43-44, 49
인지능력 29, 230, 245, 259, 261, 266
인지 편향 212, 219-220, 242, 245
일화 248-251

자가면역질환 173-176, 178-179, 181-182, 184-188, 193; 그레이브스 병 178-

181; 루푸스 176, 181-186
자궁 외 임신 155-157, 160
자세 40, 42, 45-47
자연유산 142-143, 145
자연선택 103-104, 107, 109, 111, 113,
    117-118, 126-129, 132, 154, 161, 165,
    167, 207-208, 258, 269-270, 280-281
장간막 40-41
적합도 과시 255
적혈구 82
전령 리보 핵산 99
전방십자인대 41-44
전이유전인자 123-124, 126-127
점멸, 융합 문턱 값 217-218
정신 건강: 불임 135; 자가면역질환 173-
    179, 181-182, 184-187, 193
제2형 당뇨병 93, 126, 267
제왕절개 146, 153-154
줄기세포 283-284, 286
중격 결손 196, 198
중증 근무력증 177-178, 181, 185-186
지구 온난화 279
지능 258-259, 261
지방산 78
직립보행 40, 44, 55, 260
진화 107; 제약 35; 지속 52
질병 171, 174-187; 감기 28-29, 187-188,
    194; 당뇨병 93; 말라리아 112-115; 생
    활조건 172; 설사병 172; 심혈관 질환 196-
    203; 암 203-290; 유행병 279; 전이유전
    인자 123-124, 126-127; 중증 근무력증
    177-178, 181; 치료법 175, 178, 181, 184

착시 214-216, 218
참다랑어 137
채식주의자 76, 84
척추 45, 47
철분 82-88
체니 Cheney, Dick 285
추간판 탈출증 47
7SL 124-125

카너먼 Kahneman, Daniel 219

카이사르 Caesar, Julius 153-154
칼슘 57-58, 60, 65
코발라민 68
크리스퍼 286-287
클라크 Clarke, Arthur C. 281
클론 배제 190

터울 150-151
텔러 Teller, Edward 273
토머스 Thomas, Lewis 209
투자 238-239
트라우마 228, 230
T 세포 120
티아민 70

페르미 Fermi, Enrico 272-275, 277
편향: 기준점 편향 242; 매몰 비용 오류 238-
    241, 247; 인지 편향 212, 219-220, 242,
    245; 확증 편향 221-222, 224
폐 34-36
폐경기 169-170; 고래 168-169; 기대수명
    162, 185; 진화적 목적 165-170; 할머니
    가설 165-166, 168
포러 Forer, Bertram 222
포러 효과 222, 224

할머니 가설 165-166, 168
항원 188
항체 172-174, 177-179, 182, 189-190
핸디캡 원리 256
햇볕 노출 65, 66
헤모글로빈 82, 83, 109
혈액: 낫형적혈구병 109-115, 117; 뒤바뀐
    혈관 201; 문합 201, 203; 빈혈 68-69,
    83-87; 적혈구 83; 철분 결핍 83; 헤모글
    로빈 82-83, 109
홍적세 136, 213, 215, 248, 269
화석 태아 159-160
후두 30-33, 38
휴리스틱 220, 236-237
흔적기관 51, 53
히틀러 Hitler, Adolf 262